"十三五"国家重点出版物出版规划项目

中国工程院重大咨询项目　中国草地生态保障与食物安全战略研究丛书

丛书主编

旭日干　任继周　南志标

第四卷

中国草原生产力与食物安全研究

"中国草原生产力与食物安全研究"课题组

侯扶江　主编

科学出版社

北　京

内 容 简 介

本书分析了草原放牧的历史分期与不可替代性、草原生产现状与制约因素，划分了草原放牧系统的类型、空间格局与生产力特征；总结了草原培育的区域模式、综合技术体系与生产潜力，用案例剖析了草原培育的成本与效益；提出了草原牧区饲草供给、畜群结构调整、饲养方式转变等稳定草原生产的草畜耦合优化模式，保障草原生产与畜产品安全的一系列机制与措施；明确了我国当前草食性动物源食物的产量和消费量上升、在农业产值中占比加大的现状，从草地农业的生产层次、节粮、畜产品安全等角度分析了草原保障国家食物安全的前景，提出了我国草地畜牧业现代化转型的战略构想，以及"沃土工程"、引草入田、牧区特色畜产品生产、草业纳入国民经济评价体系、草产品战略储备与交易平台建设等保障措施。

本书可供草业科学、畜牧学、农林经济管理学、农学和资源管理学等领域的科研与教学人员，以及管理人员和基层科技推广人员参考使用。

图书在版编目（CIP）数据

中国草原生产力与食物安全研究/侯扶江主编. —北京：科学出版社，2017.7
（中国草地生态保障与食物安全战略研究丛书/旭日干，任继周，南志标主编；第四卷）

"十三五"国家重点出版物出版规划项目　中国工程院重大咨询项目
ISBN 978-7-03-053019-6

Ⅰ.①中… Ⅱ.①侯… Ⅲ.①草原生产能力–研究–中国 ②食品安全–研究–中国　Ⅳ.①S812.8 ②TS201.6

中国版本图书馆 CIP 数据核字(2017)第 116893 号

责任编辑：李秀伟 / 责任校对：李　影
责任印制：肖　兴 / 封面设计：北京铭轩堂广告设计有限公司

科 学 出 版 社 出版
北京东黄城根北街 16 号
邮政编码：100717
http://www.sciencep.com

中国科学院印刷厂 印刷
科学出版社发行　各地新华书店经销

*

2017 年 7 月第 一 版　　开本：787×1092 1/16
2017 年 7 月第一次印刷　　印张：16
字数：290 000
定价：128.00 元

中国草地生态保障与食物安全战略研究

顾问组
（以姓氏笔画为序）

于康震　山　仑　王　浩　王宗礼　冯宗炜　曲久辉

朱有勇　向仲怀　刘加文　刘秀梵　孙鸿烈　李佩成

杨振海　汪懋华　庞国芳　贾敬敦　康绍忠　傅廷栋

项目组

组　长

旭日干

副组长

任继周　南志标

成　员
（以姓氏笔画为序）

仇焕广　方精云　邓祥征　卢欣石　任继周　旭日干　刘钟龄

李　宁　李向林　李学森　李建东　沈禹颖　沈益新　张自和

张英俊　张新跃　林慧龙　呼天明　周青平　荣廷昭　南志标

侯向阳　侯扶江　黄季焜　黄毅斌　盖钧镒　梁天刚　程积民

项目办公室

主　任

侯扶江　张文韬

成　员
（以姓氏笔画为序）

王　庆　张文韬　范成勇　林慧龙　罗莎莎

郑召霞　侯扶江　胥　刚　唐　增　潘　刚

"中国草原生产力与食物安全研究"课题组

组长

李　宁 教授	（中国农业大学）
侯扶江 教授	（兰州大学）

副组长

侯向阳 研究员	（中国农业科学院草原研究所）
呼天明 教授	（西北农林科技大学）

主要研究成员

郭正刚 教授	（兰州大学）
李发弟 教授	（兰州大学）
程云湘 副教授	（兰州大学）
陈先江 副教授	（兰州大学）
王召锋 讲师	（兰州大学）
杨培志 副教授	（西北农林科技大学）
孙秀柱 副教授	（西北农林科技大学）
许岳飞 副教授	（西北农林科技大学）
丁　勇 副研究员	（中国农业科学院草原研究所）
尹燕亭 博士	（中国农业科学院草原研究所）
李西良 博士	（中国农业科学院草原研究所）
张晓庆 助理研究员	（中国农业科学院草原研究所）

那日苏 副研究员　　　　　（中国农业科学院草原研究所）

李元恒 博士　　　　　　　（中国农业科学院草原研究所）

汤　波 博士　　　　　　　（中国农业大学）

杨　君 博士　　　　　　　（中国农业大学）

课题组秘书

陈先江 副教授　　　　　　（兰州大学）

王召锋 讲师　　　　　　　（兰州大学）

《中国草原生产力与食物安全研究》编委会

《中国草地生态保障与食物安全战略研究》丛书序

"中国草地生态保障与食物安全战略研究"是中国工程院重大咨询项目。该项咨询研究的目的在于审视全国不同生态经济区的自然资源和社会需求，从农业结构调整入手，探索建立粮食与饲料并举、生态与生产兼顾的新农业系统，将我国农业引向可持续发展的康庄大道。本项目于 2012 年 11 月立项启动，至 2015 年 8 月结题，跨越 4 个年头，共组织全国 19 位院士和 200 多位专家参加，分为 6 个课题组①，完成了 7 本专著和 1 本送呈国务院的综合报告。这份报告得到主管农业的汪洋副总理高度肯定的批示。

本项目严格遵循咨询研究的基本原则，面向国家生态安全和食物安全的战略需求，在摸清国情的基础上与国际相关资料相比较，然后加以评估、推论和建议。执行过程中，项目组内外多次讨论，反复修改，务期客观准确。

该项报告借鉴发达国家草地保护与建设的成功经验，结合我国实际，前瞻性地确定我国保障草地生态安全与食物安全的战略目标，提出**四大战略重点**：保障草地生态安全，发展草牧业与保障食物安全，草业教育发展与科技进步，发展草原文化与各民族共同繁荣；**四大保障措施**：实施草地生态安全保障建设重大工程，三北植被恢复体系工程，粮草兼顾农业转型工程，启动振兴草牧业发展重大专项；**五大政策建议**：划定草地资源生态保护红线，建立现代草业科教与推广体系，加大草地生态补偿投入与完善补偿机制，完善草地管理体系和经营制度，完善草地保护法律法规体系。

上述战略重点、保障措施和政策建议最终凝练为需特别关注的五项重大建议：①划定草原生态安全红线，以确保基本草原面积不被侵蚀。占国土面积 41% 的草地，是我国最大的陆地生态系统，是水土保持等生态功能的重要支柱，草原碳储量占全国土壤碳储量的 16%，有其不可取代的重要性。但由于人口增加、草地开垦、工矿业开发与城镇化建设等人为因素，对草地生态系统胁迫有增无减，造成草地资源总量减少，生态系统服务功能严重退化，有必要设立像耕地那样的保护草地资源红线。②将"三北防护林"修正为"三北植被恢复体系"，全面发挥乔、灌、草的综合潜势，建立适应广泛地境的植被保

---

① 这 6 个课题组是："中国草地资源现状与区域分析"、"中国草原的生态功能研究"、"中国草原生产力与食物安全研究"、"中国农区草业与食物安全研究"、"中国草业发展保障体系研究"、"中国草地资源、草业发展与食物安全"。每个课题组撰写专著 1 卷，加上综合报告专著，共 7 卷。

护带。③启动"振兴草牧业发展重大专项",从多方面开展新生草业系统的研发工作,落实汪洋副总理关于"促进草业大发展"的批示精神。④建立草地农业试验示范区,通过理论和实践的磨合反馈,全面正确地落实草地农业系统的建设。⑤成立国家草业局,全面领导我国草原畜牧区和传统农耕地带的草业开发建设工作。

本咨询研究项目提出的五项重大建议都是当前迫切需求和长远战略目标的关键问题,是有机联系的整体,因此需设立像国家林业局那样的草业局,加强全国性的总体规划,统一领导,构建草地农业系统。

草地农业系统应是我国农业供给侧改革的指向所在。实现这一目标至少应包含两个层次:其一,将草原牧区内部和传统农耕地区内部的植物生产和动物生产实现系统耦合;其二,将草原牧区和农耕区实现区域性系统耦合。研究证明,在我国经过这两个层次系统耦合,可成数倍到数十倍地提高整体农业生产水平①。

历史告诫我们,由于我们对农业生态系统的理解不足,曾经蒙受惨重损失。

1949年新中国成立以来,中国农业经受了亘古未有的两次巨变。一次是从小农经济向计划经济的大变革,一次是从计划经济向市场经济的大转变。前者从1951年中共中央通过《关于农业生产互助合作的决议(草案)》开始②,到1976年的"文革"结束。后者起于1978年中共十一届三中全会的改革开放政策,一直延续至今。这两次大转变,实质上都是农业生态系统的颠覆性重组,带来了翻天覆地的社会大变化。

农业生态系统的结构和功能趋于完善,是任何农业系统健康运行的基础。遗憾的是,当我们掀动上述两项翻天覆地的大事件时,对农业生态系统的历史轨迹全然无知。第一次从小农经济向计划经济的大跃进,其社会背景是承袭了战国时期管仲的耕战论,利用小农经济的农业系统自组织优势,动员已经取得温饱的农民,以农村包围城市,夺取了全国政权,全国呈现一派兴盛气象。于是我们失去冷静,急于实施现代化大集体农业。孰知大集体改变了小农经济,也丢掉了我们熟悉的小农经济的农业系统自组织功能。而对我们将要建设的大规模农业系统的结构与功能则全无储备,因而闯了天大的乱子,这已是有目共睹,不必细说了。

小岗村农民的重大贡献是将在农业集体化道路上疾驰的列车踩了刹车,但并没有指出前进的方向。它蜕变于小农经济,但不可能回到小农经济,我国农

① 任继周,系统耦合在大农业中的战略意义,科学,1999年6期,12-14页。
② 1951年9月,中共中央召开了全国第一次农业互助合作会议,讨论通过了《关于农业生产互助合作的决议(草案)》,以后迅速发展为人民公社。

业列车停在了计划经济和市场经济的岔路口。它需要的仍然是一个有待探索的农业系统，即市场经济下的适度规模的农业系统。这时随着社会经济的发展，国民的食物结构发生了质的飞跃，在食物结构中作为主食的谷物的比重显著消减，动物性食品比重大增。以食物当量计，人粮与畜食之比为 1：2.5，即家畜饲料是人的口粮的 2.5 倍，传统耕地农业难以承受这样的压力。与此同时城乡差距扩大，2002 年召开的中共十六大提出了"三农问题"，"三牧问题"接踵而来。也就是在这一年出现了口粮下降、畜食上升两条曲线的交叉点。此后口粮缓慢下降，饲料需求急剧上升，两条曲线从此渐行渐远。这是我国农业供给侧结构转变的重大信号，社会发展的必然结果。可惜我们对此没有足够警觉，仍然习惯地沿用"以粮为纲"的耕地农业系统，大肥、大水、大农药，力争粮食连年高产，以多种方式支农，几十年来从未间断。这不但使我国的主要农产品成本高于进口产品的到岸价，还导致我国水土资源的短缺和污染，更连累污染食物，造成我国发展进程的严重障碍。我国农业投入如此之高，产出如此之低，社会效益仍然难以令人满意，原因无他，就是耕地农业系统的供给侧与社会的需求侧之间严重错位。病根在于耕地农业系统的畸形发展。

草地农业系统与耕地农业系统各有特色，可互为补充。如把草地农业加以模式化，可以表达为"草地+n"，如草地+养殖，草地+谷物，草地+蔬菜，草地+果树，草地+棉花，草地+烟草，草地+林木，草地+体育，草地+旅游等目标产品。这样可以充分发挥水土资源、气候资源、生物资源、劳动力资源等农业要素潜势，提高生产水平，增加经济效益，保障食物安全与生态安全。本项目建议按照各个生态经济区的特点，建立县（旗）以上规模的农业结构改革试验示范区，以取得经验，逐步推广，这是稳妥发展草地农业系统不可或缺的一步，这里蕴藏了巨大潜力。例如，在我国传统农耕区实施草田轮作、套种、农闲田种草等草地农业措施，将产生饲用蛋白质 7000 万～8000 万吨，可完全取代进口豆饼而略有盈余，是我国畜禽饲料可靠的蛋白源，也是改变我国农业结构的必要手段。恩格斯说"蛋白质是生命的存在方式"[①]，而草地农业系统中的豆科牧草和反刍家畜正是生产蛋白质的农学手段。草地农业系统和它所固有的草地是农业现代化无法取代的载体。

我们反复强调草地农业生态系统，这是因为农业生态系统内部的各个组分都是有生命的，是通过了科学验证、可持续生存的。过去我们见过或做过一些项目，它们的某些措施也曾炫目一时，但大都没有逃脱项目完成之日，

① 恩格斯：《反杜林论》。

就是措施消失之时的不幸结局。因为它没有扎根于适宜生存的生态系统。

我们强调农业生态系统的必要性，还有更深一层的涵义。生态系统的科学验证肯定其是与非，一旦进入社会实践，必然进一步体现其社会责任的善与恶的道德属性，那就进入了伦理学范畴。伦理学是追究社会各个成员与成员之间，成员与环境之间的道德责任的。我们一旦建立了正确的草地农业系统，农业活动中常见的诸多以邻为壑，有悖于道德的行为可消弭于无形。这正是我们农业系统的供给侧改革所向往的社会和谐、产业兴旺的理想境界。

当然，一个新的农业系统的建立，不仅涉及广泛的科学技术，更触动某些文化传统，任务将是艰巨而长期的。在全球经济一体化的大潮催动下，我国改革开放的大门已经打开，"一带一路"的全球战略已经启动，我们必须担负起时代赋予的历史使命，义无反顾地，脚踏实地坚毅前进，为我国农业开辟一条可持续发展的康庄大道，让它为中华民族的伟大复兴提供食物安全和生态安全保障。

尽管我们这个咨询团队竭尽全力，力求交出一份完满答卷。但限于我们的科学和文化水平，舛误不当之处还望社会人士赐予指导匡正。

本咨询研究项目结束之时，项目主持人之一，中国工程院原副院长旭日干院士不幸病逝。旭日干院士生前为本项目自始至终做出了重要贡献。我们对旭日干院士的不幸去世表示痛切悼念。

对参与本咨询项目的各位专家表示衷心感谢！

对中国工程院的大力支持表示衷心感谢！

任继周

2016 年 5 月

前　言

　　草原孕育了全球的大江大河，还孕育了人类。草原既是农业的发祥地，也是华夏文明的摇篮。草原文明与农耕文明一样，是华夏文明的重要组成部分，历史上，游牧民族从水草丰茂的牧场出发，把草原文明散布到世界各地，把众多民族的创造与智慧带回草原；炎黄子孙沿着草原铺就的"丝绸之路"与欧亚大陆开展全面的交流。这是自发的学科交叉与协同创新，在每一次大国崛起的进程中循环上映。草原文明与其他文明板块猛烈碰撞、深度融合，在人类历史上抬升了灿若星河的政治、经济、文化与社会发展的珠峰。草原生产力决定着历史的走向与文明格局。

　　"天人合一"是人草关系演化的起点，也是终极方向，草原生产力是人草关系的基础与核心。作为地球陆地面积最大的食物生产系统，草原产出了世界24.1%的牛肉和31.9%的羊肉；我国牧区的牛、羊肉产量分别超过全国总产量的1/3和1/2，而且比例持续上升。放牧是人类最重要的动物性食物生产方式，也是草原最悠久、最经济、最安全的管理方式，放牧动物把采食获取的绝大多数营养元素均匀地返施于草原，只有极少部分随着畜产品输出到生态系统之外，草原生产系统的物质平衡得以维系。没有家畜的草原与离开草原的家畜一样，都会出现这样或那样的问题，合理的放牧在全球尺度上推动了人类社会的可持续发展。草原生产力奠定了其供给服务、调节服务、文化服务和支持服务等生态系统多功能性的物质基础。

　　管理不当导致草原退化，这是世界性问题。全球约70%的草原不同程度退化，发展中国家尤其严重，直接原因是人类掌握的草原生产理论和技术无法满足自身实践的需要，更深层次的原因在草原之外。草原退化不是放牧的必然结果，而与人口和资源的压力密切相关，我国人口密度超过150人/km^{2}区域的草原至少80%退化。为了遏止草原退化与草畜相悖之间的恶性循环，人们创造了农区与牧区、农业（种植业）与畜牧业、作物与家畜等多尺度的系统耦合，譬如世界干旱区的山地-绿洲-荒漠耦合系统（MODS），发展了以草畜系统耦合为基础的草原管理的新理论、新技术和新模式。我国在草原之外开辟退化草原治理的"第二战场"，草原生产力获得突破性进步；2002～2012年，内蒙古牧区牛羊肉产量和牧业产值分别增加85.9%和2.4倍；2007～2013年，青海牧区人均产奶量、产肉量和牧业产值分别增加41.5%、7.6%和124.2%。

农牧耦合在解决草原退化的同时，为作物生产提供了物质与能量支撑，黄土高原作物/草原-家畜综合系统，草原生产输出的能量 53.4%用于作物生产，畜产品占不到一半。建立和完善草地农业系统，实施广泛的系统耦合，成为克服草畜系统相悖、提升草原生产力的可持续模式。

草原生产方式的革新为人草系统的进化提供了根本动力。近 20 年来，我国对草原的战略需求发生了深刻变革，从"生产为主，以畜为纲"转变到"生产与生态兼顾，生态优先"，通过完善草地农业系统的结构与功能，在传统的植物生产和动物生产之上，强化景观生产等前植物生产层和草畜产品加工等后生物生产层，发展理念回归"道法自然"，生产方式与产品形态"日新又新"。这是草原生产现代化转型的发轫，它面临着一系列迫切需要厘清的问题：世界草原生产的特点与水平，草原生产力维持与提升的途径和技术，草原牧区社会与经济综合管理模式，草原划区轮牧与草原-家畜-人居系统建设，草原战略转型的途径等。中国工程院重大咨询项目"中国草地生态保障与食物安全战略研究"第三课题"中国草原生产力与食物安全研究"针对性地开展了专项研究，成果形成了这本专著。全书共分六章，系统分析了我国草原的放牧利用、草原培育技术、牧区草畜耦合模式及优化、草原生产与畜产品安全、草食性动物源食物，以及草原生产力提升与食物安全保障的战略构想六个方面的问题，力图为我国草原生产现代化战略转型提供决策依据。

许多科学家指导制定了课题研究的内容框架与实施方案，提供了详实的资料和新颖的思路，在此表示衷心感谢！书中肤浅、谬误之处，敬请读者指正、谅解！

侯扶江

2017 年 6 月 26 日

目　　录

第一章　我国草原的放牧利用与生产力

草原是人类和文明的摇篮。

草原是全球面积最大的陆地生态系统（侯扶江和杨中艺，2006），也是我国面积最大的陆地生态系统，占全国国土面积的 41%（Nan，2005）。放牧是为了实现预期目标而对动物的采食、践踏、排泄等行为开展的管理活动，它是陆地生态系统最重要的管理方式之一，直接关系到全球自然生态系统和人类社会的健康（侯扶江和杨中艺，2006）。保守估计，传统意义上放牧地占地球陆地面积的一半以上，其中，美国一半以上的陆地是放牧地（Mitchell et al.，2004），大洋洲超过 2/3（Malcolm et al.，1996）。全球 69%的农业用地为永久性放牧地，其中大洋洲、非洲撒哈拉、南美洲和东亚分别为 89%、83%、82%和 80%（樊万选，2004）。放牧系统为人类提供一半以上的肉类、1/3 以上的奶类及皮毛等畜产品，美国草原 70%的产出来自放牧，新西兰家畜 95%的营养需求和澳大利亚家畜 90%的营养均来自放牧（Hou，2014）。草原合理放牧是维护草原生态系统健康、生产特色优质畜产品、保护濒危野生动植物、发展草原文化、维持和提升草原生态服务等的基础。

草原放牧是为了特定的目的在草原上管理家畜和野生草食性动物（Allen et al.，2011）。放牧的动物有家畜、野生动物，有草食性动物，也有肉食性动物。广义的放牧是通过放牧动物获得生态系统服务价值，以景观生产、植物生产、动物生产和草畜产品加工直接或间接获益；传统的放牧生态系统，它的能量沿太阳→植物→家畜这一主干有序流动，并向家畜汇聚，以收获畜产品为主要目标（侯扶江和杨中艺，2006）。

第一节　草原放牧系统的历史

放牧系统是草原文明的载体。特定的放牧系统既是草原文明的历史积淀，也是草原文明水平的综合展示。放牧生态系统在生物因素、非生物环境因素和社会管理因素的共同作用下发生和发展；人类是放牧系统的设计者、管理者和受益者，家畜是人类-草原的关系纽带；在人类生产活动的管理下，家畜-草原的相互作用为放牧生态系统的进化提供了最直接的动力。可见，草原生产力是生物因素、非生物环境因素和社会管理因素共同作用的产物，是一个国家或地区的发展水平在草原牧区的最终表现。

一、草原放牧的作用

放牧是释放草原活力的"金手指"。离开家畜的草原与离开草原的家畜一样，都会出现健康问题。

（一）放牧是草原最经济的利用方式

与割草、改良等利用方式相比，草原放牧因人力、机械、能源、畜舍、道路、运输、排泄物处理等投入成本少，而成为草原最经济的利用方式（表 1-1）。即便是单一放牧利用的草原，与改良后放牧利用的草原相比，虽然产草量和能量转化效率不及后者的 1/2，甚至只有后者的 1/3，但其投入也不足后者的 1/4，甚至不足 1/10；因此，产出/投入是改良草原的 3 倍以上。能量效率常用来表示生态效率，能够指示生态系统的可持续性，可见放牧的草原具有更高的生态可持续性（表 1-2）。

表 1-1　草原放牧家畜与刈割后舍饲的成本比较

成本	放牧	刈割
人力	+	+++
围栏	++	+
补饲	++	—
防疫	+	+++
畜舍	+	+++
道路	+	+++
运输	+	+++
能源	+	+++
机械	+	+++
排泄物处理	—	+++

注："—"无成本，"+"低成本，"++"中成本，"+++"高成本

表 1-2　欧洲草原粗放放牧与集约化放牧的生态效益比较

生态效益	粗放放牧	集约化放牧		
		施肥*	补播**	施肥+补播
初级生产力/（kg/hm²）	887	936	1 823	2 686
能量产出/（MJ/hm²）	17 474	18 549	35 913	52 914
能量投入/（MJ/hm²）	419	1 722	3 130	4 433
产出/投入	41.7	10.8	11.5	11.9
太阳能转化效率/%	0.027	0.029	0.057	0.084

*施用硫肥；**补播白三叶

草原放牧与收获干草、种植青贮玉米相比（表 1-3），土地利用的总收入约为后者的 1/3，但因为成本不及后者的 40%，所以纯收益高于收获干草和青贮玉米，甚至高出 5 倍以上；放牧利用的产出/投入是收获干草或种植青贮玉米的 2 倍以上。集约放牧虽然经济效益不如粗放放牧，成本也高于粗放放牧 82.9%，但因集约化措施大大提高了产出，提高比例为 72.3%，所以集约放牧的纯收益比粗放放牧高 72.0%（表 1-3）。

表 1-3　北美草地—奶牛系统土地利用方式的经济效益

经济效益	连续放牧	集约放牧	干草	青贮玉米
土地利用总收入/（美元/hm²）	276.8	477.0	484.4	773.6
饲草储藏损失/%	0	0	12	13
成本/（美元/hm²）	86.5	158.2	385.6	496.8
产出/投入	3.2	3.0	1.3	1.6
纯收益/（美元/hm²）	185.4	318.8	49.4	143.4

即使草原放牧利用，也可以通过改变放牧制度和放牧方法提高放牧率或家畜个体生产力，从而提高牧场整体生产力。与连续放牧相比，北美大草原奶牛轮牧的牛犊断奶重与妊娠率差异不显著，但放牧率和单位面积的牛犊活体增重分别高38.7%和37.5%，但补饲干草的需求比连续放牧低31.9%（表 1-4）。得克萨斯州肉牛在草原趋前放牧，每头肉牛平均日增重低于连续放牧 11.6%，因放牧率高39.5%，所以单位面积草原收获的畜产品多 23.3%；趋前放牧的肉牛补饲后，单位面积草原的家畜增重潜力只有 6.0%，为 39.1kg/hm²，而连续放牧的肉牛补饲后活体增重提高11.8%，增产潜力达到62.3kg/hm²（表 1-5）。

表 1-4　北美大草原连续放牧与轮牧的生产力比较

生产力	连续放牧	轮牧	变化/%
放牧率/（牛单位/hm²）	3.1	4.3	+38.7
牛犊断奶重/（kg/头）	225.0	223.2	0
牛犊活体增重/（kg/hm²）	539.3	741.5	+37.5
奶牛妊娠率/%	96	95	0
饲喂干草/（kg/母牛）	1156.5	787.5	−31.9

表 1-5　美国得克萨斯州肉牛生产系统趋前放牧与连续放牧比较

肉牛增重	连续放牧	趋前放牧	增幅/%
肉牛平均日增重/（kg/头）	1.21	1.07	0
放牧肉牛增重/（kg/hm²）	529.7	653.3	+23.3
补饲+放牧肉牛增重/（kg/hm²）	592.0	692.4	+17.0

（二）放牧是草原健康的基础

草原生态系统的物质循环是其可持续的基础。家畜和牧草是系统营养循环链的两个节点，物流失调导致草原元素衰竭，是草原退化的直接原因。草原放牧使得绝大多数物质存留于牧草，只有少部分被家畜同化为畜产品（图1-1）。在肉牛-高羊茅系统中，肉牛体内磷（P）、钾（K）、硫（S）、钙（Ca）和镁（Mg）的含量分别为3.28kg/hm²、1.11kg/hm²、0.76kg/hm²、5.59kg/hm²和0.22kg/hm²，牧草体内分别为38.1kg/hm²、318.4kg/hm²、28.0kg/hm²、33.6kg/hm²和22.4kg/hm²；牧草刈割利用，5种元素的流失速度分别是放牧收获畜产品的11.6倍、236.8倍、36.8倍、6.01倍和101.8倍。从生态系统元素平衡的角度来看，放牧是草原最经济和持续的方式。

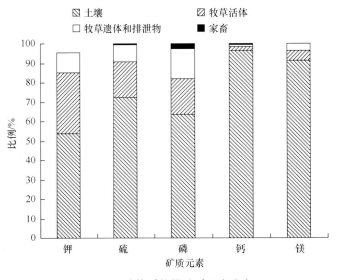

图1-1 放牧系统的矿质元素分布

放牧家畜能够均匀地将排泄物施肥于草原，一年中草原最多有20%和5%的面积分别被家畜的尿和粪覆盖。一般家畜采食牧草75%～95%的氮（N）随粪便返还草地，在白三叶/禾草草地放牧肉牛和肉羊每年返还氮130～240kg/hm²，奶牛每年可返还氮300～450kg/hm²，其中40%～83%为尿氮（Eisler et al.，2014）。家畜尿对牧草的作用是即时的，可以持续数月；家畜粪对牧草的效应要半年后才能表现出来。放牧不同的家畜，返还的营养元素也有差异，一般与肉羊相比，奶牛把更多的氮和矿质元素固定在畜产品中（表1-6）。

表1-6 放牧奶牛和肉羊排泄物返还的营养元素（%）

营养元素	奶牛	肉羊
N	75	96
矿质元素（主要是P、K、Ca、Mg和S）	90	96

一般适度放牧可增加草原一年生物种和多年生物种，一年生物种增加更明显

（图 1-2）（Mcintyre et al.，2003；任继周，1995）。

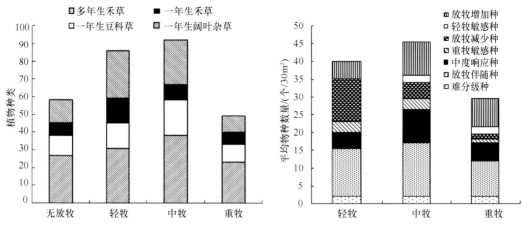

图 1-2 适度放牧增加物种多样性（Mcintyre et al.，2003；任继周，1995）

综合分析北美洲、南美洲、欧洲、大洋洲、非洲和亚洲的草原放牧研究结果表明（表 1-7），在全球范围内，放牧对牧草总生物量没有影响，虽然放牧抑制了地上生物量，但是提高了地下生物量，然而这些结果只有一个来自我国。而我国的研究则表明，放牧抑制地上生物量和地下生物量形成，降低总生物量近60%，表明我国草原全面退化的现状；我国草原放牧对地上部分的抑制作用高出地下 1 倍。

表 1-7 放牧对牧草生长的作用（Yan et al.，2013）

生物量	全球	中国
总生物量	无显著影响	降低 58.34%
地上生物量	降低 23%	降低 42.77%
地下生物量	增加 20%	降低 23.13%

国外研究表明，放牧促进禾草分蘖，增加阔叶草的生长点，提高牧草产量，改善牧草品质（Pavlů et al.，2006；Sibbald et al.，2004）（图 1-3）。放牧后，牧草地下生物量的变化取决于放牧强度；地上部分采食比例小于 35%，主要光合器官叶片的采食比例小于 40%，根系生长基本不受影响（Dietz，1989）；如果地上部分采食比例超过 50%，则根量积累迅速下降；如果地上部分采食超过 80%，则根系更新受抑制。可见，合理放牧促进牧草地上和地下部分生长（图 1-4）。

（三）草原退化不是放牧的必然结果

全球 70%的草原退化主要发生在发展中国家。发达国家的退化草原较少，放牧草地持续增加（图 1-5），甚至有放牧上百年的栽培草地。我国草原退化的

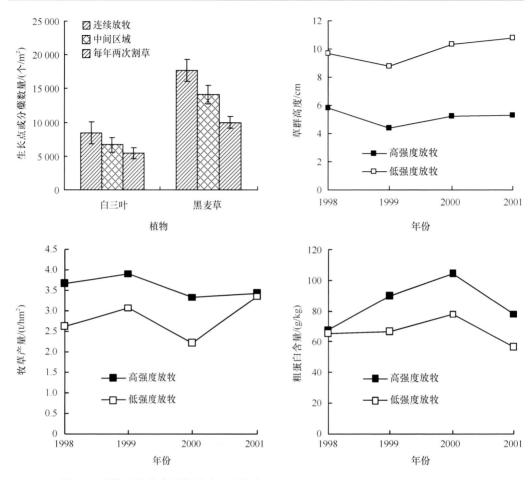

图 1-3 放牧对植物生长的影响（改绘自 Pavlů et al.，2006；Sibbald et al.，2004）

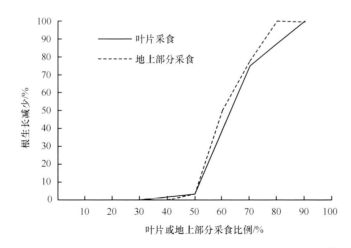

图 1-4 家畜采食叶片或地上部分对根系生长的影响（据 Dietz，1989 数据绘图）

原因较多，可以归纳为自然环境、过度放牧、社会管理等，但根本原因是人口压力，它直接导致超载过牧，人口密度超过 160 人/km² 的区域，80% 以上草原退化

（图 1-6）。基于 2001～2007 年数据，分析行政村和县域尺度的草原退化原因，社会经济管理活动不仅直接导致草原退化，而且通过其他因素加速草原退化（图 1-7）。综上所述，草原退化不是放牧的必然结果，人口压力才是草原持续退化的根本原因，是我国退化草原未能及时恢复的根本原因。

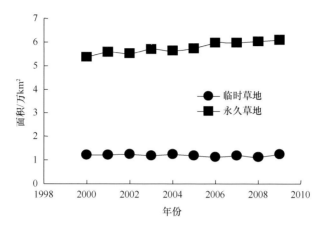

图 1-5　英国栽培草地面积动态

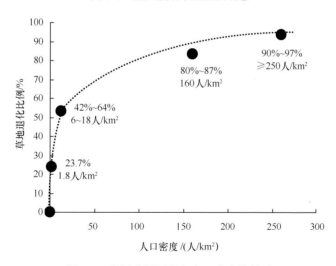

图 1-6　我国草原退化与人口密度的关系

二、草原放牧的历史

根据草原放牧对人类-草原关系的影响和草原放牧方法的发展，放牧管理的历史可以分为 4 个明显阶段。

原始（自发）的游牧。存在于更新世晚期和全新世早期，旧石器时代，狩猎是动物性食物来源。"逐水草而居"的原始游牧是人类最原始的生产方式之一（任继周等，2011）。草原—畜群—人群的食物链成为生态系统食物网的一环，人、

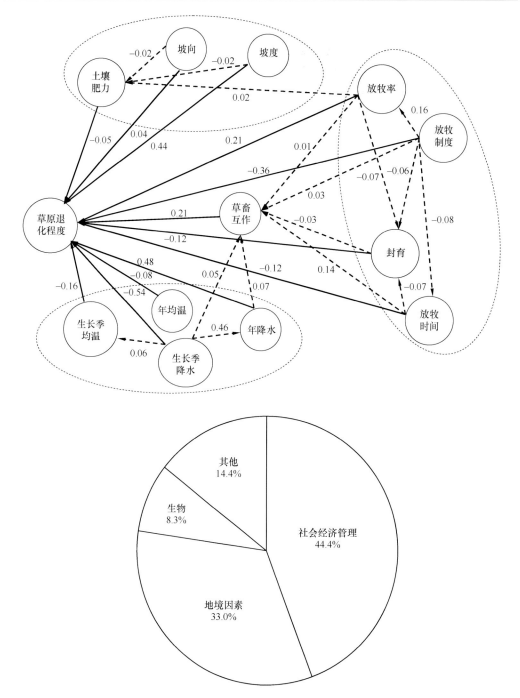

图 1-7　环县大梁洼村和全县草原退化的原因分析

草、畜和谐共存。其中，人类开始有意识地蓄养、驯化动物。目前，这类系统主要残存于欠发达国家或地区，在发达国家的一些文化保护区也有此类系统用于旅游观光。

粗放（自由）的游牧。自新石器时代开始，通过长期实践，人类对游牧的认识由感性上升到理性，由被动地追逐家畜转为主动地控制家畜，在占据的地域内或划分的领地内，依据自然地形有组织地放牧。第一次社会大分工，成为草原文明和农耕文明冲突与融合的滥觞，人类社会发展加速，人的作用在食物链中大为提升。这一时期，放牧对于草原的压力远低于草原承载量，人、草、畜的关系相对和谐，形成了人居、草原、家畜共生的基本构建单位——放牧单元，其基本元素为含有年内和年际的季节牧场，一年四季不间断地轮流为家畜提供牧草，它是放牧单元历经千年相对稳定的基础，如现在一些发展中国家的草原放牧畜牧业。然而，种植业快速发展，传统农耕区在草原地带萌芽，并逐渐蔓延（Chen et al.，2014）。草原破坏取决于农耕文明的扩张和生产工具的进步。如今，这种放牧系统广泛分布于发展中国家或发达国家的一些传统牧区。在新石器时代晚期，我国南方已经普遍养羊。河姆渡遗址就出土了 16 个水牛头骨，江苏吴江梅堰出土过 7 个水牛头骨，说明水牛的驯养至少有六七千年的历史。商代饲养牲畜已采用圈养和放牧相结合的方法。《诗经》中有十三篇提到羊，《小雅·无羊》所描写的"三百维群"说明，西周牧羊时，每一群羊已多达三百只，可见养羊业之发达。《礼记·王制》规定"大夫无故不杀羊"也反映了对羊繁育增殖的重视。商代的青铜器也喜欢用羊首作为装饰。新中国成立前在湖南宁乡县月山铺出土的著名四羊方尊，腹部以四只羊的前半身为饰，羊头上双角盘曲，似为绵羊，但领下有须髯，又似为山羊，神态安详，形象逼真，纹饰华丽，铸造极其精美。湖南地区青铜器盛行以羊为饰，也反映了南方养羊业颇为发达。

过度（无序）的放牧。工业革命以来，在人口压力之下，由于政策失误，草原放牧进入无序状态，各国草原先后经历了过牧退化阶段。美国推进西部开发，公共草原过牧退化，引起"黑风暴"等生态灾难，直到 1934 年通过了《泰勒放牧法案》（Taylor Grazing Act），才扭转了草原生产力持续下降的颓势。20 世纪末，我国草原退化面积达到 90%，重度退化占 1/3 以上，而且有加快的趋势，国家在草原牧区实施了"天然草原保护"、"退牧还草"、"草原生态奖补机制"等一系列重大生态工程，对于遏制草原加速退化的趋势起到了重要作用。与草原放牧混乱相伴的是草原过度开垦、草原开矿等草原破坏活动，耕作、灌溉等一系列技术在草原迅速得到运用（侯扶江，2000）。此类放牧系统在发展中国家较为普遍，这也是发展中国家草原退化较发达国家更为严重的重要原因。

现代化（合理）放牧。20 世纪中期以来，发达国家相继进入了从过度放牧到放牧畜牧业现代化的转型时期。因社会条件的差异，这个过程早晚、长短不一，却是无法回避的历史变革。草原放牧转型过程中，正值社会全面工业化，工业文明迅速向草原渗透，加之来自农耕文明的压力，草原畜牧业的可持续发展对于构建科学周密的管理系统具有紧迫的需求。欧洲、大洋洲和北美洲相继提出了草原合理放牧的新理论、新技术、新方法，建立和完善了草原管理的机构与机制，制定了一系列法律文件指导草原放牧，依法管理草原成为这个阶段的典型特征。我国颁布实施《中华人民共和国草原法》标志着草原放牧开始向现代化转型，在草原保护、退化草原治理等方面取得了前所未有的进步；然而，我国放牧管理研究尚不足以支撑草原管理的需求，造成了遍地围栏、草原分割到户等新的问题，与以维持和强化放牧单元为基础的放牧现代化转型背道而驰。这类放牧系统广泛分布于发达国家和发展中国家的发达地区。

过去半个多世纪，我国 3 个典型牧区与半农半牧区草原家畜生产力的变化有3 个特征：20 世纪 50～60 年代，草原承载量越过"红线"，进入过度放牧阶段；60～70 年代，草原承载量越过拐点，草原承载量增幅放缓或开始下降；目前，草原承载量仍未回落到合理利用（载畜量）的范围（图 1-8）。甘肃省环县地处陕甘宁交汇处，是农牧交错带牧区的核心区域，为典型的半农半牧区，1957 年左右草原承载量越过 0.76 羊单位/hm² 的红线，进入过度放牧阶段，此前草原承载量年增幅 0.056 羊单位/hm²，此后降为每年 0.004 羊单位/hm²，增速明显放缓（$P<0.01$）（图 1-8）。甘肃省肃南裕固族自治县位于祁连山北坡中段，属青藏高原

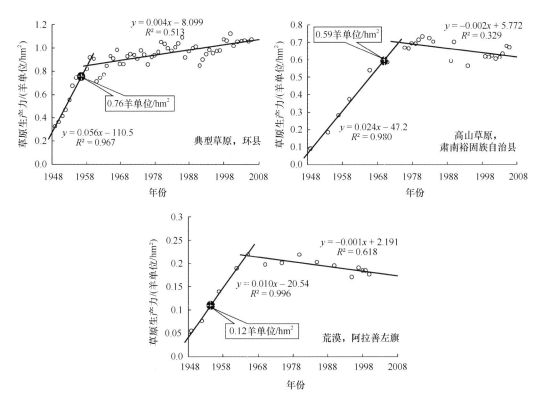

图 1-8 我国几个牧区和半农半牧区的草原生产力动态

北缘的典型牧区，1970 年草原越入 0.59 羊单位/hm^2 红线，进入过度放牧阶段，1975 年前草原承载量以每年 0.024 羊单位增长，此后以每年 0.002 羊单位下降，目前已基本回落到合理承载力范围内（图 1-8）。内蒙古自治区阿拉善左旗地处内蒙古戈壁南部、贺兰山以西，是典型牧区，荒漠的家畜承载量 1955 年以后超过 0.12 羊单位/hm^2，1965 年以前草原承载量平均以每年 0.01 羊单位/hm^2 的幅度增加，此后以 0.001 羊单位/hm^2 的年平均速度递减（图 1-8）。"拐点"是放牧系统土（环境）-草-畜-人（社会、经济、政策）相互博弈、相互妥协、自我均衡的结果。阿拉善左旗和肃南裕固族自治县两个典型牧区县的草原承载量日趋接近合理，与国家实施一系列重大草原生态工程有关；环县草原承载量仍居高位，与其大面积退耕种草有关，反映出农牧耦合巨大的生产潜力。

放牧系统的演替阶段可以作为划分放牧系统类型的依据。因为放牧管理水平是一个国家或地区综合实力的反映，国家或地区的发展水平基本决定了放牧系统整体的演替阶段。这种划分方法较好地体现了放牧系统的发生学关系，但是在地理分布上较为破碎，不利于制定和实施放牧管理的政策、法规。

三、国内外草原利用现状

（一）发达国家草原利用现状

1. 世界动物性食物生产与消费

全球超过 1/3 的禾谷类作物用作饲料，其中 40%饲喂反刍家畜，相当于 35 亿人口粮；发展中国家 70%的谷物用作饲料，我国粮食 30%作为口粮，70%用于饲料和其他；欧盟 95%的奶牛依赖于饲草，美国 62%的奶牛和 91%的其他草食家畜依赖于牧草，95%的家畜饲料来自于草地。

自 1960 年以来，世界人均谷物产量在 1984 年达到峰值，为 370～380kg/人，此后呈持续下降趋势；但是，人均肉类产量持续上升（Tilman et al.，2002），2008 年比 1961 年增加 90.9%；发达国家与发展中国家变化趋势相同。肉类与谷物产量比 1984 年以前在 0.081 左右，2008 年约为 0.134，肉类在人类食物中的比例上升（图 1-9）。人均谷物生产平均波动幅度（距平值）6.6%，高于肉类的 4.2%。近 50 年来，全球食物供给基本稳定，即使在极端气候或病虫灾害下，也未发生全球性饥荒，家畜生产功不可没。

全球 1/3 以上人口以肉食为主（Pimentel et al.，2003）。目前，全世界平均30%的食物蛋白产自家畜，工业化国家约为 53%（Gill and Smith，2008）。1990年左右，发展中国家谷物等植物性食物的人均消费水平达到高峰；此后，持续下降（Steinfeld et al.，2006）（图 1-9）。与此同时，全球肉和奶的人均消费量却不断上升，发展中国家肉类和奶类消费年均增幅分别为 0.43kg/人和 0.57kg/人，发达国家分别为 0.28kg/人和 0.25kg/人（图 1-9）。当前，发展中国家人均肉类和奶类的消费量分别只有发达国家的 35.9%和 22.8%，预计到 2030 年将分别为发达国家平均消费水平的 41.6%和 31.6%（Steinfeld et al.，2006）。

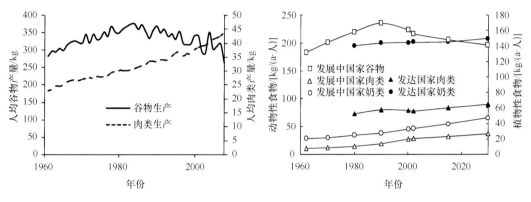

图 1-9　全球食物生产与消费动态

　　发达国家和发展中国家家畜饲养量呈现不同的变化趋势（图 1-10）。过去 50 余年，发展中国家各类家畜存栏量连续增加，发达国家除禽类存栏量缓慢上升外，其余家畜存栏量在 20 世纪 70~80 年代达到峰值，之后开始缓慢下降（图 1-10）。可能有两个主要原因。第一，虽然世界人口急剧膨胀，但一些发达国家人口不升反降，对动物性食物的需求下降。例如，法国国家人口研究所统计了 52 个发达国家和宽裕型国家（candidate country，如东欧国家）2005 年和 2006 年人口情况（National Institute for Demographic Studies，2008），17 个国家死亡率高于出生率，占 1/3 左右；19 个国家基本持平；只有 16 个国家出生率略高于死亡率。第二，产业转移，由于家畜集约化饲养造成严重的环境污染和对资源的高强度需求（Hou et al.，2008），一部分动物生产从发达国家转移到发展中国家。目前，中国、越南和泰国 3 个国家饲养全球一半以上的猪和 1/3 左右的鸡（Naylor et al.，2005），发展中国家越来越多地承担着为世界生产廉价动物性食物的责任。我国贡献了发展中国家 57%的肉类增量。

　　过去 50 余年，全世界肉产量平均以 448 万 t/a 的幅度递增（$Y=447.9X+5250.0$，$R^2=0.983$），全球主要发达国家和发展中国家草食家畜的肉产量占比呈下降趋势。但是我国草食家畜肉产量所占比例在 1981~1996 年经历了缓慢增长后，目前保持在 13%~14%的水平，低于世界水平，也低于发达国家和主要发展中国家的水平（图 1-10）。

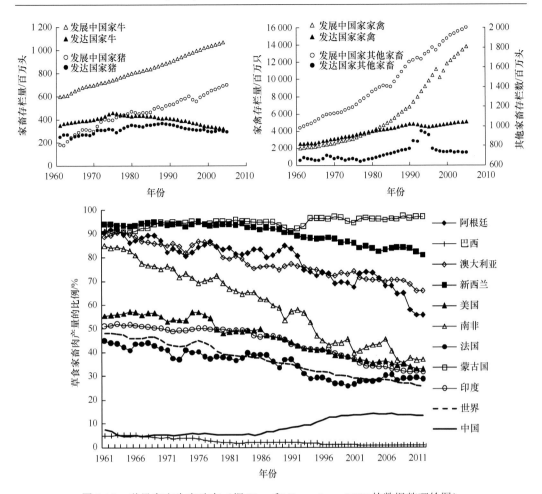

图 1-10　世界家畜生产动态（据 Sims 和 Shampley，2005 的数据整理绘图）

2. 我国动物性食物生产与消费

我国人均植物性食物生产和动物性食物生产与全世界的变化趋势一致。

60 余年来，我国食物结构中，动物性食物比例呈加快上升趋势。据中国中长期食物发展战略，20 世纪 50 年代，中国人食物中只有 5.7% 的热量和 7.7% 的蛋白质来自动物生产，80 年代末分别增加到 10% 和 12.4%，目前分别超过 20% 和 37%（Naylor et al.，2005），超过全球发展中国家的平均水平，但与发达国家的平均水平还有一定差距，尤其是动物性蛋白（图 1-11）。但是，我国人均动物性脂肪的消费超过全球和发达国家平均水平（图 1-11），这与我国动物性食物生产中食粮型家畜比例过高有关，同时也带来了一系列的社会问题。

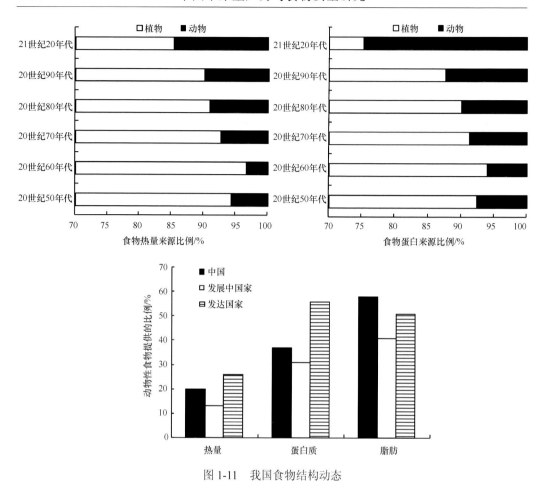

图 1-11　我国食物结构动态

（二）草原的家畜生产现状

1. 国外草原的家畜生产

全球范围内，国内生产总值（GDP）与农业总产值、畜产品总产值、草食家畜生产总值有着极显著的正相关关系（图 1-12）。世界各国农业 GDP 增加 1 亿美元，GDP 平均提高 6.71 亿美元；畜产品产值上升 1 亿美元，GDP 增加 15.53 亿美元；草食家畜畜产品提高 1 亿美元，GDP 上升 58.94 亿美元。人均 GDP 随动物生产总产值占农业 GDP 比例的增加而呈指数函数上升（图 1-12）。美国和我国的数据点远离世界各国数据群，美国在上方远离回归线，我国在下方远离，说明中美两国对这种关系走向有较大影响，美国国内生产总值对农业、家畜生产和草食家畜生产更敏感。

当前，全球各国 GDP 与肉产量显著正相关，肉产量增加 1 万 t，GDP 平均提升 6.52 亿美元（图 1-13）。历史上，全世界、美国和中国的 GDP 均随肉类产

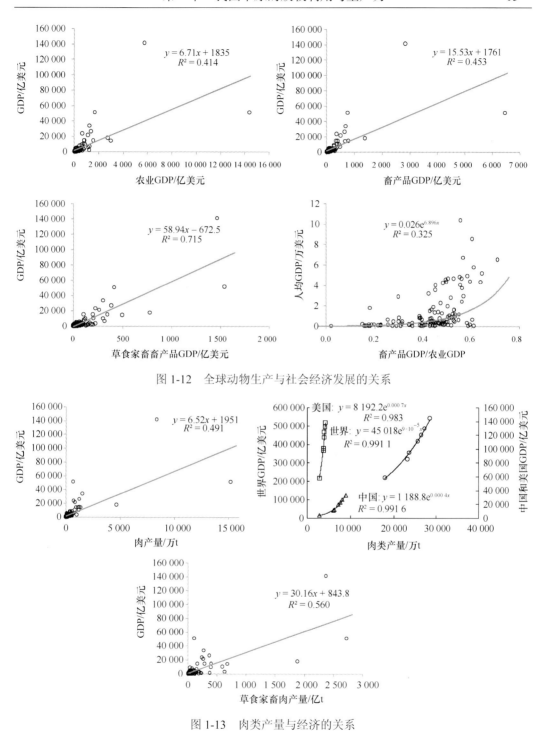

图 1-12　全球动物生产与社会经济发展的关系

图 1-13　肉类产量与经济的关系

量增加而呈指数上升趋势,美国经济对肉类产量的敏感性远远高于中国($P<0.01$)
(图 1-13)。草食家畜肉类生产与 GDP 的关系和肉类总产量相似,但是斜率是
肉类总产量的 4.63 倍,决定系数也高,草食家畜肉类提高 1 亿 t,GDP 平均

上升 30.16 亿美元（图 1-13）。

全世界各国 GDP、肉产量、草食家畜肉产量与草原面积显著正相关，草原面积每增加 1 亿 hm^2，GDP 平均提高 12 242 亿美元，肉产量平均上升 1897 万 t，草食家畜肉产量提高 468.6 万 t（图 1-14）。草食家畜肉产量与总肉产量的比值分别与草原面积/国土面积、草原面积/农业用地面积呈正相关（图 1-14）。

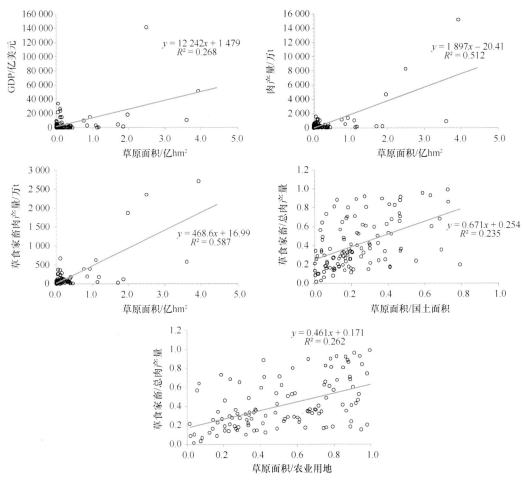

图 1-14　草原面积与家畜生产的关系

全世界 24.1% 的牛肉和 31.9% 的羊肉来自以草原为基础的家畜生产系统，以耕地为基础的系统生产了 69.5% 的牛肉和 67.2% 的羊肉，55.5% 的猪肉和 71.6% 的禽肉来自以饲料为基础的舍饲系统（图 1-15）。发展中国家 31.7% 的牛肉和 27.1% 的羊肉来自草原，发达国家则分别为 16.1% 和 44.1%；耕地系统生产了发展中国家 67.6% 的牛肉和 71.7% 的羊肉，生产了发达国家 71.5% 的牛肉和 55.8% 的羊肉。发达国家和发展中国家分别有 12.4% 和 0.6% 的牛肉来自以饲料为基础的舍饲系统；发展中国家有 1.2% 的羊肉完全依靠饲料舍饲，发达国家则没有（图 1-15）。

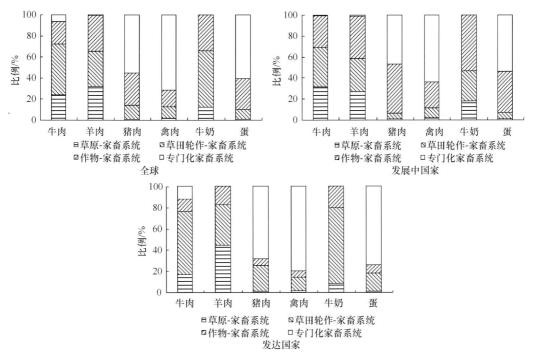

图 1-15　世界家畜生产系统结构

人均 GDP>20 000 美元的发达国家草原占农业用地的比例较低，人均 GDP 1000～20 000 美元的发展中国家次之，接近世界平均水平，而人均 GDP<1000 美元的贫穷国家这个比例较高（图 1-16）。主要原因是，草原既是重要的生产资料，也是环境严酷的标志（任继周等，1999），这是国家贫穷的原因之一，但不是最重要的原因；事实上，美国的草原占农业用地的比例超过 1/2，澳大利亚则超过 1/3（侯扶江和杨中艺，2006），我国的草原面积也超过农业用地 70%，超过世界水平 55.3%。与此相反，发达国家栽培草地面积占农业用地面积的比例、栽培草地面积占草原面积的比例均较高，发展中国家居中，贫穷国家较低；我国这两项指标分别只有世界平均水平的 54.2%和 34.9%（图 1-16）。

人均肉产量和人均食草型畜产品产量在发达国家最高，而贫穷国家最低，分别只有发达国家的 11.4%和 22.6%；我国人均肉产量高于世界平均水平 3.7%，但人均草食家畜肉类产量仅为世界平均水平的 48.2%（图 1-16）。贫穷国家草原家畜承载量分别高出发达国家和发展中国家 87.4%和 66.4%，而草原畜产品分别只有发达国家和发展中国家的 37.3%和 71.9%（图 1-16）。草地生产力和肉类畜牧业生产所占农业生产总值的比例随人均 GDP 增加而增加；人均 GDP 为 1000～20 000 美元的地区平均栽培草地占天然草地的面积比例和人均畜产品产量显著低于世界平均水平，而这些地区多为像中国一样处于食物结构转型期且极具发展潜力的发展中国家，未来畜产品尤其是食草型畜产品消费潜力上升空间巨大，因此，这些地区的

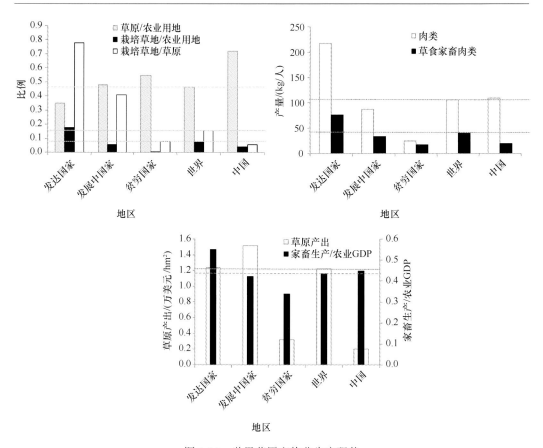

图 1-16 世界草原畜牧业生产现状

栽培草地面积和畜产品生产有进一步扩大的必要性。在人均 GDP 小于 1000 美元的地区，由于温饱问题尚未解决，因此农业生产仍侧重于作物的生产。

分析耕地（含栽培草地）、草地和林地 3 个主要的畜产品生产基地，对全世界畜产品生产贡献最大者为耕地，贡献率为 57.93%，其中 35.41% 来自栽培草地，其次是草原，林地贡献较小（表 1-8）。在发达国家，肉类生产更多地依靠耕地和林地，因为林地开垦后适宜种植作物，尤其是饲草作物（如新西兰和西欧国家），林下种草适宜放牧（如美国和澳大利亚）；草原贡献较小，因为草原适宜开垦的

表 1-8 世界农用土地对肉类生产的贡献率（%）

土地利用类型	总肉类生产				草食家畜肉类生产			
	世界	发达国家	发展中国家	贫穷国家	世界	发达国家	发展中国家	贫穷国家
耕地	57.93	79.13	30.22	94.21	58.07	84.52	31.61	96.10
林地	0.89	14.25	1.05	0.42	0.00	14.84	0.24	0.06
草原	40.08	6.38	67.35	3.53	41.16	0.27	66.93	1.76
其他	1.11	0.25	1.37	1.85	0.77	0.38	1.21	2.08

注：发达国家，人均 GDP>20 000 美元；发展中国家，人均 GDP 1000～20 000 美元；贫穷国家，人均 GDP<1000 美元

部分是发达国家的作物主产区，如美国的小麦带和玉米带，澳大利亚的小麦带（表 1-8）。发展中国家肉类生产主要依托草原，其次是耕地；贫穷国家家畜生产主要来自于耕地，其次是草原，因为草原放牧后，家畜主要依靠耕地生产的作物副产品（表 1-8）。

全球草食家畜的肉类生产主要来自耕地，贡献率为 58.07%，其中 20.53%来自栽培草地，草原贡献率为 41.16%（表 1-8）。但是，发达国家的草食家畜生产主要利用耕地种植饲草作物，这些耕地主要是开垦林地所致，如美国中东部的玉米带及北欧的奶牛和肉用绵羊主产区。在发展中国家，草食家畜生产主要来自草原，贡献率达 66.93%；而贫穷国家的耕地贡献了绝大多数的草食家畜肉类，草原贡献微弱，如同现今的非洲（表 1-8）。

全球无论是家畜总的肉类生产，还是草食家畜的肉类生产，均可用耕地、栽培草地、草原和林地面积很好地预测（表 1-9）。

表 1-9　世界畜产品生产与农业用地的关系

肉类	发展水平	预测模型	R^2	P
总肉类	世界	$Y=-177.854+0.230X_1-0.011X_2+0.108X_3+1.358X_4$	0.687	0.000
	发达国家	$Y=193.224+0.715X_1-0.073X_2-0.044X_3-0.001X_4$	0.985	0.000
	发展中国家	$Y=-331.165+0.187X_1-0.013X_2+0.180X_3+1.100X_4$	0.714	0.000
	贫穷国家	$Y=-8.705+0.195X_1+0.009X_2-0.018X_3-0.607X_4$	0.754	0.000
草食家畜肉类	世界	$Y=-23.627+0.067X_1+0.0001X_2+0.025X_3+0.232X_4$	0.796	0.000
	发达国家	$Y=33.438+0.162X_1-0.016X_2+0.002X_3+0.109X_4$	0.986	0.000
	发展中国家	$Y=-46.755+0.050X_1+0.001X_2+0.036X_3+0.168X_4$	0.778	0.000
	贫穷国家	$Y=-5.671+0.142X_1-0.003X_2-0.009X_3-0.347X_4$	0.749	0.000

注：Y 表示肉产量，单位为万 t；X_1 表示耕地面积，单位为万 hm^2；X_2 表示林地面积，单位为万 hm^2；X_3 表示草原面积，单位为万 hm^2；X_4 表示栽培草地面积，单位为万 hm^2

根据世界畜产品生产与农业用地的关系，如果我国达到发展中国家平均水平，则总肉类产量为 9694.94 万 t，其中草食家畜肉类产量为 2109.69 万 t，草原的贡献率分别为 77.20%和 72.43%（表 1-10）。如果达到发达国家水平，则我国

表 1-10　我国肉类生产预测

肉类	达到水平	肉类产量/万 t	草原贡献率/%
总肉类	发达国家	5776.83	2.39
	发展中国家平均	9694.94	77.20
	世界	7879.79	45.44
草食家畜肉类	发达国家	1809.63	0.39
	发展中国家平均	2109.69	72.43
	世界	1967.41	41.36

家畜总肉类产量和草食家畜肉类产量分别为 5776.83 万 t 和 1809.63 万 t，草原贡献率分别达到 2.39% 和 0.39%（表 1-10）。

我国无论是全国水平，还是在牧区、半农半牧区或农牧区，对总肉类生产和草食家畜肉类生产贡献最大者均为耕地。草原对肉类生产的贡献在各个地区均不容忽视。需要注意的是，半农半牧区林地对草食家畜肉类生产的贡献超过草原，原因是林下放牧，而且这类土地历来作为放牧地使用，等同于草原。其他因素对我国肉类生产的贡献远高于世界水平，这与我国饲料进口大国的地位相符（表 1-11）。全国及三类地区的总肉类产量和草食家畜肉类产量可以用耕地、林地和草地面积很好地预测（表 1-12）。

表 1-11　我国农用土地对肉类生产的贡献率（%）

土地利用类型	总肉类生产				草食家畜肉类生产			
	全国	牧区	半农半牧区	农区	全国	牧区	半农半牧区	农区
耕地	83.96	67.68	69.90	92.37	66.43	52.76	81.49	72.28
林地	3.21	4.85	3.47	1.70	3.91	10.11	11.14	9.74
草地	7.75	20.55	13.39	0.69	27.77	31.96	1.06	16.04
其他	20.58	6.93	40.02	10.02	9.72	5.17	6.31	21.41

表 1-12　我国肉类生产与农业用地的关系

肉类	发展水平	预测方程	R^2	P
总肉类	全国	$Y=115.995+0.457X_1+0.0006X_2-0.002X_3$	0.399	0.002
	牧区	$Y=-7.418+0.617X_1+0.026X_2+0.004X_3$	0.940	0.006
	半农半牧区	$Y=23.643+0.195X_1+0.025X_2-0.018X_3$	0.450	0.090
	农区	$Y=75.698+0.609X_1-0.032X_2-0.0007X_3$	0.488	0.000
草食家畜肉类	全国	$Y=-8.974+0.103X_1-0.010X_2+0.001X_3$	0.687	0.000
	牧区	$Y=-4.080+0.355X_1+0.025X_2+0.003X_3$	0.959	0.003
	半农半牧区	$Y=4.302+0.045X_1+0.010X_2+0.001X_3$	0.802	0.001
	农区	$Y=-5.003+0.102X_1-0.015X_2+0.0007X_3$	0.586	0.000

注：Y 表示肉产量，单位为万 t；X_1 表示耕地面积，单位为万 hm²；X_2 表示林地面积，单位为万 hm²；X_3 表示草原面积，单位为万 hm²

2. 我国草原的家畜生产

在我国，动物生产壮大了农户、地区和国家的综合实力，并且体现了农户、地区和国家综合实力，发展中国家尤其如此，我国 31 个省（自治区、直辖市）的动物生产 GDP 增加 1 亿元，拉动全国 GDP 上升 10.16 亿元（图 1-17）。一般情况下，家畜数量与农牧民收入有着较为直接的关系（图 1-18），我国 31 个省（自治区、直辖市）农村动物生产水平与农牧民收入呈极显著正相关关系（$P<0.001$），人均动物产值增加 1 元，农民人均收入也相应提高 0.91 元。

说明动物生产的大发展是我国从发展中国家成为发达国家不可绕避的门槛。

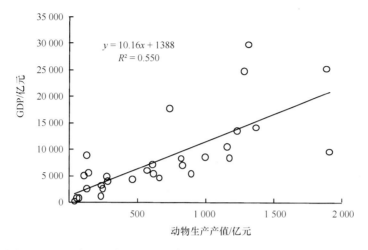

图 1-17　我国各省（自治区、直辖市）动物生产产值与总 GDP 的关系

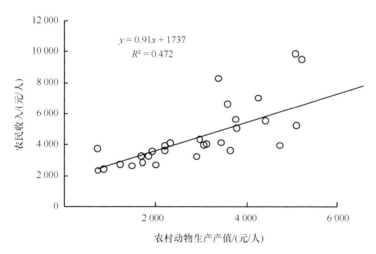

图 1-18　我国农村人均动物生产产值与农民人均收入的关系

　　内蒙古是我国六大牧区之一，其畜牧业发展在我国具有典型的代表意义。新中国成立以来，内蒙古总 GDP、农业 GDP、牧业 GDP 及人均 GDP 均呈指数增长；总 GDP 与牧业 GDP 线性相关极显著，随着牧业 GDP/农业 GDP 的增加呈指数上升（图 1-19）。2002～2012 年，内蒙古 4 种主要草原类型草原家畜承载量为典型草原最高，平均高于草甸草原 48.1%和荒漠草原 159.2%，是荒漠的 28.8 倍；单位面积典型草原的肉生产能力平均分别超过草甸草原、荒漠草原和荒漠68.9%、189.7%和 58.4 倍，典型草原、草甸草原和荒漠草原产肉能力分别以每年0.935kg/hm²、0.376kg/hm² 和 0.335kg/hm² 的速度递增；4 类草原单位面积的产值呈指数增长，增幅大小依次为典型草原、荒漠草原、荒漠和草甸草原（图 1-20）。

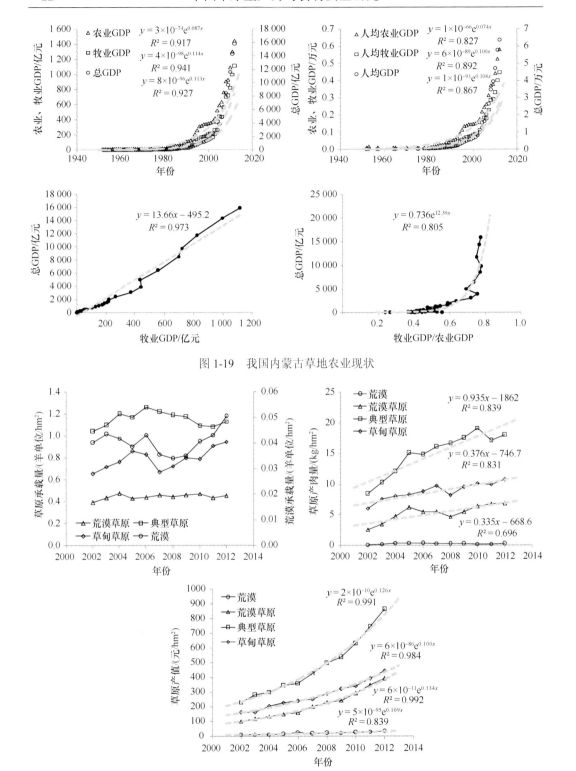

图 1-19　我国内蒙古草地农业现状

图 1-20　我国内蒙古牧区草原承载量和草原生产力现状

第二节　草原放牧系统的类型与生产力

一、放牧系统的类型与分布

放牧系统是在特定区域，由特定的生物因素、非生物环境因素和社会生产因素长期综合作用而形成的，因此，特定的区域总是有特定的放牧系统，它包含具有地域特色的草原类型、家畜种类及畜种组合、放牧方法、牧区社会结构、经济活动等，也决定了放牧系统的生产力特征。

根据草原综合顺序分类法划分各行政区域（县）草原类组，结合各类组的放牧畜种和放牧方法，全世界可划分为8个放牧系统类型（图1-21）。这种划分方法虽然不能反映放牧系统的演替，但是由于与生态区域重叠，在一定程度上能够体现放牧系统发生学的联系，而且与行政区域具有一定的重合度，有利于实施政策、法律和科技等措施。

1. 高寒放牧系统

高寒放牧系统也称为冻原和高山放牧系统。

高寒放牧系统在我国主要分布于青藏高原、西北内陆干旱区的高山地带，海拔 2500m 以上，主要家畜有牦牛、藏绵羊或其他高山细毛羊品种、藏山羊等（表1-13），是我国重要的细毛羊生产系统之一。2013 年，四川藏区牛的存栏量约为羊的 1.8 倍，西藏牦牛存栏量约为羊的 39.4%、山羊存栏量约为绵羊的 58.5%。家畜在冬、夏、春秋三季牧场活动，少数在四季牧场自由放牧。这类放牧系统受自然环境和历史习惯等因素限制，放牧家畜无补饲或补饲少、出栏慢、出栏率低。在海拔较低地区，部分牧户在畜群转场后的冬圈中种植燕麦等牧草用于春季补饲，也有少数牧户在河滩草甸打制干草用于冬春季补饲。

国外冻原放牧系统主要分布在俄罗斯北部和北欧，植被主要是藓类、地衣、小灌木和低矮的多年生草类，特征动物为驯鹿，其他动物主要是麝牛、北极兔、北极狐和一些啮齿动物，夏季有大量候鸟栖息。高山放牧系统在世界高大山系都有分布，高山草甸降水量较多、草层密集、植物生物量相对较高，适于放牧牛、马、羊，局部地区甚至可割草。

2. 荒漠放牧系统

荒漠是世界性的游牧区。

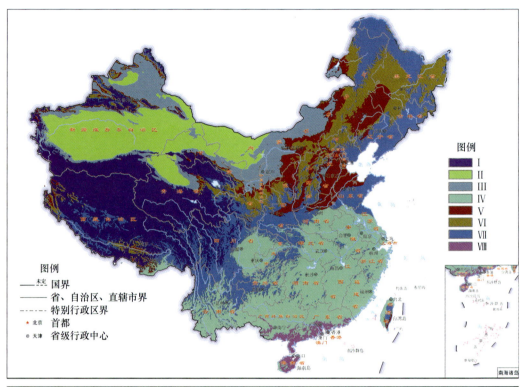

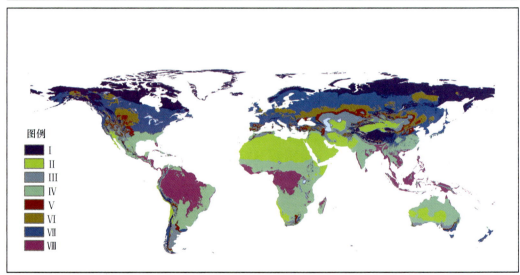

图 1-21　我国和世界的放牧系统类型（侯扶江等，2016）
I 高寒放牧系统，牦牛/藏绵羊/藏山羊—冻原高山草原放牧系统
II 荒漠放牧系统，山羊/绵羊/骆驼—荒漠草原放牧系统
III 半荒漠放牧系统，绵羊/山羊—半荒漠草原放牧系统
IV 亚热带森林灌丛放牧系统，山羊/水牛/绵羊—亚热带森林灌丛放牧系统
V 典型草原放牧系统，绵羊/肉牛/奶牛—斯太普草原放牧系统
VI 草甸草原放牧系统，肉牛/绵羊/肉牛/奶牛—温带湿润草原放牧系统
VII 温带森林灌丛放牧系统，肉牛/绵羊—温带森林灌丛放牧系统
VIII 热带森林灌丛放牧系统，山羊/水牛—热带森林草原放牧系统

表 1-13　放牧系统的类型与管理特点

类型	草业生态经济区	土地面积/万 km²	草原占土地比例/%	家畜种类	管理特点	补饲来源
高寒放牧系统	青藏高寒草业生态经济区，西北荒漠灌丛草业生态经济区	191.84	61.38	牦牛，藏绵羊，藏山羊，细毛羊	自由放牧，或季节性轮牧，冷季少有补饲	畜圈种草
荒漠放牧系统	青藏高寒草业生态经济区，西北荒漠灌丛草业生态经济区	119.46	39.83	山羊，绵羊，骆驼	自由放牧，近山地区有季节性轮牧，冷季补饲	绿洲种草，作物秸秆
半荒漠放牧系统	蒙宁干旱草业生态经济区	84.83	77.46	绵羊，山羊	自由放牧，或季节性轮牧，冷季补饲	种草，作物秸秆
典型草原放牧系统	蒙宁干旱草业生态经济区	67.40	59.31	绵羊，肉牛，奶牛	自由放牧，或季节性轮牧，冷季补饲	种草，作物秸秆
草甸草原放牧系统	东北森林草业生态经济区，蒙宁干旱草业生态经济区	95.74	30.65	肉牛，绵羊，奶牛	自由放牧，或季节性轮牧，冷季补饲	种草，作物秸秆
温带森林灌丛放牧系统	东北森林草业生态经济区	193.55	22.31	肉牛，绵羊	自由放牧，补饲	种草，作物秸秆
亚热带森林灌丛放牧系统	东南常绿阔叶林-丘陵灌丛草业生态经济区，西南岩溶山地灌丛草业生态经济区	194.75	27.56	山羊，水牛，绵羊	自由放牧，补饲	种草，作物秸秆
热带森林灌丛放牧系统	东南常绿阔叶林-丘陵灌丛草业生态经济区	12.43	22.37	山羊，水牛	自由放牧，补饲	种草，作物秸秆

　　荒漠放牧系统在我国主要分布于西北内陆干旱区和柴达木盆地，年降水量不超过 150mm，山地-荒漠-绿洲是代表性景观。牧草以肉质、多浆的灌木和藜科草本为主，主要家畜是山羊和骆驼，在绿洲及其边缘有绵羊和肉牛（表 1-13），柴达木盆地主要放牧绵羊和牦牛。2013 年，内蒙古阿拉善盟骆驼和牛存栏量分别是羊的 7.1% 和 2.1%，山羊的存栏量是绵羊的 2.3 倍，新疆昌吉回族自治州牛存栏 50.6 万头，是羊的 15.8%。这类系统中，草原面积广大，家畜在荒漠分三季或四季轮牧，是水平的季节性轮牧系统；也有少部分家畜，冬季在荒漠放牧，夏季在高山放牧，形成了随四季气温和草原供给变化、沿海拔上下移动的季节性垂直轮牧系统（Yuan and Hou，2015）。秋冬季，绿洲向荒漠放牧系统输入作物副产品或牧草用于家畜补饲，放牧系统向绿洲输入部分架子畜以育肥是这类系统的特色。

　　在我国之外的荒漠放牧系统主要分布于中亚、西亚、非洲的撒哈拉地区、澳大利亚中北部、美国西南部和南美洲西南部等。热荒漠灌丛放牧系统主要包括撒哈拉沙漠、阿拉伯荒漠、塔尔荒漠、美国西南部和墨西哥荒漠、秘鲁-智利荒漠及澳大利亚荒漠等，年降水量在 250mm 以下，有时甚至全年无雨，蒸发量超过 2000mm，甚至高达 4500mm；植物主要是仙人掌、滨藜、地肤、金合欢、木麻黄等；动物以爬行类和小啮齿动物为主。冷荒漠灌丛放牧系统主要分布在北美洲和亚洲的温带地区，无霜期较短，春秋季夜间经常出现霜冻，冬季严寒，夏季酷热。

3. 半荒漠放牧系统

在我国，半荒漠放牧系统主要分布于荒漠与典型草原之间的区域，年降水量少于 300mm，产草量在 $1t/hm^2$ 左右。主要放牧家畜是绵羊，靠近东部区域也放牧肉牛，靠近荒漠区域放牧山羊较多（表 1-13），是我国重要的绒山羊生产地区。2013 年，内蒙古乌兰察布市和鄂尔多斯市牛存栏量分别为 45.6 万头和 23.7 万头，分别为羊存栏量的 7.5% 和 2.4%。放牧地季节性轮牧，缺乏高山，为水平的轮牧系统。牧草以短花针茅、冷蒿等为主，降水偏少，除了河滩外绝大多数区域不能打草，产草量随降水变率大是放牧系统面临的主要问题。由于靠近沿黄灌区和农牧交错带，畜群尚易于通过出栏或补饲草输入加以调控。欧亚大草原、北美普列里、非洲萨王纳的周边广泛分布着此类系统，适宜放牧肉牛和绵羊。

4. 亚热带森林灌丛放牧系统

我国主要放牧山羊，在坡势平缓区域放牧肉牛、水牛和绵羊（表 1-13）。这种系统培育了大量肉用山羊品种，是我国重要的肉用山羊生产基地之一。灌丛和草丛面积分别占区域草原总面积的 39.2% 和 31.6%，分布于各大山系海拔 1000m 以上的草原常被称为"草山草坡"。种植业密布，与动物生产结合紧密；放牧地相对破碎、分散，给家畜放牧管理造成困难，也限制了畜群规模。产草量超过 $3t/hm^2$，家畜主要采食木本嫩枝条和草本，放牧地没有季节之分，常年连续放牧。水热条件好时，若牧草利用不及时则容易变粗老，但也宜于建设集约化的放牧系统。由于经济发达，农村劳动力转移后大量耕地摞荒，自然恢复为草原。在国家引导和企业参与下，栽培草原得到发展，成为放牧系统管理不可或缺的补充。

5. 典型草原放牧系统

我国典型草原的地区属于温带半干旱大陆性气候，降水量 250～450mm，以绵羊和肉牛放牧为主，靠近东部也放牧奶牛，西部也有山羊放牧，是我国传统牧区中人口密度最大的一类放牧系统。在陇东黄土高原，牛存栏量约为羊的 21.2%，山羊数量是绵羊的 2.4 倍；内蒙古锡林浩特市羊存栏量 534.8 万头，是牛存栏量的 6.3 倍。牧草以大针茅、克氏针茅、本氏针茅等为主。地形平坦，畜群在小范围内迁徙，为水平的轮牧系统。牧民有打草储藏过冬的传统，形成了季节性轮牧与割草相结合的放牧模式。由于靠近农牧交错带，牧民在牧草极度短缺年份也输入作物秸秆和副产品用作冬春补饲。

欧亚大草原是世界著名的典型草原放牧系统，植被以旱生禾本科植物为主，主要是针茅属、狐茅属、冰草属、雀麦属、披碱草属、赖草属和菊科、藜科的种，也有灌木和半灌木；家畜以马、驴、绵羊、山羊、牛等有蹄类为主，野生动物包括羚羊等。北美大草原或北美大平原的普列里放牧系统，分布于北纬 30°～60°，西经 89°～107°，是世界上面积最大的禾草草地，是经营现代化、生产效率较高的放牧系统之一；植被为针茅属、冰草属、须芒草属、格兰马草属和野牛草属的一些种，野生动物包括啮齿类、美洲野牛、叉角羚、獾等。南美大草原，也称为潘帕斯放牧系统，优势植物为早熟禾属、针茅属、孔颖草属、三芒草属、臭草属、须芒草属、雀稗属等，普遍设立草原围栏，草原一半以上已成为栽培草地或改良草地，草田轮作，是阿根廷的牛、羊生产基地。南非草原，也称为维尔德放牧系统，降水量为 380～760mm，狮、豹、猎豹、大象、长颈鹿等野生动物资源极为丰富。

6. 草甸草原放牧系统

我国草甸草原放牧系统主要放牧绵羊、肉牛和奶牛，约占全国草原总面积的 11.3%，年降水量 400～600mm，产草量可达 2～3t/hm²，是我国生产力较高的放牧系统。内蒙古呼伦贝尔市羊存栏量 1579.1 万只，是牛存栏量的 8.5 倍。主要禾草有贝加尔针茅、羊草等。地形平坦，肉牛或奶牛与绵羊的混合畜群在小范围内迁徙，为水平的轮牧系统。牧民在河谷地段开垦草原种植牧草以作补饲，也有打草储藏过冬的传统。由于水分条件好，土壤肥沃，草原开垦严重，尤其靠近东部地区，因此作物-家畜综合生产系统发育较好（侯扶江等，2009），呼伦贝尔市垦草饲养家畜数量是放牧饲养的 2.7 倍。

7. 温带森林灌丛放牧系统

温带森林灌丛放牧系统在我国主要分布于传统农区，历史上林地大规模砍伐、开垦后成为耕地。在耕地周围残存的林地，林下或林缘的牧草用于肉牛或绵羊放牧，林中适于放牧温带或寒温带的马鹿、驯鹿等鹿类。家畜每天归牧后，收集排泄物并发酵，然后施用于作物地。作物地种植牧草用于调制干草或青贮饲料，作为家畜的补饲料；作物收获后的残茬地也可用于放牧。乔木、作物和家畜相互作用形成农林牧综合生产系统，但是农业收入主要来自作物和家畜生产，较少来自林木生产。

8. 热带森林灌丛放牧系统

我国热带森林灌丛放牧系统以放牧山羊和水牛为主，是唯一没有绵羊的放牧系统，兼有放牧热带灌丛特有的坡鹿、水鹿等鹿类。家畜主要采食木本嫩枝叶、林下和林缘的草本。因高温高湿，饲用植物容易变粗老，家畜利用不及时，造成资源浪费。降水较多，放牧系统中多有池塘，提供家畜饮水，并作为生产系统物质循环的中转站，景观显著区别于其他放牧系统。基塘、作物和家畜相互作用形成作物-家畜/基塘综合系统，耕地种植的牧草或作物副产品补饲家畜，残茬地供家畜放牧。

国外热带放牧系统包括萨王纳放牧生态系统（又称为热带稀树灌丛草原）和卡帕拉（Chaparral）放牧生态系统。萨王纳放牧生态系统主要存在于热带雨林两侧，南纬 10°～20°和北纬 10°～20°，广泛分布于拉丁美洲、东非、澳大利亚北部、印度和东南亚，年降水量 500～1500mm，有明显的旱季和雨季交替。萨王纳放牧生态系统养活了大量的大型草食哺乳动物群，如长颈鹿、斑马、角马、大象、袋鼠等。游牧是这一地区的主要饲养方式。卡帕拉放牧生态系统为地中海型气候地区的常绿硬叶灌丛，年降水量 200～700mm，有一个明显的旱季，以春秋放牧利用为宜，马鹿和白尾鹿为特色动物。

我国较为关注北方温带草原的放牧利用，而长期忽视南方草山草坡。南方水热条件优异，饲用植物资源丰富，各地因地域不同而气候环境条件不同，拥有各具特色的草食家畜品种。据《中国畜牧业统计年鉴 2012》统计，2012年年底南方 15 个省（自治区、直辖市）草食家畜存栏量合计 3.4 亿羊单位（图 1-22），牛 4388.4 万头，马 280.9 万匹，驴 53.21 万头，骡子 88.85 万头，山羊 5174.6 万只，绵羊 418.67 万只。

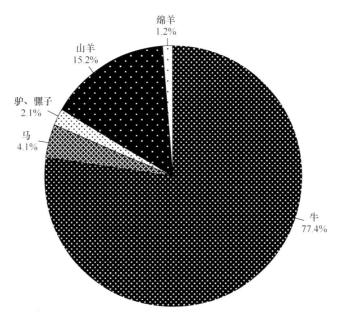

图 1-22　我国南方家畜存栏结构

南方黄牛品种多、头数多、分布广，主要包括雷琼牛、温岭高峰牛、云南高峰牛、舟山牛、皖南牛、广丰牛、闽南牛、大别山牛、枣北牛、巴山牛和三江牛等。南方当地黄牛体格矮小，毛色驳杂，肢细而短，蹄质坚实，行动敏捷，能爬陡坡，适于山区放牧。近些年，由于品种选育，南方黄牛毛色逐渐趋向一致；如温岭高峰牛经过多年选育，现绝大多数为黄色或者棕黄色，体型明显增大。与北方不同，南方黄牛耐粗饲，终年放牧与补饲结合，即使不补饲也能保持良好膘情，耐潮湿炎热。我国南方马的品种主要是西南马，品种多，有建昌马、云南马、贵州马和丽江马等，产于云贵高原及邻近省份，属山地种马，矮小，驮乘挽兼用，尤以驮载能力著称。南方山羊品种丰富，主要分布在地形复杂、坡度大、灌草丛生的丘陵区。

近30年来，南方地区从国内外成功引进了黑白花奶牛、罗姆尼半细毛羊、新疆细毛羊、考力代半细毛羊、婆罗门牛、美国短角黄牛和波尔山羊等家畜品种（洪绂曾和王元素，2006）。1995～2007年，南方奶类产量约占全国奶类总产量的13.5%（孙艳妮等，2010）；2010年，南方地区牛羊业构成比例已提高至20%～30%（全国平均约40%），其中，重庆、四川、贵州、云南牛羊总头数分别达到536.9万头、4488.1万头、1098.2万头、2623.7万头，分别占各省大型牲畜总量的13.08%、26.68%、24.94%、31.41%（中国农业年鉴委员会，2013）。我国现有水牛2168.08万头，主要分布在南方，存栏100万头以上的有8个省（自治区），其中广西403.76万头、云南264.7万头、贵州260.41万头、四川226.95万头、湖南218.88万头、广东191.56万头、河北170.09万头、江西121.09万头（聂迎利，2008）。2012年，四川家兔出栏量1.82亿只，占全国家兔出栏量的39.1%，兔肉产量26.96万t，占四川肉类总产量的4.11%，与四川牛羊肉所占比例相当（谢晓红等，2012）。但是，南方牛羊肉生产比例低于全国平均水平（13%），人均鲜奶消费量也低于全国人均28.28kg的平均水平，不及美国等发达国家的1/10（中国农业年鉴委员会，2013）。可见，南方家畜生产结构仍然不合理，迫切需要提高草山草坡的利用水平，调整养殖业结构、发展草食家畜。

总体上，草原和家畜具有适宜的分布区域，而且草原与家畜的相互作用也受科技、管理等因素的限制，可以根据家畜与草原的互作特点在每个放牧系统类型之下划分草畜互作类型，以方便管理。大体上可以划分为山羊放牧系统、绵羊放牧系统、肉牛放牧系统、奶牛放牧系统、骆驼放牧系统、马放牧系统等草畜互作类型，根据家畜的需求特点和草原生产特性，每一类都有自身特色的管理方式。

二、放牧系统的生产力特征

（一）我国草原的产草量

根据《中国草原发展报告》和历年《全国草原监测报告》，近10年来，全国草原产草量2009年最低，为9.38亿t，近5年以每年0.31万t的速度持续增长，2011 年突破 10 亿 t；2013 年鲜草总产量达到 105 581.2 万 t，折合干草约 32 542.9 万 t，均为 2005 年以来最高（图 1-23）。

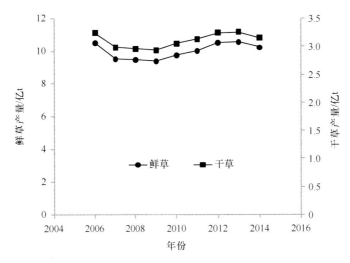

图 1-23　我国草原产草量动态（据农业部全国草原监测报告）

总体上，我国北方草原生产力与年降水量有显著的正相关关系。在年降水 50～700mm 内，降水增加 1mm，产草量平均增加 5.84kg/hm² （约 0.4kg/亩[①] ） （图 1-24）。

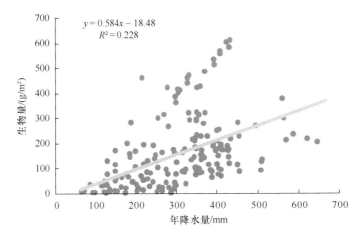

图 1-24　我国草原生产力与年降水量的关系

内蒙古阿拉善左旗定点监测数据显示，荒漠产草量 1993～2008 年呈逐年下降趋势，年均降幅达 6.11kg/hm²（约 0.41kg/亩）；在该区域的路线调查数据也显示，1963～2013 年，荒漠产草量年均减少 14.26kg/hm²（约 0.95kg/亩）（图 1-25）。

---

① 1 亩≈666.7m²，下同。

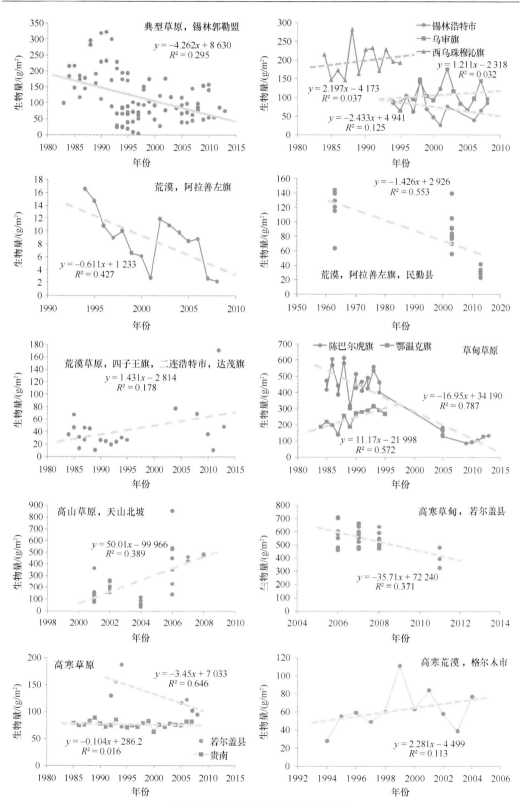

图 1-25 我国几类草原生产力动态

内蒙古自治区乌兰察布市的荒漠草原 1984~2013 年产草量有上升的趋势,年均增幅达 14.31kg/hm² (约 0.95kg/亩),但是变化规律不显著 (图 1-25)。综合锡林郭勒盟多个典型草原的监测数据,1984~2013 年 30 年间,产草量平均以每年 42.62kg/hm² (约 2.84kg/亩) 的速度下降;锡林浩特市的监测数据表现出相同的趋势,每年以 24.33kg/hm² (约 1.62kg/亩) 的速度下降;但是乌审旗和西乌珠穆沁旗的监测数据略有增加,但趋势不显著 (图 1-25)。呼伦贝尔草甸草原两个长期观测点的产草量为截然相反的变化趋势;陈巴尔虎旗 1985~2013 年,产草量平均每年以 169.5kg/hm² (约 11.3kg/亩) 的速度递减,而鄂温克旗 1984~1995 年的产草量平均每年以 111.7kg/hm² (约 7.4kg/亩) 的速度递增。天山北坡的高山草原,21 世纪头 10 年,产草量年均增速为 500.1kg/hm² (约 33.34kg/亩) (图 1-25)。在青藏高原,2006~2011 年,若尔盖县高寒草甸产草量每年以 357.1kg/hm² (约 23.8kg/亩) 的速度下降;1984~2009 年,贵南县和若尔盖县两个高寒草原监测点的产草量动态不同,前者仅是无明显趋势的波动,后者每年以 34.5kg/hm² (约 2.3kg/亩) 的速度下降;1994~2004 年,格尔木市高寒荒漠以每年 22.81kg/hm² 的速度上升,但趋势不显著 (图 1-25)。因此,可以认为过去 30 余年,我国草原产草量总体下降,水分条件较好的区域下降幅度较大,局部变化不显著,近 5 年来持续增长。

(二) 我国草原的家畜生产

据农业部畜牧业司,2013 年我国牛肉和羊肉产量分别为 674 万 t 和 408 万 t,合计占全国肉类总产量 8536 万 t 的 12.7%。其中,牧区牛肉和羊肉产量分别超过全国牛肉和羊肉总产量的 1/3 和 1/2。当前的趋势是,牧区牛肉、羊肉产量及其占全国牛肉、羊肉产量的比例仍然呈上升趋势,农区牛、羊存栏量比 10 年前分别下降了 45% 和 34%。如果我国草原放牧家畜出栏率按平均 65.8% 计,屠宰率按平均 52% 计算,当前全国草原年实际产肉 437.6 万 t,占全国肉类总产量的 5.1%,占全国牛羊肉总产量的 40.4%。

草原的家畜生产水平与湿润度 K 值显著正相关,除高寒地区外的世界其他地区,$K \leqslant 4.5$ 时,K 值每增加 1,家畜生产力提升 8.705APU[①]/hm²,相当于放牧率增加 0.387 羊单位/hm² (图 1-26);在高寒地区,$K \leqslant 5$ 时,K 值每增加 1,草原生产力提升 3.788APU/hm²,相当于载畜量增加 0.168 羊单位/hm²。据此,可以获得我国和世界草原家畜生产水平分布图 (图 1-27)。草原的动物生产水平以亚热带森林灌丛放牧系统和热带森林灌丛放牧系统最高,一般在 20APU/hm² 以上,多数区域超过 35APU/hm²,部分在 45APU/hm² 以上;荒漠放牧系统生产力绝大多数区域低于 5APU/hm²,其余不超过 10APU/hm²。

---

① APU,畜产品单位:1 个畜产品单位规定相当于中等营养状况的放牧育肥肉牛 1kg 增重。

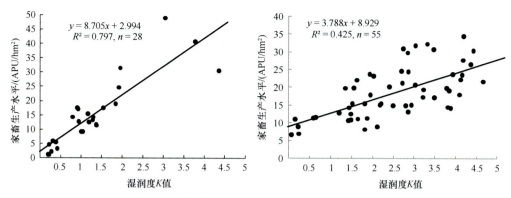

图 1-26 草原家畜生产最适水平与湿润度的关系

左图，除高寒地区外的其他地区；右图，高寒地区

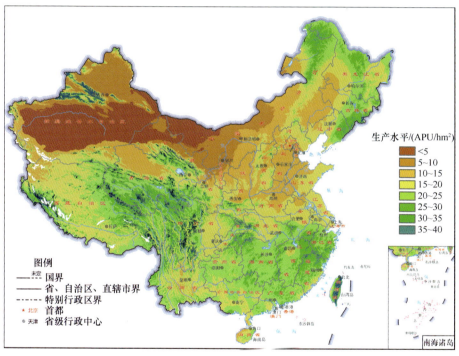

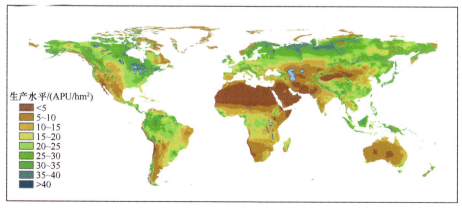

图 1-27 我国和世界草原的家畜生产力分布

放牧试验也证实适宜放牧率以亚热带森林灌丛放牧系统较高（表 1-14），半荒漠放牧系统较低。我国草原载畜能力与超载率呈复杂的负相关关系。

表 1-14　我国部分放牧系统的适宜放牧率

放牧系统类型	草原类型	地点	适宜放牧率/（羊单位/hm²）	参考文献
高寒放牧系统	山地草原	天山西部	0.32	张建立等，2010
	高山草原	祁连山中部	0.85	侯扶江等，2004
	高寒草甸	甘南	2.33	Sun et al.，2015
	高山草原	藏北	生长季<2.4	干珠扎布等，2013
半荒漠放牧系统	荒漠草原	内蒙古四子王旗	1.03	韩国栋等，2007
典型草原放牧系统	典型草原	宁夏盐池县	1.32	马红彬和谢应忠，2011
	典型草原	甘肃环县	1.20	Hou and Nan，2006
	典型草原	内蒙古锡林郭勒盟	生长季平地<4.5，坡地<3	何念鹏等，2012
亚热带森林灌丛放牧系统	岩溶山区灌丛	粤北	4.90	Yiruhan et al.，2011

根据我国草原适宜的家畜生产力的分布，我国草原载畜量为 2.82 亿羊单位，在适宜放牧利用下，草原家畜生产能力平均为 18.04APU/hm²，总计 63.50 亿 APU，约占世界的 7.3%（表 1-15）。放牧家畜平均出栏率如果按 46.4% 计，平均屠宰率按 54% 计，则全国草原单纯依靠放牧每年可产肉 216.9 万 t，占全国肉类总产量的 2.6%，占全国牛羊肉总产量的 20.1%。

表 1-15　我国和世界放牧系统的生产潜力

放牧系统	适宜生产力/（APU/hm²）	我国生产力/亿 APU	世界生产力/亿 APU
高寒放牧系统	15.21	17.68	232.62
荒漠放牧系统	3.36	1.79	29.66
半荒漠放牧系统	8.66	5.62	63.28
典型草原放牧系统	15.15	5.98	40.30
草甸草原放牧系统	20.71	6.00	51.51
温带森林灌丛放牧系统	28.88	12.31	196.70
亚热带森林灌丛放牧系统	28.68	13.47	135.40
热带森林灌丛放牧系统	23.67	0.65	130.48
总计		63.50	879.95

2005 年以来，全国草原载畜能力 2009 年最低，约 23 098.8 万羊单位，此后持续增加，2013 年最高，约 25 579.2 万羊单位（图 1-28）。全国重点草原超载率 2006 年达到最高，半牧区超载率总体上高于牧区（图 1-28）。

放牧家畜生产的提高途径，一是改良畜种（表 1-16），二是改进放牧管理方法，三是放牧与补饲相结合。

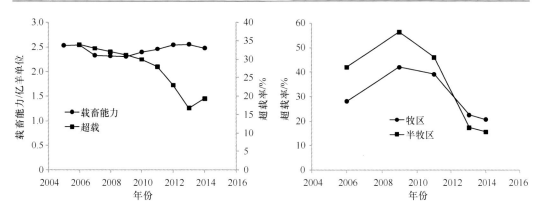

图 1-28 我国重要草原超载动态（据农业部全国草原监测报告）

表 1-16 我国放牧家畜的生产特性

家畜品种	地点	家畜活体重/kg
乌珠穆沁羊	内蒙古白音锡勒	高平原草原：32.71（6 月龄）
		沙质草原：35.31（6 月龄），27.55（4 月龄）
德国肉用美利奴羊	内蒙古白音锡勒	高平原草原：39.74（6 月龄）
		沙质草原：41.62（6 月龄），27.55（4 月龄）
蒙古羊	内蒙古四子王旗	42.5
藏绵羊	西藏那曲	29.6
内蒙古细毛羊	内蒙古锡林郭勒	61.5
罗姆尼半细毛羊	重庆红池坝	高放牧率：44.10
		中放牧率：48.25
中国美利奴羊	大巴山	中放牧率：47.6
		对照组：46.7
高山细毛羊	甘肃肃南	31.75
滩羊	甘肃环县	36
新疆细毛羊	新疆昌吉	冬羔出栏重：40.32
		春羔出栏重：40.17
		全舍饲母羊：44.21
		全放牧母羊：35.38
哈萨克羊	新疆伊犁	40.57
德国肉用美利奴羊、无角道塞特羊、萨福克羊×蒙古羊二元杂交	内蒙古白音锡勒	高平原草原：42.45（6 月龄）
		沙质草原：44.74（6 月龄），29.37（4 月龄）
辽宁绒山羊	吉林长岭	29.59
云岭黑山羊	云南寻甸	高放牧率：58.01
		高放牧率+补饲：56.25
		低放牧率：62.77
		低放牧率+补饲：65.53
滨湖水牛	湖南岳阳	单圈舍饲+放牧 4h：267.19
		单圈舍饲+放牧 8h：269.85
		合群舍饲+放牧 4h：263.63

家畜品种	地点	家畜活体重/kg
		合群舍饲+放牧 8h: 266.44
牦牛	甘肃肃南	102.2
蒙古母牛×黑白花公牛	内蒙古白音锡勒	300
科尔沁牛	内蒙古科尔沁右翼后旗	初生: 37.2
		6 月龄: 157.3
		1 岁公牛: 192.1
		1 岁半母牛: 304.5
		成年母牛: 356.8
西门塔尔牛	黑龙江宝清	380.6
甘肃马鹿	甘肃肃南	1 岁: 公 81.44, 母 78.63
		2 岁: 公 112.29, 母 107.64
天山马鹿♂×甘肃马鹿♀	甘肃肃南	1 岁: 公 90.38, 母 83.54
		2 岁: 公 110.55, 母 105.27
东北马鹿♂×甘肃马鹿♀	甘肃肃南	初生: 公 15.70, 母 13.45
		断奶: 公 56.45, 母 55.75
		1 岁: 公 87.55, 母 105.20
		2 岁: 公 120.10, 母 143.45
甘肃马鹿♂×甘肃马鹿♀	甘肃肃南	初生: 公 13.85, 母 12.49
		断奶: 公 51.50, 母 50.10
		1 岁: 公 81.75, 母 99.95
		2 岁: 公 104.85, 母 127.85

　　新疆人均生产总值、人均农业生产总值、人均牧业生产总值和肉类总产量多数是牧区最高; 草食家畜肉类产量占肉类总产量的比例和牧业产值占农业总产值的比例均是半农半牧区最高, 农区最低 (图 1-29)。青海牧区人均产奶量和人均产肉量分别是半农半牧区的 3.7 倍和 2.5 倍, 半农半牧区人均产奶量年增幅是牧区的 2.5 倍, 而且其人均产肉量平均以 10.01kg 的年增幅上升, 而牧区的增加趋势不明显; 牧区人均牧业 GDP 是半农半牧区的 2.7 倍, 两者均呈显著上升趋势, 牧区的年增幅是半农半牧区的 1.8 倍 (图 1-29)。近 10 年, 内蒙古半农半牧区牛羊肉产量 2004 年超过牧区, 2009 年达到峰值, 此后逐渐下降; 牧区牛羊肉产量仍缓慢上升, 但年增速降低; 牧区牛羊饲养量低于半农半牧区, 近 10 年变化不大, 2009 年后半农半牧区牛羊饲养量不再增长; 牧区单位家畜的牛羊肉生产效率平均高于半农半牧区 27.9%, 牧区和半农半牧区的生产效率分别在 2009 年和 2010 年达到最高; 2002 年, 半农半牧区和牧区人均 GDP 较为接近, 此后两者均呈指数增长, 差距逐渐拉大, 牧区和半农半牧区的人均农业 GDP 也呈指数上升, 均是牧区较高 (图 1-29)。

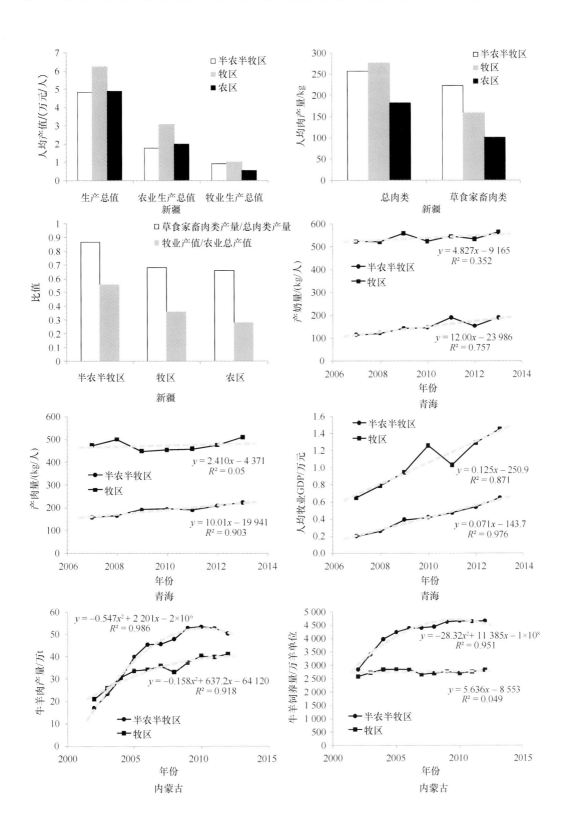

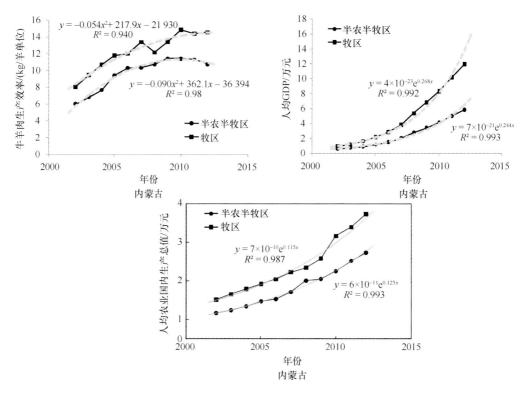

图 1-29 我国主要牧业省区家畜生产

我国草原放牧系统动物生产的总体水平与美国和澳大利亚等高收入国家相比，荒漠不到 1/3，典型草原为 1/3～2/3，草甸草原不到 2/3，差距明显（见表 1-17）。但是，改进后，荒漠的生产水平超过高收入国家的一半，典型草原为 50%～90%，草甸草原则能够达到高收入国家水平，差距可以大幅度缩小。由此可见，我国草原生产力水平如果接近高收入国家水平，增产潜力为 50%～200%，即年增产牛羊肉 2.184×10^6～8.734×10^6t，关键是全面实行草原畜牧业的现代化转型，以划区轮牧为核心，配合基础设施和社会保障系统等建设，建成人-草地-家畜的草原生态系统。

表 1-17 我国部分放牧系统与国外类似系统的生产力比较

草原类型	地点	生产力/（APU/hm²）	
		现状	改进后
极干荒漠类	澳大利亚乌美拉	2.9	—
	中国阿拉善左旗	1.66	2.16
微温微干典型草原类	美国东海伦娜	46.16	—
	中国环县	17.3	21.92
	中国锡林浩特	31.6	41.74
寒温微润草甸草原类	加拿大斯威大特卡伦特	27.44	—
	中国肃南	16.68	27.72

第三节 放牧系统类型的管理方式

草地是世界上面积最大的陆地生态系统。地球草地面积是森林的 1.5 倍，是耕地的 2.8 倍（Reid et al.，2008）。全球 69%的农业用地为永久性放牧地，其中大洋洲、非洲撒哈拉、南美洲和东亚分别为 89%、83%、82%和 80%。我国草原面积近 4 亿 hm^2，占全国陆地面积的 41%（陈佐忠等，2000），分别是林地和耕地面积的 1.3 倍和 3.3 倍。草地是世界三大食物生产基地之一。放牧为人类提供一半以上的肉类、1/3 以上的奶类及皮毛等畜产品，美国草地 70%的产出来自放牧，新西兰反刍家畜 90%的营养来自放牧（侯扶江和杨中艺，2006）。2008 年，我国牧区和半农半牧区肉类总产量 576.2 万 t，占全国肉类总产量的 7.9%，其中，牛肉 121.9 万 t、羊肉 117.6 万 t、羊毛 20.4 万 t、奶类 723.3 万 t、猪肉 256.2 万 t，分别占全国的 19.89%、30.93%、49.53%、19.13%、5.54%；此外，草食家畜存栏和出栏数量分别占全国的 38%和 28%（刘加文，2009）。总体上，我国仅有 6%~8%的畜产品由牧草转化而来，而且畜牧业屡遭恶性传染病袭击，食品安全事故频发，草地退化普遍（表 1-18）。

表 1-18 不同阶段草地退化面积和比例

草地退化程度	1980 年		1995 年		2000 年		2005 年		2010 年	
	面积/万 km^2	比例/%	面积/万 km^2	比例/%	面积/万 km^2	比例/%	面积/万 km^2	比例/%	面积/万 km^2	比例/%
重度退化	0.21	0.39	0.63	1.17	0.31	0.59	0.35	0.75	2.48	4.96
中度退化	2.21	4.12	5.00	9.31	2.72	5.13	1.71	3.64	6.58	13.17
轻度退化	15.56	28.91	16.32	30.36	13.20	24.92	8.74	18.59	13.41	26.84
无退化	35.83	66.58	31.80	59.16	36.72	69.36	36.23	77.03	27.49	55.04

在我国，草原畜牧业是牧区经济和牧民收入的支柱，草原畜牧业是牧区农业的主题。我国六大牧区牧业产值占省农业总产值的 43.8%，占全国畜牧业总产值的 16.3%；全国牧业县（旗）的牧业产值平均占全国牧业县（旗）农业总产值的 52.2%，半农半牧县（旗）牧业产值平均占全国半农半牧县（旗）牧业总产值的 40.3%（刘加文，2009）。2009 年，全国牧区农牧民畜牧业收入占农牧民总收入的比例为 65.9%，农区农牧民务农收入占农牧民总收入的 53.0%，牧区和牧民对畜牧业的依赖性更大（王欧，2010）。

一、农户的放牧管理

农户是畜牧业生产的最基本单位，农户家畜生产结构优化对提高农户生产效率至关重要。草原牧区典型牧户的放牧生产结构和草地放牧方式表现出较大的地区特色。

山地垂直放牧系统。利用草地的垂直地带性分布特征，依托于高大山体，形成由高到低的季节性牧场，草地畜牧业生产表现出此草地畜牧业的基本特征。基本模式可以概括为四季游牧、逐水草而动。牧民冬季往往居住在戈壁沙漠边缘或河谷地带，放牧了冬季牧场并配合储备牧草和一些精饲料。随着春季的到来，牧民准备开始追逐着融雪后的青草向夏季牧场迁移。到了夏季牧场后牧民可以在一段时期内较为固定地居住在一处，直到夏季牧场降雪的来临，再经过秋牧场或春秋牧场一路迁移、返回冬季牧场或定居点（表1-19）。

表1-19　季节牧场利用现状

季节牧场	进场时间	出场时间	利用方式	利用天数
冬季牧场	11月15日	4月1日	舍饲	135
春季牧场	4月1日	6月20日	自由放牧	82
秋季牧场	10月5日	11月15日	自由放牧	43
夏季牧场	6月20日	10月5日	自由放牧	105

例如，在新疆阿勒泰地区，牧民的迁移里程可达900km，迁移的路线一般较为固定。正是因为迁移，牧民才在不同时间利用了处于不同海拔的不同类型的草地资源。从研究区域草地畜牧业的生产实际来看，牧民迁移时间见表1-20。

表1-20　牧民放牧迁移时间表

| 利用情况 | 夏牧场 | 春秋牧场 | | 冬牧场 |
		春牧场	秋牧场	
利用时间	6月10日~9月10日	3月25日~6月10日	9月10日~11月30日	12月1日至翌年3月25日
利用天数	90	75	80	120

牧民饲养的牲畜主要有羊、牛、马、骆驼。其中，羊是阿勒泰草地畜牧业主要产品（图1-30），牧民主要通过羊的饲养和市场交易获取现金收入，并购买其

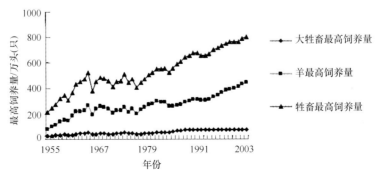

图1-30　阿勒泰地区家畜最高饲养量

他生活用品。而牛、马、骆驼的饲养一方面作为从事草地畜牧业的生产工具，另一方面直接获得生活消费品。这种生产方式决定了牧民在生产技术方面具有与之相适应的一些基本特征。

西北内陆干旱区的山地-荒漠-绿洲复合系统。此类系统是高大山体-荒漠-绿洲的复合体，山地-绿洲-荒漠呈链状分布，由山地子系统、绿洲子系统、荒漠子系统这 3 个子系统耦合。山地和荒漠区以放牧利用为主，绿洲区则为家畜育肥补饲提供了大量的饲料来源，两者的耦合极大地提高了系统生产力。

在新疆石河子绿洲，农户家畜养殖结构主要以山羊和绵羊为主，分别占 40.9% 和 31.7%，肉牛养殖约占 20.3%（图 1-31）。由于绿洲可为家畜生产提供大量的农副产品作为饲料（图 1-32），因此该地区有发展作物-家畜综合生产系统的先天优势。

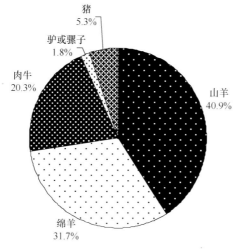

图 1-31 石河子绿洲农牧户家畜养殖结构

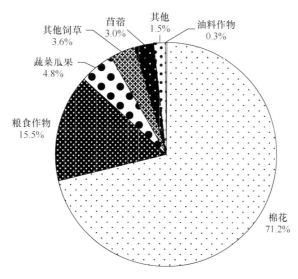

图 1-32 石河子绿洲种植业结构

　　绿洲种植结构业以棉花（*Gossypium hirsutum*）为主，还有玉米（*Zea mays*）、小麦（*Triticum aestivum*）等粮食作物，饲草作物主要是苜蓿（*Medicago sativa*）和甜菜（*Beta vulgaris*），其他作物还有油菜（*Brassica campestris*）、葡萄（*Vitis vinifera*）、籽瓜（*Citrullus vulgaris*）等。农业机械化程度超过 85%，农业商品率 80%。2006 年，粮食总产量 15.91 万 t，棉花总产量 27.81 万 t，牲畜年末存栏量 88.86 万头，畜禽肉总产量 4.07 万 t，产蛋量 7900t。羊毛总产量 1500t，牛奶产量 8.6 万 t。作物生产中的机械、化肥、地膜、农药等投入较高，尤其是机械和地膜投入远高于全国平均水平（表 1-21），具有集约化的作物生产系统的典型特征。

表 1-21　石河子农业投入

农业投入	石河子			全国平均
	2004 年	2005 年	2006 年	
机械 /（kW/hm^2）	2.78	2.85	3.52	0.11
地膜 /（kg/hm^2）	56.56	56.83	70.22	7.38
农药 /（kg/hm^2）	8.02	11.30	10.40	11.23
化肥 /（t/hm^2）	0.35	0.36	0.47	0.37

　　在甘肃民勤荒漠放牧系统，养殖结构主要以山羊、绵羊为主，分别占 34.4%、46.2%（图 1-33）。由于河西走廊传统农业关系，对畜力的要求很大，驴或骡子的养殖比例占 10.8%。

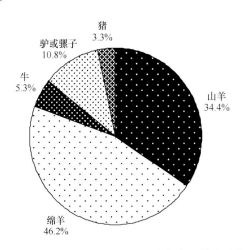

图 1-33　民勤荒漠放牧系统农牧户家畜养殖结构

　　典型草原区的两季轮牧模式。内蒙古典型草原区多属于此类模式。牧场承包给牧民，牧民将牧场划分为夏季牧场和冬春牧场，进行轮牧利用，打草场也见于此区域。

放牧+舍饲模式。此模式常见于我国农牧交错区。农户在进行作物生产的同时，利用农闲时间，在公共草地放牧，多以自由放牧为主，放牧时间自由。归牧后常利用作物生产副产品补饲家畜。

黄土高原典型草原农牧交错区放牧系统管理方式以粗放型管理为主，但由于农户同时进行作物生产，所以农户常补饲家畜，补饲量因农户和季节不同而异。农户养殖的家畜主要以山羊和绵羊为主，占总家畜养殖比例的80%以上。农户养殖家畜比例最高的是山羊，占75.8%，牛的养殖比例最低，农户家畜养殖结构大小依次为山羊>绵羊>驴或骡子>猪>牛（图1-34）。

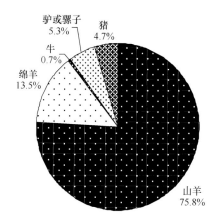

图1-34　黄土高原典型草原农牧交错区农牧户家畜养殖结构

青藏高原3季放牧模式。在青藏高原，牧民通常将牧场划分为夏季、秋季和冬春牧场，季节轮换。

尽管青藏高原地域辽阔，土壤和牧场植被类型多样，但其气候有共同的特点，那就是海拔高，气温低，一年没有明显的四季之分，只有冷暖两季，冷季（冬春季）长而寒冷，暖季（夏秋季）短而凉爽。相对于气温的季节变化，全年牧草供应也呈明显的季节性：牧草的季节供应极不平衡，全年枯草期长达7个月，暖季牧草供应充足，而冷季牧草奇缺。在青藏高原，牧草一般在春末夏初（4月底到5月初）发芽，经夏秋两季的生物量积累，于8月底或9月初达到生物量高峰，之后草原生物量开始下降，到翌年4月青黄不接时草原牧草现存量最低。牦牛采食量由于受草原产草量的限制，营养物质摄入量也呈季节性波动，由此导致草原牲畜长期处于夏壮、秋肥、冬瘦、春死的恶性循环中。近几十年来，迫于人口和经济上的压力，青藏高原牦牛和藏羊存栏量持续上升，导致草原退化，尤其是冬季牧场退化情况更为严重。这些都加剧了草畜矛盾。据报道，母牦牛冬季体重下降25%，而在极冷的年份，牦牛群体的体重可下降到暖季最大体重的30%（Long et al.，1999）（表1-22，图1-35）。

表 1-22　牦牛体重变化的季节动态　　　　　　（单位：kg）

牦牛	出生当年	第一个冷季		第二个暖季		第二个冷季	
		冬	春	夏	秋	冬	春
体重变化	47.2	−6.5	−5.6	22.2	40.7	−6.0	−12.7

注：第一个冬季从 8 月龄到 10 月龄（12 月到翌年 2 月），第一个春季从 10 月龄到 13 月龄（翌年 2～5 月），第二个夏季从 13 月龄到 15 月龄（翌年 5～7 月），第二个秋季从 15 月龄到 18 月龄（翌年 7～10 月），第二个冬季从 18 月龄到 22 月龄（翌年 10 月到第三年 2 月），第二个春季从 22 月龄到 25 月龄（第三年 2 月到第三年 5 月）

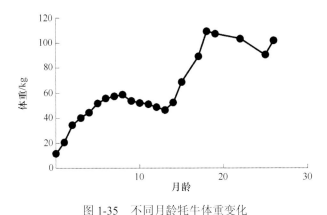

图 1-35　不同月龄牦牛体重变化

　　例如，在川西北高海拔地区，草地资源最主要的利用方式为放牧，放牧畜牧业是牧区的传统基础产业。川西北牧区 1982 年实行集体牲畜分户承包以来，使牧户获得了经营自主权，调动了牧民的生产积极性。1985 年牧区开始实行集体牲畜"折价归户、私有私养"，这一改革让牧民真正成为牲畜的主人，权利和利益紧密联系，广大牧民的生产积极性进一步高涨，数量型畜牧业生产得到快速发展，草地载畜量日益增加。

　　四川红原县和若尔盖县 1980～2006 年载畜量变化趋势如图 1-36 所示。从曲线变化可以看出，1980～1990 年 10 年间载畜量大幅度增长，平均每年增加 5.33 万羊单位，年均增长率为 0.22%；1990～2000 年，载畜量增速有所缓解，

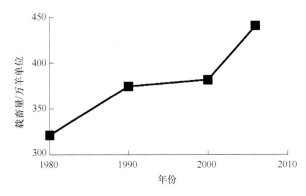

图 1-36　红原县和若尔盖县 1980～2006 年牲畜头数变化

但总体呈缓慢上升趋势,平均每年增加 0.72 万羊单位,年均增长率为 0.19%;
2000~2006 年增长速度明显加快,截至 2006 年,牲畜存栏量达到 440.35 万羊单位,
超出 1980 年 37.16 个百分点,7 年间(2000~2006 年)牲畜年均增加 11.76 万羊
单位,增长率达 3.08%,是前 20 年间年均增长率的 3.28 倍。

在 2006 年现金总支出中,牧户资金的绝大部分用于日常生活所需,生产性
投入很低,仅占总支出的 6.50%。其中,生产性支出占 10% 以下的牧户占到样本
数的 69.61%,生产性支出超过 30% 的牧户不到样本数的 7%。而在生产性支出中,
虽然有 38.2% 的牧户进行了网围栏建设,但事实上,当前牧民进行的牧场围栏更
偏向于划分各户的牧场,避免草原纠纷,而没有控制围栏里牲畜的数量,没有在
自家草原内再用围栏分区轮牧,没有起到让草地休养生息的作用。另外,由于近
90% 的牧户的牲畜是自家配种,牲畜配种这一项资金投入比例相当小,仅 4.2%,
是所有支出项目中最少的一项。缺乏优良牲畜,畜产品的质量得不到提高,牲畜
就只能向数量型发展,间接加速了对草地的破坏。由此可见,牧户对草地养护投
入可谓微乎其微(表 1-23)。

表 1-23　牧户生产性支出构成

项目	购买干草	棚圈围栏建设及维护	购买牲畜	牲畜配种	兽药费	其他生产费用	合计
户数	30	39	24	24	81	5	203
占总户数/%	24.4	38.2	23.5	23.5	79.4	4.9	193.9
金额/元	20 503	24 770	39 250	5 050	24 343	6 570	120 486
占生产支出/%	17.1	20.6	32.6	4.2	20.2	5.5	100

在黄土高原与青藏高原过渡区的家畜生产系统中,牛的投入能最大,羊的投
入能最少。牛的各投入能中苜蓿占了 53.7%,冬小麦秸秆占了 35.95%;羊的投
入能中冬小麦秸秆占了 55.5%,苜蓿占了 28.9%。各家畜中,牛的单位产出能最
高,羊的单位产出能最低。牛的能量效率最高。牛的产出能主要是劳役,羊则是
羊毛和羊肉(表 1-24)。户均家畜投入能最多的为牛,最少的为羊,产出最多的
为牛。各项投入能中,苜蓿投入占到 46.7%,冬小麦秸秆占到 30.7%,人力投入
占到 0.7%。

表 1-24　黄土高原与青藏高原过渡区家畜生产投入产出能 [单位:MJ/(头·年)]

种类	冬小麦秸秆	玉米秸秆	苜蓿	精料	人力
牛	10 048.0±2 112.0a	1 500.0±450.1a	15 040.0	1 312.2±779.1b	87.8
羊	2 076.6±2 108.9b	270.8±287.3b	1 081.0	263.4±304.0c	53.0

注:不同小写字母表示在 0.05 水平上差异显著

在青藏高原干旱草甸家畜生产系统中,牦牛和绵羊的投入能主要包括补饲
的精料能和人力能。牦牛的投入产出能高于绵羊,而能量效益、能量效率、经

济效益均低于绵羊，这主要是因为牦牛的养殖周期长，导致能量利用效率下降（表 1-25，表 1-26）。

表 1-25　青藏高原区家畜生产的能量平衡　　　（单位：MJ/头）

种类	投入	产出	能量效率	能量效益
牦牛	154.6	1498.7	9.7	134.1
绵羊	37.9	647.4	18.5	609.4

注：该地区在家畜生产的经济投入中，大部分为精料投入

表 1-26　青藏高原区家畜生产经济效益分析

种类	家畜生产效益/（元/头）						户均效益/元	
	精料	防疫	投入	产出	投入回报率	经济效益	投入	产出
牦牛	21.0	1.0	22	380.0	17.3	358.0	872.7	15 074.6
绵羊	4.2	1.0	5.2	532.0	102.3	526.8	208.9	21 370.4

该区域农户的投入产出能模式除夏河的产出能表现为指数型外，其他均为线性模式（图 1-37）。

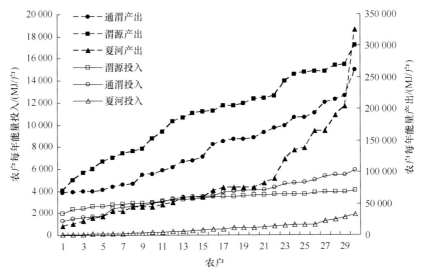

图 1-37　农户能量投入产出规律排序

二、区域的放牧管理

典型牧区的管理主要分为饲草供应与家畜需求关系特征及其季节动态和区域性家畜配置格局与动态，其中饲草来源包括草原、耕地、林地等。

我国草原面积广阔，种类多样，放牧家畜种类丰富，形成了我国放牧管理的区域特色。各放牧系统的类型与管理特点见表 1-13。

1. 聂荣模式——青藏高原高寒放牧系统

聂荣县地处西藏北部，唐古拉山南麓，隶属那曲地区，南与那曲县相邻，西邻安多县，北与青海省接壤，东连比如县和巴青县。平均海拔 4700m，冬长无夏，年降水量400mm，1996 年全县总人口 2.58 万，面积 14 540km²，其中可利用草原 $1.2 \times 10^6 hm^2$，牧草地在已利用土地的结构中占86%，牧业产值占农业总产值的 97%以上，是西藏自治区 14 个纯牧业县之一。由于自然条件恶劣，草地超载过牧，加之其他人为因素的影响，其草地退化面积的比例达 45.89%，在那曲地区十县中列首位。

该模式发展特点为政府主导，企业参与，牧户配合。

2009 年，聂荣县大力扶持牧民专业经济合作组织，通过走合作化道路，将该村丰富的牧草资源和便利的交通、优越的区位条件转化为经济发展优势。到 2009 年年底，合作组织人均现金收入由成立之初的不足 400 元增加到 1586 元，实现了全村集体脱贫的目标。充分利用那曲地区恰青赛马艺术节、地区畜产品展销会和聂荣县畜产品展销会平台，积极动员合作组织参会参展，统一使用"聂"牌商标进行销售，提高了销售量和全县优质畜产品的知名度。在该合作组织实施了金牦牛工程，为该地区建设了畜圈暖棚，采取科学配备饲料、科学补饲等办法，提高了牲畜生产能力；并积极帮助牧民改善畜群结构，提高了牦牛的品质。

2. 环县模式——黄土高原典型草原放牧系统

该区域处于农牧交错区，作物与家畜生产共存。作物生产以雨养为主，随着降水减少，年际降水变率增强，家畜生产渐趋重要。苜蓿等饲草作物的种植面积和家畜数量通常随降水增加而减少。天然草地面积较大的地区，家畜以放牧为主，中部家畜种类较北部丰富，放牧与舍饲相结合，南部以舍饲为主，偶有路边放牧。作物生产和家畜生产通过厩肥、畜力、天然草地、作物（含栽培牧草）耦合起来，农业多样性丰富，作物生产自给自足。

该地区也是国家实行退耕还林还草政策的核心区域之一，大面积土地退耕改种苜蓿，苜蓿的种植面积大幅增加。自发种植苜蓿或其他饲草作物的农户有限，但中部有种植高粱（饲草作物）的农户。冬季和春季，天然草地产草量不足时，北部农户才会给家畜补饲，且补饲料以马铃薯、麸皮等自家产出作物为主，很少从市场购买饲料。而在中部，大多农户根据家畜的需要进行补饲，当饲料不足时，会选择少量购买或者减少家畜数量。

此外，由于该地区地形地貌以丘陵沟壑为主，交通相对不便，信息闭塞，地方畜牧等相关部门通过项目示范推广、培训、补贴等方式，引导农牧民发展农牧业生产。例如，2007 年环县大规模实行禁牧，号召农户饲养内蒙古绒山羊，并采取给农户补贴的政策，于是中部几乎所有的农户在同一时间引进新品种取代旧畜群，2007 年在环县环城镇大面积实行沼气池计划，农户纷纷响应，堆积畜粪等。

此模式特点为农户自觉，政策支持，企业参与，市场指引。

3. 晴隆模式——亚热带森林灌丛放牧系统

我国南方草山草坡，由于气候条件（潮湿多雨）、地形条件（交通不便）所限，改良后的草地适宜家畜放牧。放牧是草地最经济的利用方式。科学的放牧应该是：一方面通过家畜放牧，把牧草转化为畜产品；另一方面通过放牧用家畜管理草地，这是草地畜牧业发达国家总结的经验。在放牧实践中，要做到科学的放牧管理，首先要了解有关草地放牧的理论。钟声（2002）对云南的放牧肉牛系统进行研究，结果表明，季节性草畜矛盾相当突出，是造成云南肉牛放牧系统牧草利用率低、单位面积的生产力水平落后、18 月龄肉牛活重较低的原因之一。调节放牧时间，划分季节性放牧草地，枯草季充分利用种植业中可替代的饲草资源是解决问题的有效途径。对放牧牛的众多研究表明（徐崇荣，1998；李天平等，1996），草-畜矛盾仍然是该放牧系统中突出的问题，解决的方案中大多采用人工补饲和调节畜群结构，以及时间、空间结构的调整，目的是使草（饲）-畜平衡。也就是说目前国内放牧系统在很大程度上都不能实现自给自足，必须依靠系统外的能量输入（补饲），因此农牧结合在我国放牧系统中是非常重要的。根据农牧结合理论，做好禁牧舍饲的一个重要问题是饲草料的供给。

此模式特点为政府主导，企业带动，农户自觉，产业支撑。

三、国家的放牧管理

我国约占国土面积 2/5 的草原，不仅仅承载着牧草和家畜，更承载着生活、繁衍在草原上的亿万民众，承载着草原地区生态、经济、社会、文化发展的重任。

从全国范围看，草畜资源配置地区间不平衡现象依然存在，表现在季节性的饲草资源短缺。过度放牧作为影响我国放牧生产系统健康可持续发展的主要问题依然存在，国家层面放牧管理的研究依然不系统，没有专门的指导放牧管理的部门和机构，草地放牧管理缺乏有针对性和专门的指导方法和技术。

因此，很有必要将草原保护建设提升为国家发展战略，成立专门的推进草原和草原地区发展领导小组，加强对草原工作的领导，统一协调、指导草原保护建设和草原地区发展工作。国家要针对草原地区生态极度恶化、经济发展水平普遍较低、少数民族人口集中分布的特殊情况，尽快研究制定推进草原和草原地区发展的宏观政策，明确草原地区生态、经济和社会发展方针、思路及战略重点，促进草原与草原地区的跨越式发展。

四、开矿对草原的影响

开矿对我国草原的破坏和影响十分严重，亟须解决。矿产资源开采在为我国提供各类资源的同时，也带来了严重的土地问题。全国矿山都存在日益突出的土地破坏问题。我国因采矿而直接破坏的森林面积累计已达 106 万 hm^2，而相应草地面积则为 26.3 万 hm^2。大规模的生产建设活动挖损、塌陷、压占了大量的土地资源。据估算，目前我国仅因各种人为因素而遭到破坏的废弃土地就有 1333 万 hm^2 左右，占总耕地面积的 10% 以上，其中因采矿而遭到破坏的土地面积就达 600 万 hm^2。而煤的开发对土地的损毁是相当严重的（表 1-27）。

表 1-27　1987～2020 年煤炭资源损毁土地面积

时间	煤炭生产/亿 t	损毁系数/（亩/万 t）	损毁面积/万 hm^2
1987～1999 年	148.89	4.5	44.67
2000～2009 年	207.53	4.0	55.33
2010～2010 年	266.67	4.5	80.00
合计	623.09		180

（一）采矿对草原的影响

①与采矿前相比，开采 5 年后周边原地貌典型草原土壤 pH 略有升高，重金属元素 Hg、Cu、Cd 等和类金属元素 As 含量均高于采矿前水平，有机质、速效钾和速效磷等营养元素含量也较采矿前有所升高；②与原地貌典型草原土壤相比，露天煤矿排土场再造土壤重金属含量明显增加，有机质和营养元素含量有所降低；③剥离表土有机质和营养元素较其他再造土壤丰富，而且小型分散表土堆比大型表土排放场更有利于保持表土的营养成分；④人工种植会显著增加再造土壤有机质和多数营养元素的含量（表 1-28）。

表 1-28　矿产资源开发利用不同阶段产生的环境问题

阶段	环境问题
勘察	土地损毁；植被破坏；地表及地下水污染等
开采	露天开采土地挖损；井工开采地表沉陷；工业场地建设、排土场压占土地；原地貌破坏；工程地质损害；水环境损害；大气污染；噪声污染等
洗选	固体废弃物压占的土地；大气粉尘污染等

（二）国外矿区复垦的办法

发达国家对矿区复垦土地可持续利用研究比较重视，技术方法相对比较成熟。德国从 20 世纪 20 年代起，就在露天煤矿开展绿化种植试验。美国早在 1918 年就开始自发地在煤矸石上进行播种绿化，1920 年颁布的《矿山租赁法》中明确提出要保护土地和自然环境。从 20 世纪 60 年代开始，发达国家步入了比较科学的矿区土地复垦时代。1977 年，《露天采矿与土地复垦法案》的颁布标志着美国的土地复垦事业正式走上了法制化道路，法规对原有矿山和新开采矿山的复垦技术和目标等作出了详尽的规定，复垦率的目标是达到 100%。英国 1942～1975 年的 30 多年间矿山土地复垦率达到了 76%。截至 1985 年，德国的矿山土地复垦率达到了 62%。纵观全球的矿区土地复垦立法，均侧重于创建独立的环境保护职能机构，采取经济手段，鼓励支持行业自律和公众参与。

第四节　野生草食性动物的放牧管理

一、我国草原的野生动物资源

我国地域辽阔，植被类型多样，野生动物资源非常丰富（表 1-29），此外，我国保存了大量的珍稀特有物种。据统计，约有 476 种陆栖脊椎动物为我国所特有，占我国陆栖脊椎动物种类总数的 19.42%（刘江，2002）。在第四纪冰川时期，欧亚大陆的北部受到冰川覆盖。中国绝大部分地区未受到冰川覆盖，成为很多古老动植物物种的避难所，或是新生孤立类群的发源地，因此拥有大量的特有种和孑遗种，具有很高的科研价值和经济价值。据不完全统计，我国拥有羚牛、藏羚羊、褐马鸡、绿尾虹雉、黄腹角雉等特有珍稀濒危野生动物 100 多种。全世界共有鹤类 15 种，我国就有 9 种；雁鸭类 148 种，我国有 46 种；野生雉类 276 种，我国有 56 种。此外，我国经济类野生动物种类多，可供人类肉用、毛羽用、观赏用和药用（费荣梅，2003）。

表 1-29　我国主要野生动物资源

种类	野生动物种数	特有种数	特有种所占比例/%
两栖动物	295	30	10.2
爬行动物	412	26	6.3
鸟类	1294	69	5.3
哺乳动物	607	73	12.0

我国草地面积辽阔，类型多样，在不同的草原区域生存着多种野生动物，其中很多具有地方性特色。主要草原区域的动物资源概况如下。

1）青藏高原高寒区：该区位于我国西南部，包括西藏、青海的大部和甘肃、四川西北一部分。该区人口稀少，开发强度低，高原景观完整，高寒地区野生动物资源丰富。该区典型的代表动物有野牦牛、藏羚羊、藏野驴、黑颈鹤、雪鸡；爬行动物有温泉蛇和两种沙蜥。东南部高山森林和草原的动物有白唇鹿、马麝、猞猁、豹猫、马熊、白马鸡、雪鹑、虹雉和雉鹑等。西北部高寒荒漠动物最普遍的是藏野驴、藏原羚、雪豹、岩羊、盘羊。青海湖周围沙地是普氏原羚唯一的现存分布区。黑颈鹤是唯一的高原沼泽鹤类，主要在青海高原栖息繁殖，迁飞南方越冬。高原的湖泊、沼泽地区水禽很多，有斑头雁、棕头鸥、秋沙鸭、鸬鹚、天鹅、黑鹳等。

藏羚羊（*Pantholops hodgsoni*）是我国特有物种，也是该区具有代表性的食草野生动物，被称为"可可西里的骄傲"。藏羚羊对当地的自然环境有很好的适应能力，不是一种自身濒临灭绝、适应能力差的动物，1970年之前仍有100多万只，但随着20世纪70年代中期藏羚羊羊绒的巨大经济价值被人类认知和开发，70年代至90年代中期的20多年内，偷猎现象便开始频发，甚至有过一年杀害几万头藏羚羊的记录，这使得它们的族群在90年代便急速下降到5万多只。此后人们认识到保护藏羚羊资源的迫切性。1979年藏羚羊被列入CITES附录Ⅰ，1996年被世界自然保护联盟列为易危物种，2000年被列为濒危物种。藏羚羊同时受到《中华人民共和国野生动物保护法》的一级重点保护，在没有许可情况下禁止狩猎和贸易。目前由于世界自然保护联盟和国际社会的大力保护和关注，它们的数量已明显有所回升，现存约21万只。

2）蒙新高原荒漠区：该区位于我国西北部，包括新疆全部和内蒙古、宁夏、甘肃、陕西、山西、河北的大部或一部分。该区的动物主要由草原、荒漠类型动物组成。兽类以野骆驼、野驴、盘羊等有蹄类为代表，其他有白唇鹿、马鹿、雪豹、猞猁、河狸等。鸟类中的松鸡、榛鸡、黑琴鸡生活于林区；沼泽水湿地有天鹅、黑鹳、白尾海雕等；草原荒漠区的鸟类有大鸨、毛腿沙鸡、百灵等。啮齿动物以跳鼠、沙鼠的一些种类占优势。爬行动物以沙蜥、麻蜥和沙虎属的种类最多。

普氏野马（*Equus przewalskii*）为大型食草动物，体型酷似家马，比野驴略大。普氏野马历史上曾经分布于中国新疆准噶尔盆地和蒙古国干旱荒漠草原地带。在我国的分布范围为阿尔泰山以南、天山以北的准噶尔盆地及玛纳斯河流域，沿乌伦河向东延伸到北塔山附近。由于普氏野马的生态环境不断恶化，其数量急剧减少。到目前为止，野生状态的普氏野马已经灭绝，仅剩余残存在动物园的圈养种群，现已繁殖了10余代。如今，普氏野马的圈养种群已经散布于世界范围内的 10 个国家 130 多个机构。截至 1997 年 1 月,全世界的普氏野马数量为 1450 匹。目前,从蒙古国引入我国的普氏野马种群数量持续上升,到 2007 年 1 月,我国普氏野马的圈养种群数量已达 200 多匹。2001 年 8 月,新疆野马繁殖研究中心将第一批野马繁育群放归于卡拉麦里保护区,随后又在此基础上进行了数次放归,组成了野外种群,国内学者也对放归的普氏野马进行了食源植物、食性选择和采食对策等方面的研究(孟玉萍,2007)。

黄羊(*Procapra gutturosa*)是重要的植食性野生有蹄类经济动物,20 世纪初广泛分布于中国的内蒙古草原、吉林和黑龙江西部草原、河北,以及西北部的新疆、甘肃、陕西、宁夏部分地区。内蒙古是我国黄羊主要分布地区。50 年代初黄羊广泛分布于内蒙古东部草原和西部荒漠草原地区,有 50 万～60 万只。60 年代初由于大规模猎捕,黄羊的分布区大大缩小,主要分布在东部的呼伦贝尔草原和锡林郭勒草原,中部、西部地区只有零散的分布,种群数量减少了 1/3 以上。在我国捕杀黄羊最严重的时期莫过于 60～80 年代,70 年代后期猎杀开始变得无节制。到 80 年代内蒙古黄羊分布区进一步缩小,黄羊大多在东部中蒙边界地区栖息,并不断在中蒙两国之间进行移动。随着捕猎的进一步进行,黄羊数量急剧下降,到 20 世纪末期已处于灭绝的边缘。1989 年黄羊被确定为我国国家二级保护动物。《中国濒危动物红皮书》(CRDB)将黄羊列为易危。除去过度狩猎和偷猎等主要因素外,草原退化、食物资源减少、围栏造成迁徙障碍、自然灾害等因素均使黄羊的生存受到威胁,种群数量进一步减少。近年来,由于国家对黄羊的保护,其种群数量有所恢复。

蒙古野驴(*Equus hemionus hemionus*)历史上分布于亚洲荒漠及荒漠草原环境,是亚洲中西部开阔景观环境中的代表性物种,具有极其重要的生态地位。随着人类近代文明的兴起及农牧业的拓展,该物种分布区急剧退缩,种群数量锐减,现代分布区已呈岛屿化残存状态。蒙古野驴 1989 年被列为我国国家一级保护动物,1997 年被 IUCN 列入 CITES 附录Ⅰ,1998 年被列为《中国濒危动物红皮书》的濒危物种。在我国,蒙古野驴分布区东起内蒙古二连浩特,沿中蒙边界狭长地域至新疆北部盆地,主要集中于新疆北部的卡拉麦里山有蹄类自然保护区和内蒙古中部的乌拉特梭梭林保护区。20 余年来,国内曾进行过几次小规模的蒙古野驴数量和分布的调查,由于调查时间并非同期,加之调查范围未覆盖整个蒙古野驴分布区,目前尚缺乏蒙古野驴种群现状的基础资料,也未开展系统的物种生物学研究。

3)华北平原黄土高原区:该区包括北京、天津,山东全部和河北、河南、山西大部分,江苏、安徽淮北地区,陕西、宁夏中部及青海东部。该区植被具有半湿润半干旱过渡性质,由于长期开垦和其他生产活动的影响,自然景观已发生了巨大的变化。该区的黄土高原和深山区的珍贵动物如大鲵、豹、石貂、大鸨、青羊等尚有一定数量，兔狲、虎、猞猁、白冠长尾雉、原麝、马鹿等已很稀少。在少数地区可见天鹅、丹顶鹤、虎头海雕等候鸟迁徙时在沿海停歇。

4）东北山地平原区：该区位于我国东北部，包括黑龙江、吉林、辽宁全部和内蒙古的呼伦贝尔、兴安、通辽、赤峰等部分地区。该区属温带大陆性季风气候，冬季漫长干燥严寒，夏季短促而湿润。该区自然资源丰富，森林主要分布于大兴安岭、小兴安岭和长白山等地，珍稀野生动物主要有东北虎、原麝、野生梅花鹿、马鹿、丹顶鹤等。

5）西南高山峡谷区：该区地处青藏高原的东南部，包括横断山区及雅鲁藏布江大拐弯地带、西藏东南部、四川西部及云南西北部。这里曾是第四纪冰川期动物的避难所，动物区系组成的垂直变化明显，南北动物混杂，是古北界和东洋界的交汇地带。东洋界主要代表物种是小熊猫、血雉、虹雉。该区是我国雉鸡种类最多、资源丰富、分布集中的地区，主要包括藏马鸡、红腹角雉、绿尾虹雉、锦鸡等。兽类中的大熊猫、羚牛是残存的种类。

6）中南西部山地丘陵区：该区位于秦岭以南，包括贵州全部，四川、重庆、云南大部和陕西、甘肃、河南、湖南、湖北部分地区。区内动物组成比较复杂、种类丰富，是我国特有古老动物大熊猫、金丝猴、羚牛的主要分布地区之一。大熊猫分布于岷山和秦岭南坡。金丝猴分布于秦岭以南，种群较大。梵净山是灰金丝猴的唯一分布区。兽类有林麝、青羊、毛冠鹿、苏门羚、金猫、猕猴、豹、大灵猫、小灵猫等。华南虎已十分稀少，两大类大鲵分布于山溪中。水域湿地有越冬的天鹅、鸳鸯等候鸟。

7）华东丘陵平原区：该区位于我国东部，包括江西、浙江、上海的全部和河南、安徽、江苏、湖北、湖南、福建、广东、广西的大部或部分地区。常见的动物有黑鹿、毛冠鹿、猕猴、短尾猴、白颈长尾雉等。华南虎十分稀少但在一些山区有零星分布。扬子鳄仅分布在安徽、浙江部分地区，十分稀少。产于广西大瑶山的爬行动物鳄蜥也是我国特有的一个古老物种。江西彭泽和浙江临安等地发现了野生梅花鹿种群。该区的长江中下游河道地区是白鱀豚的唯一分布区，湖泊及沿海滩涂是天鹅、丹顶鹤、白鹤、白枕鹤、白鹳、黑鹳、鸳鸯及各种水禽候鸟的越冬区或栖息地。

8）华南低山丘陵区：该区地处我国最南部，包括福建、广东、广西沿海地区和广西、云南南部丘陵山地及海南岛、台湾岛的全部。其动物区系属东洋界-华南区系，各类热带-亚热带类型的成分最为集中，并有许多特有的科、属、种。某些广布类群在该区有极高数量，如两栖类中蛙科的 50%以上、爬行类中游蛇科的 85%以上、鸟类中啄木鸟的 90%以上、兽类中鼬科的 63%集中分布该区。

该区森林动物中最著名的是灵长类，如分布于云南南部的白眉长臂猿、白颊长臂猿、白掌长臂猿、合趾猿、黑冠长臂猿，桂西南岩溶地区的白头叶猴、黑叶猴、懒猴、猕猴、熊猴、短尾猴、红面猴、台湾猴等。野象、印支虎仅分布于西双版纳、思茅、南滚河一带。爬行动物繁多，尤其是龟鳖和蛇类，如蟒蛇等，可谓全国之冠。其他珍稀动物有海南坡鹿、野牛、原鸡、绿孔雀雉、犀鸟、黄腹角雉、大灵猫、小灵猫、穿山甲等，很多种类在国内仅分布于该区。

（一）野生哺乳动物资源的利用价值

哺乳动物（兽类）是脊椎动物中最高等的一类，目前分布在我国的兽类有13目，约510种。其中种数最多的为啮齿目，约占全国兽类总种数的36%，其次是翼手目，约占总种数的18%，在我国南方分布明显多于北方。食肉目和食虫目的种数相近，约各占11%；偶蹄目种数约占我国兽类的第5位，占8%左右，它们一般体型较大，大都为草食性种类，是兽类中实用经济价值最高的一类。

大部分反刍草原野生动物具有高的肉用价值，如野牦牛、梅花鹿、黄羊等，在人类早期历史上，人类狩猎草原野生动物的主要目的就是获得食物，从而保证人类群体的顺利繁衍。

草原野生动物可以为人类提供各种皮毛，具有很高的经济价值，如偶蹄目的黄羊、野牦牛、藏羚羊，犬科的赤狐、沙狐、藏狐，鼬科的黄鼬、紫貂等均可为人类提供优质的皮毛，为皮裘、皮革等的制造提供了优质的原料。

草原野生动物还具有很高的药用价值。牛科动物中的一些种类的角可作为药材，如藏羚羊、赛加羚羊、黄羊、藏原羚、鹅喉羚、青羊、扭角羚等。鹿科种类也具有很高的药用价值，梅花鹿、坡鹿、水鹿、马鹿、麋鹿、驼鹿和驯鹿等多种鹿的茸可以作药用，传统上认为梅花鹿的茸最优（盛和林，1992）。草原药用动物中还有啮齿类动物，如鼯鼠科的复齿鼯鼠、鼠兔科的高原鼠兔的粪便均可入药。此外，啮齿目的高原鼢鼠的骨骼具有高的药用价值，已被国家卫生和计划生育委员会批准为我国第一个国家级的一类野生动物新药材，它对某些疾病的疗效甚至能与虎骨相媲美。

（二）野生鸟类资源的利用价值

在我国众多的鸟类中具有重要经济价值的约有300种。可以概括为五大经济类群：一是中国特产的珍贵、稀有鸟类，如褐马鸡等；二是数量多、经济价值大的鸟类，如雄鸡等；三是数量多，只具一般经济价值的鸟类，如麻雀等；四是数量较少，但个体价值较大的鸟类，如猛禽中的白尾海雕等；五是具有开发前途，而尚未被顾及的鸟类，如斑鸠等（郑作新，1993）。

几乎所有的鸟类都可以为人类提供丰富的食物,如鸡形目的雉鸡、花尾榛鸡、黑琴鸡、鹌鹑、竹鸡,雁形目的绿翅鸭、花脸鸭、绿头鸭、斑嘴鸭,鸽形目的山斑鸠、火斑鸠、毛腿沙鸡等,是我国长期以来的主要狩猎对象,一般具有个体大、肉质鲜美等特点,具有很高的肉用价值。

鸟类也具有可观的药用价值。一些常见鸟类均可以作为药用动物,其身体的全部或部分入药,有独特的药效和奇特的功能,如鸟肉、鸟卵、鸟粪、鸟胆、鸟羽、鸟骨、脂肪、鸟涎等均可入药。鸟类在我国药物开发和使用历史上占有重要的地位。

许多鸟类羽毛色彩艳丽夺目、鸣声婉转悦耳,或以其他特殊技能而被人们饲养、观赏,以丰富生活内容。以观赏鸟类鸣声为目的的鸟类有百灵、画眉、金翅、黄雀等;以观赏鸟类飞舞技能为目的的有云雀、绣眼鸟等;以观赏鸟类艳丽羽色为目的的有太平鸟、黄鹂、红嘴相思鸟、孔雀等。

鸟类的羽毛可作填充和装饰用,具有很高的资源价值。例如,雁鸭类的绒羽,质量轻,弹性强,保暖性能好,一般作为羽绒服、羽绒靠垫、羽绒枕头或被褥的保温填充材料。鸟类飞羽、尾羽的羽枝粗大强健、羽面平整宽大,可制成羽毛扇、箭翼等。许多鸟类特定部位的羽毛,其色彩艳丽、形态别致,可供妇女、儿童作帽饰或其他装饰之用,为中国传统出口羽毛中的珍贵商品。例如,绿头鸭的翼镜、中央尾羽(蝎子钩),针尾鸭的中央尾羽,罗纹鸭的三级飞羽、外侧肩羽,沙鸡的中央尾羽等均有大量外销(郑作新,1955)。

(三)野生动物的遗传资源

由于野生动物具有很高的价值,人类在长期的历史上不断地捕捉野生动物并饲养,希望能够持续、稳定地得到动物产品。经过长时间的努力,人类驯化成功的家畜(禽)主要有黄牛、山羊、绵羊、马、驴、猪、狗、鸡、鸭、鹅、骆驼、水牛、牦牛等。但是这些家畜(禽)的物种数只占自然界野生物种很小的一部分。统计表明,全世界范围内,体重超过45kg的草食性动物或杂食性动物有148个物种,但是其中仅有14个物种被驯化(Diamond,2002)。究其主要原因,未被驯化的物种主要存在以下特点:食物来源困难、具有高的攻击性、生长速度过慢、繁殖周期过长、易受惊吓、在驯养条件下不能交配繁殖等(李晶和张亚平,2009),这些均为动物的驯化设置了障碍。尽管如此,鉴于自然界中庞大的野生动物资源,人类一直在尝试各种手段进行野生动物的驯化和驯养。鹌鹑的驯化就是近100年内驯化成功的案例。此外,某些具有经济价值的野生动物的驯养也大量出现,如梅花鹿、马鹿、紫貂、水貂、银狐、蓝狐、海狸鼠、鸵鸟、环颈雉等,它们不仅能够在人工环境中很好地生活,而且能够生产质量稳定的产品,为社会创造价值，同时，这些动物的个体和行为与野外群体相比也发生了一定的变化，具有很大的驯化潜力。

由于自然环境和人类的作用，部分家畜的野生祖先已经灭绝，如牛的祖先——原牛已经在 1627 年于波兰灭绝（BöKönyi，1974），这对家畜遗传资源库来说是巨大的损失。近年来，由于人类保护野生动物意识的提高，一些家畜的野生祖先数量得到维持甚至有所回升，这些野生动物资源为当今家畜品种的复壮及选育提供了宝贵的资源。到目前为止，家养动物中引入野生物种资源成功的例子也存在，如我国青藏高原地区牛种——牦牛，其野生祖先——野牦牛仍然存活，数量约为 13 000 头（Wiener et al.，2003）。当地牧民在长期的养殖历史上，不断从野牦牛中获取遗传资源，为家养牦牛的育种提供了素材。近年来，科研工作者使用野牦牛遗传资源复壮家牦牛品系，并育成含有野牦牛资源的家牦牛品种——大通牦牛，为当地畜牧业的发展提供了帮助，引起了国内外学者的关注。北美野牛生活在美洲草原上，是肉牛的近缘物种，在历史上由于捕猎者的过度猎杀，濒临灭绝的边缘，经过美国政府的保护，目前种群数量得到很好的恢复，野牛群体遍布于北美草原。近年来，国外科学家和农场主通过北美野牛和肉牛的杂交，培育出一个新的品系——beefalo，这一品系存在杂种优势，个体庞大，产肉量高，提高了畜产品的生产量和利润，在当地市场占有一定的份额。野猪是家猪的祖先，在全世界范围内广泛分布，数量可观，这些遗传资源也为猪的育种提供了丰富的材料。

二、放牧系统的野生动物管理

（一）国外放牧系统的野生动物管理

野生动物是草原生态系统的重要组成部分，在生态系统的物质循环和能量循环中起到不可或缺的作用，20 世纪以来，由于人类对野生动物栖息地的破坏、人类过度捕猎等因素影响，野生动物种群数量下降，甚至濒于灭绝。为了保护野生动物的多样性，维持生态系统的功能，国际上相继制定了《生物多样性公约》（BDC）、《濒危野生动植物种国际贸易公约》（CITES）等国际公约，成立了世界野生生物基金会（WWF）、联合国环境规划署、世界自然保护联盟（IUCN）等有广泛影响的野生动植物资源保护和管理组织。北美作为野生动物和自然资源保护、管理及研究最活跃的地区，其管理水平和研究手段也处于世界领先地位。在北美每年要召开一次野生动物及自然资源研讨大会，谈论和研究野生动物的种群密度及其控制；利用 RS、GIS 等先进手段对野生动物及其栖息地进行评价、分类、管理和恢复工作；并进行生物多样性、户外伦理学等多个方面内容的研究。

此外，美国、加拿大、澳大利亚、印度等几十个国家也都设立了野生动物专职管理机构，并建立了相应的网络、监测系统和各种计算机管理系统，用于及时准确地掌握本国野生动物资源的动态情况，并通过人造卫星和遥感技术研究物种的生态环境和种群数量。

目前，国际研究多集中在北美大草原、欧亚大草原、非洲萨王纳、南美潘帕斯等地带性草原，但是对于阿尔卑斯山、落基山、西北欧、加拿大北部等草原放牧的研究也颇具实力，并且形成了鲜明的地域特色，如落基山脉的野牛放牧系统（Gass and Binkley，2011；Spasojevic et al.，2010）、苏格兰高地的马鹿放牧系统（DeGabriel et al.，2011）、加拿大的鹅放牧系统（Zacheis et al.，2001）、阿尔卑斯山的改良草原放牧系统（Stiehl-Braun et al.，2011）等。尼泊尔喜马拉雅山区，岩羊（*Pseudois nayaur*）与牦牛除春季外其他季节在海拔、植被类型和坡度相似的草原放牧；山羊常年在低海拔的草原放牧，夏季牧场与岩羊的春秋季采食地重叠；放牧强度高时，3 种动物将竞争高寒草甸（Shrestha and Wegge，2008）。非洲萨王纳，干旱季节野生有蹄类抑制牛的采食和生产性能，表现为竞争，湿润季节则两者互利（Odadi et al.，2011）。加拿大阿尔伯塔西南部，狼在家畜非放牧季主要捕食野生有蹄类，或觅食牧户的死家畜，放牧季则捕食牛（Morehouse and Boyce，2011）。美国黄石公园，狼改变了草原的放牧强度、降低了土壤净氮矿化速率和氮的空间分布模式，导致草原能量和营养循环的空间模式变化（Frank，2008）。墨西哥西北 Chihuahua 荒漠，黑尾土拨鼠（*Cynomys ludovicianus*）在牛放牧区的数量比封育 2 年区多 1 倍，牛和土拨鼠共存区域的植被高度低于两个种或其中一个种缺失的区域，两种草食哺乳动物功能组对于生态系统的结构和功能既有独特影响，也有协同作用（Davidson et al.，2010）。加那利群岛，山羊放牧导致小沙百灵（*Calandrella rufescens*）密度下降，鸟在农场觅食山羊的补饲玉米，通过农场家禽感染痘病毒的风险增加，但是病鸟与健康鸟的体况和生存率相似（Carrete et al.，2009）。瑞典中部的半天然草原，放牧增加甲虫（Coleoptera）和食蚜蝇（Syrphidae）的物种多样性和个体数量，对蜜蜂（Apoidea）和蝴蝶（Lepidoptera）没有影响（Sjödin et al.，2008）。我国锡林郭勒草原，家畜重牧导致草地退化，土壤侵蚀而氮枯竭，植物粗蛋白含量减少，亚洲小车蝗（*Oedaleus asiaticus*）喜食低氮植物而暴发虫灾（Cease et al.，2012）。

（二）国内放牧系统的野生动物管理

在我国，随着人口的剧增、生态环境的破坏，许多野生动物的生存环境受到威胁而濒临灭绝。另外，野生动物经济价值较高、市场需求过大，导致过度猎捕，资源利用面临严重危机。1995～2003 年，国家林业局（林业部）组织的全国陆生野生动物资源调查显示,我国现有 300 多种陆栖脊椎动物处于濒危状态,部分物种处于极危状态。例如,四爪陆龟、扬子鳄、莽山烙铁头、鳄蜥、朱鹮、坡鹿、普氏原羚、河狸等物种,由于种群数量稀少,分布狭窄,面临着绝迹的危险;豹猫由 20 世纪 70~80 年代的 100 万只下降到目前的 23 万只,种群下降了约 4/5。据记载,历史上青海的一群蒙古野驴多者可达千只,仅玉树地区一次就曾猎杀 6000 多只蒙古野驴,而今天蒙古野驴已经濒危,被列为国家一级保护动物,也是 CITES 公约附录Ⅰ禁止贸易种(郑生武等,1994;中国科学院西北高原生物研究所,1989)。内蒙古仅 1959 年就猎杀黄羊 60 万只,而现在分布在国内的黄羊种群数量很低,已经列为国家一级保护动物。东北地区"三宝"之一的紫貂在历史上是一种重要的毛皮资源,现在很多地区已经绝迹,已被列为国家一级保护动物(马逸清,1986)。

　　由于野生动物资源破坏现象非常严重,全面实行野生动物资源的保护已经是我国面临的当务之急,到目前为止,我国已经先后颁布实施了《中华人民共和国环境保护法》、《中华人民共和国野生动物保护法》、《陆生野生动物保护实施条例》、《中华人民共和国自然保护区条例》和《森林和野生动物类型自然保护区管理办法》、《全国野生动植物保护及自然保护区建设工程总体规划》等一系列法律法规。我国于 1956 年在广东省肇庆市建立了以保护亚热带季雨林为主的第一个自然保护区——鼎湖山自然保护区,经过 50 多年的发展,到 2012 年年底统计,全国共建立各类自然保护区(包括海洋自然保护区)2669 处,总面积 1.50 亿 hm²,占国土面积的 15.6%,其中,国家级自然保护区 363 处。根据国家重点保护野生动植物的分布特点,将野生动植物及其栖息地保护总体规划在地域上划分为东北山地平原区、蒙新高原荒漠区、华北平原黄土高原区、青藏高原高寒区、西南高山峡谷区、中南西部山地丘陵区、华东丘陵平原区和华南低山丘陵区共 8 个建设区域。每个区域内确定不同的建设目标和主攻方向,为当地自然资源和自然环境的保护、宣传、科学研究开展、生态环境监测、自然资源合理开发利用等方面提供了保障,并取得了一定的成效。

　　我国学者较少研究放牧对野生动物的作用,这一方面的研究相对起步较晚,但也得出部分结果。刘志霄等(1997)调查了干旱与放牧对贺兰山野生有蹄类的影响,发现由于家畜的过度放牧,当地大量的天然更新幼苗、幼树被啃食,野生有蹄类的栖息地破碎不堪,对当地岩羊、马鹿、马麝等动物的生存产生较大的威胁。此外,放牧、干旱与气候变化的综合结果,导致贺兰山野生有蹄动物夏季向山上迁移,在这一过程中,人类的放牧活动是主要影响因素。在草原地区,放牧活动改变了草被高度、盖度等,进而改变栖息于其中的鼠类的生境和鼠类数量,但是这种影响的后果不同,如根田鼠(*Microtus oeconomus*)种群密度随放牧强度的增加而逐渐降低，而高原鼢鼠（*Myospalax baileyi*）种群密度与放牧强度呈正相关（刘伟和周立，1999），在内蒙古锡林浩特市毛登牧场，放牧草原中布氏田鼠（*Microtus brandti*）的种群密度高于禁牧草原（任修涛等，2011）。骆颖等（2009）对贺兰山岩羊（*Pseudois nayaur*）和马鹿（*Cervus elaphus*）的食性及生境选择进行了比较研究，结果表明，贺兰山同域分布的岩羊和马鹿各个季节在取食和卧息生境的选择上几乎完全分离，也表明不同季节岩羊和马鹿对取食和卧息生境的选择存在显著的差异，二者通过资源生态位的分化来实现共存。刘任涛等（2011）研究发现，荒漠草原放牧降低捕食性、植食性、杂食性节肢动物个体数量和类群，降低捕食性和杂食性节肢动物的生物量，降低捕食性和植食性节肢动物的物种多样性，增加腐食性节肢动物个体数量和生物量。

　　近年来，由于过度放牧及对草原管理不善、管理制度不健全等因素，我国草原严重退化（李文华和周兴民，1998）。草地围栏是人类有意识调节草原生态系统中草食性动物与植物关系及管理草原生态系统的手段。草原围栏作为草原保护的一种措施，据认为能够增加草原的初级生产力，防止沙漠化加剧。在国家政策支持下，全国各牧区纷纷建立了围栏。围栏的设立可以在其他因素不变的情况下减少放牧量从而减轻草地退化，结合"以草定畜，草畜平衡"的政策方针，草原建设的管理体系能够实现整体效率的提升与资源配置的优化（宋洪远，2006）。然而，这一草原牧区管理体系却忽视了生物多样性等生态因素，未注意到其造成的生态影响，随着这一管理体系的不断推广，一些拥有丰富野生动物等生物多样性资源的地区的生态问题日益突出。草原牧区设立围栏的生态影响主要表现在以下几个方面。①由于围栏较高且数量众多，对牧区野生动物活动造成严重影响。在草原牧区，牧民对于加固、加高自家草原围栏具有较高的积极性，造成草原上围栏密度大、高度高等现象，这对于野生动物的生存而言极具破坏性甚至毁灭性。青海湖地区是青藏高原的主要牧区之一，从1994年开始，当地人们大举建设草地围栏。草地生态系统中的野生草食性动物一般都被围在草地围栏外。这种草地围栏制度引起了国内外环境保护组织的关注，因为野生动物的自由迁徙和种群发展受到了草地围栏的限制。围栏能够提高草地的初级生产力，进而为草食野生动物提供更多的食物资源，这对草原野生动物来说是有利的。但是，围栏妨碍野生动物的迁移，导致生境斑块化，近亲繁殖加剧。围栏内还可能由于某些生态因子不能满足野生动物的需求而导致野生动物的种群下降，如在围栏内缺乏水资源，曾经导致角马的种群数量在建立围栏以后继续下降（Willamson et al.，1998）。当野生有蹄类动物试图越过围栏时，易被撞伤甚至死亡。对于密度较大的野生动物，这些损失影响较小，但是对于数量下降和密度较小的种群，这些损失将非常明显（Donahue，1999；Noss and Cooperider，1994）。在青海省海晏县克图地区，普氏原羚数量在 100～200 只，种群密度小，围栏导致的死亡是影响普氏原羚种群数量下降的重要因素之一（Li et al.，1999）。围栏对普氏原羚的食物采食地选择、生境选择等影响显著（刘丙万和蒋志刚，2002a，2002b），围栏内生境因子很难满足野生动物的所有需求，因此，草原围栏对野生动物的影响往往是负面的（Michael，1991）。②影响物种的自然选择与繁殖，不利于生物多样性保护。仍然以普氏原羚为例，围栏的设立，一方面切割了它们的栖息地，将其生活区域与觅食区域人为阻隔；另一方面阻隔了种群正常的基因交流，此危害更大。生态学中的岛屿理论表明，岛屿面积减少时，物种数目减少的速率比大陆快，因为岛屿的隔离状态降低了物种迁入强度，降低了多样性。所以，栖息地面积的减少对普氏原羚种群数量的保持与增长会产生严重的负面影响。普氏原羚的种群增长有着相应的灭绝点和平衡点，只有将其存量维持在一定水平以上才能够防止其灭绝。据估计，一个种群数量要有 500 只以上繁殖个体才能够维持正常的繁衍，但是仅存的上千只普氏原羚被围栏完全分隔开来，无法进行正常的繁殖与基因交流，种群的近亲繁殖易导致后代不能繁殖或者不能存活到繁殖年龄。物种在基因交流被隔离的情况下通过"近亲交流"繁育后代不利于种群的进化与繁衍，这很有可能意味着种群将会走向灭绝。③草原食物链被破坏，不利于草原生态系统的稳定，破坏草原生态平衡。围栏的设立会导致草原食物链遭到破坏，并造成草原生态系统的失衡。随着草原承包经营责任制的推行，在有关利益机制的激励之下，人们对草地资源的利用和管理更加利己化，尽全力防止其他草食性动物、肉食性动物的进入。由于人类对草食性动物肉、毛、皮的需求不断增加，牧民饲养的牲畜数量一般都达到甚至超过牧场放牧数量的阈值。外加围栏对自然系统其他生物的阻隔作用和食物链的作用及对野生动物的捕杀，使各种草原动物大量减少，只有牧民自养的牛羊等牲畜得以保存，导致草原生态系统单一化，生态系统遭受严重的破坏。④人为干预导致生态系统管理碎片化，生态质量参差不齐，并与游牧民族传统放牧方式相冲突。草原牧区围栏的设立等于人为地将生态系统切割成好多块，原本完整的生态系统被切割成碎片，交由各承包草原的牧民管辖。由于牧民受教育程度不高，且牲畜饲养经验不同，对于自家草地上牲畜的放养缺乏经验，不同牧民管理的草原生态状况差别巨大。有些草原实现了草畜平衡，草地没有受到破坏；而有些草原由于牧民缺乏经验，加之饲养牲畜量超过草原承载量，导致草地受到严重破坏。此外，草原牧场管理政策还面临着如何处理好草原固化、牧场搬迁及少数民族传统习性等问题。长期生活在草原上的游牧民族习惯了千百年来形成的游牧文明传统习性，在与自然的长期相处中，他们学会了如何适应脆弱的生态环境。游牧方式与草原生态系统存在着和谐共生的关系，其在满足牧民基本需求的前提下，能够保持对自然的一种敬畏之情，为同处于自然之中的其他生物提供足够的生活条件与生存空间。而围栏的设立打破了这一传统习性,将人类活动区域进行划分,与野生动物相隔离,与游牧民族传统的放牧方式相冲突,导致草原生态系统管理的碎片化,从而引起诸多问题(敖仁其和胡尔查,2007;时坤,2007)。

三、野生动物的放牧管理

野生动物保护、利用和发展的关系必须遵循自然规律和经济规律,坚持加强资源环境保护、积极驯养繁殖、大力恢复发展、合理开发利用的方针,以保护为基础,以发展为核心,坚持以科学利用促发展的思路,才能走上可持续发展的道路。在实施过程中,应结合草原牧区实际情况,因地制宜,制订合理的管理措施。

我国自然保护区建设发展较快并取得了一定的成绩,但是在保护区的建设和开发利用中仍存在以下几方面的问题,直接影响了我国自然保护区的可持续发展。一是对保护区事业的认识有所提高但还很不平衡;二是传统落后的管理模式制约保护区事业的发展;三是过分强调单一的保护目标;四是重经营而忽视管理,不合理开发利用;五是经费投入严重不足;六是有关法律法规虽已建立但仍不完善。

针对自然保护区建设和开发利用中存在的问题,我们应及时调整自然保护区的管理体制,制定与自然保护区开发利用相关的法律法规,实施自然资源可持续利用的管理对策。例如,在野生草食性动物,如岩羊、藏羚羊等种群得到恢复的地区,应适当对保护力度进行调整,将该地区作为轻度放牧的自然保护区,以集约管理的方式,实行轮牧,在减少草食性动物对草地的总体压力下,有限度放牧少量家畜,恢复"家畜与野生草食性动物争草的现象",自然压缩野生草食性动物的生存份额,来控制野生草食性动物的数量,这样既增加了农民收入,也保护了草地,同时给野生草食性动物留下了一定的生存空间,这对防止野生草食性动物泛滥、维持当地的生态系统稳定意义重大。

在"保护第一"的前提之下,对野生动物资源的合理利用也是必要的。如果把保护绝对化,单纯保护,发展就没有了目标。野生动物利用必须是科学的合理利用,是以保护为基础的利用。必须要坚持以下原则:一是根据资源现状,按照"资源消耗量小于增长量"的要求,严格控制资源利用量,确保资源总量不断增长,即野生动物的可持续利用指的是从种群中收获的个体数目小于种群的自然增长,这种收获不影响该物种在生态系统中的作用,也不影响生态系统中其他的动植物物种;二是采取科学的利用方式,提高科技含量,并以最小的资源消耗换取最大的经济效益；三是大力促进人工繁殖，缓解野外资源保护压力；四是把合理利用与地方经济发展和群众脱贫致富结合起来。

到目前为止，我国野生动物驯养繁殖事业得到了较大的发展。目前，我国野生动物驯养繁殖产业主要涉及实验动物、毛皮动物、药用动物、肉用动物和观赏动物五大类。在人类健康和生命科学研究中，价值极高的实验动物猕猴、食蟹猴，在我国云南截至 2004 年就有 12 986 只（陈德照，2004）。我国的毛皮动物主要养殖地区有河北、山东、辽宁、吉林、黑龙江、内蒙古、江苏等，主要饲养品种有水貂、银狐、蓝狐、貉子等。目前，全国从事毛皮动物养殖的人员达百万之众，各种毛皮动物存栏约 6000 万只（钟欣，2007）。我国人工驯养繁殖的药用和肉用野生动物种类较多，主要有梅花鹿、黑熊、马鹿、中国林蛙、虎纹蛙、环颈雉、杂交野猪、孔雀等，截至 2005 年，全国已养殖的梅花鹿达 50 万头以上（朱大明，2005）。观赏动物孔雀等人工种群数量已大大超出野外种群数量，到 2007 年年底数量已达 8095 只（杨国伟和栗冰峰，2009）。

尽管我国野生动物养殖取得了一定的进步，但是仍然存在养殖技术不过关、先进技术应用困难、行业生产杂乱无序、养殖体制和模式不顺、养殖业缺乏分类管理等方面的问题，因此应从以下几方面进行完善，以保证野生动物养殖业的健康、可持续发展。一是依法建立和维护正常的经营秩序；二是鼓励生产加工企业建立驯养繁殖基地；三是合理利用国内外资源，积极开拓国内国际市场；四是鼓励和支持建立行业协会、中介机构、技术咨询机构；五是加强野生动物贸易市场的监管。

针对我国草原牧区围栏造成的一些负面效应，应该适当对当前的放牧管理制度进行创新，如：①建立畜牧业生产合作社。在现有局面下先进行部分围栏的拆除，按照实际情况将几户或十几户牧民的草原合并为合作社公有牧场，由合作社统一进行自组织形式的协商管理。在建立畜牧业生产合作社的基础上，还可以考虑延长牧场在每个生产合作社管理下的承包年限，以解决农业资本周转时间较长与私人经营之间存在的冲突，避免经济人的短视行为出现。在合并牧场建立合作社进行统一管理之后，牧场管理的生态碎片化问题可以得到很大程度的缓解；而扩充之后较大的合作社公有牧场面积，也使得游牧这一传统且有效的牧业生产方式能够得到保留。此外，合作社管理还可以为牧民留出充分的自组织协商管理的余地，从而充分调动民智，让与草原打交道时间最长、最有经验的牧民来决定他们如何管理自己的草地，从而收到更好的管理效果。②在成立畜牧业生产合作社之后，可以将各合作社牧场划分为生产性牧场和保护性牧场，按照实际情况分别裁定面积。其中，生产性牧场归合作社进行协商管理，为生产之用；而保护性牧场收归国有管理，建立自然保护区。如此一来，就可以根据不同的使用目的对牧场进行划分，使得牧场的产权在追求发展、经济利益和自然生态系统平衡之间得到清晰的划分，自然不必再为人类一味追求经济效益而采取的不负责任行为承担全部责任，普氏原羚、藏羚羊、黄羊等野生动物的栖息与生存也因此能够得到一定程度的保障。③在不同保护区之间建立生态廊道，为野生动物的迁移、繁殖等提供条件。在建立了多个小型自然保护区之后，可通过建立生态廊道将保护区连接起来，更好地保护物种多样性，使得保护区内物种的种群数量在流动中保持在一定水平。通过建立生态廊道，能够更好地保护草原生态系统的自然平衡和当地的物种多样性。

第五节　我国草原自然灾害

草原灾害是由于人类活动影响，并以草原自然环境作为介质，反作用于人类的灾害事件。

一、雪灾

雪灾也称为白灾，是牧区主要自然灾害之一。我国主要牧区大都处于高海拔、中高纬度带的内陆地区，雪灾连年发生，雪灾灾害发生频次年际波动幅度大并呈现增加趋势，成为制约牧区经济与畜牧业发展的重要因素之一（娜日斯和王海军，2011）。2010 年，全国草原雪灾面积 4000 万 hm^2，占草原面积的 10%。我国草原雪灾发生时期一般是当年 10 月到翌年 4 月，集中分布在内蒙古、新疆、青海和西藏 4 省（自治区），3～5 年一遇，内蒙古大兴安岭以西、阴山以北地区、新疆天山以北地区和青藏高原为雪灾多发区。内蒙古牧区雪灾平均 3～4 年发生 1 次，锡林郭勒盟和乌兰察布市北部偏多，2～3 年 1 次，呼伦贝尔市西部牧区、赤峰市北部相对较少，但出现后强度普遍较为严重。锡林郭勒盟雪灾发生期主要集中出现在 5 月和 10 月，11 月出现的概率在 50% 以上，3～4 月出现的次数占总次数的 40% 左右，其他月份出现的概率小于 10%；近 10 年，锡林郭勒盟的大型白灾发生在 2000 年和 2010 年（鲍靖，2012；董芳蕾，2008）。新疆牧区雪灾主要集中在准噶尔盆地四周降水多的山区牧场和南疆西部山区。青海牧区雪灾主要集中在海南、果洛、玉树、黄南、海西 5 个冬季降水较多的州。西藏主要集中在藏北唐古拉山附近的那曲地区和藏南日喀则地区（吴玮等，2013；黄朝迎，1988）。雪灾影响面积广阔，一般在 10 万 km^2 以上，青藏高原雪灾面积通常可达 20 万～30 万 km^2，甚至范围更广。1961～2011 年青藏高原雪灾总频次在增加，为 0.17 次/a（张涛涛等，2014；高懋芳和邱建军，2011）。2008 年 1

月中旬到 2 月初，我国南方遭遇 50 年来罕见的特大低温雪凝灾害，黄河以南 20
余天出现连续 4 次高强度降雨降雪，包括贵州、湖南、安徽在内的多个省（自治
区、直辖市）（李海红等，2006）。

　　蒙古国 1999～2000 年出现此前 50 年最严重的雪灾（Severinghaus，2001），
温度骤降到-46℃，积雪深度 30cm 至 1m，造成 140 万头家畜死亡；2002 年暴风
雪造成 210 671 头家畜死亡；1999～2003 年，1/4 的牧民因暴风雪而遭受严重损
失。据估计，这一时期如果没有暴风雪，蒙古国年经济增长率将达到 8%左右，
但实际上只有 1.0%～6.1%。蒙古国南部暴风雪导致的家畜死亡率高于干旱造成
的，达到 13.3%；暴风雪与干旱导致牲畜死亡率最高的分别为 1962 年的 32%和
1984 年的 24.1%（Begzsuren et al.，2004）。2009～2010 年，蒙古国戈壁的暴风
雪导致家畜死亡一半以上，2009 年年底繁殖的 137 匹野马只剩 48 只（Kaczensky
et al.，2011）。美国经常受到雪灾困扰，为此建立了防灾机制，建设了家畜避
难所（如防护林），加强了畜圈防护强度，游牧地区还准备了可迅速撤离家畜
的大型机械装备。

二、暴风

　　在青藏高原，冬、春两季大风多，主要集中在 12 月至翌年 5 月，尤其是 1～
3 月最多，平均风速在 3～5m/s，最大风速可以超过 40m/s；年均大风日数由西
北向东南递减，阿里地区、那曲地区大部、青海西南部及果洛藏族自治州与甘孜
藏族自治州交界的部分地区年均大风日数超过 75 天，是我国大风日数最多的地
区，其他地区一般都在 30～75 天，波密县年平均大风日数最少，在 10 天左右（高
懋芳和邱建军，2011）。冬季暴风常常与强降温、大雪相伴出现，短时间内剧烈
降温，局部地区（特别是低洼地带）积雪深度超过 1m，甚至深达数米。牲畜因
受惊吓而顺风奔跑，常常摔伤、冻伤、冻死等，积雪甚至掩埋整个畜群（袁国波
和姚锦桃，2014）。

　　蒙古国 2008 年 5 月的沙尘暴导致 32 万头家畜死亡（Mu et al.，2013）。澳
大利亚牧区经常受到沙尘暴的影响，2009 年 9 月 23 日悉尼发生历史上最严重的
沙尘暴。1950～2010 年，美国弗吉尼亚州 Horse Pasture 发生暴风 102 次，冰雹
31 次，雷雨大风 2040 次，热带风暴 2 次，冬季风暴 49 次。

三、火灾

　　我国是世界上发生草原火灾比较严重的国家，草原易发生火灾面积占草原总
面积的 1/3，频繁发生火灾面积占 1/6；近 10 年来，全国草原火灾年发生 83～251

次，年过火面积 5158～35 077hm²，波动较大（图 1-38）。最频繁区域在内蒙古草原区，其中，锡林郭勒盟东乌珠穆沁旗、呼伦贝尔市陈巴尔虎旗和新巴尔虎右旗为草原火灾的高发区。火灾发生有两个时段，一个是 3～6 月，另一个是 11～12 月。新中国成立以来，仅牧区就发生草原火灾 5 万多次，累计受灾草原面积 2 亿 hm²，造成经济损失 600 多亿元，平均每年 10 多亿元。根据 1991～2005 年草原火灾的统计资料，我国牧区草原火灾从 1991～2005 年呈波状增长趋势，草原火灾频繁发生的周期在 6～8 年，草原火灾周期性波动的产生主要是不同年代的气候状况和生物量积累周期共同影响造成的。我国草原火灾的发生次数在一些年份虽然略有下降，但是总体呈上升趋势，这说明我国草原区面临的火灾风险也在加大。研究还发现，虽然我国草原火灾年发生次数呈上升趋势，但重大、特大草原火灾的发生次数呈下降趋势，草原火灾主要发生在 3 月、4 月、5 月、6 月、8 月、9 月、10 月、11 月，防火期长达 8 个月之久。其中草原火灾的多发期在 3～5 月和 9～11 月，其余月份均很少有草原火灾发生，说明我国草原火灾在春秋季节发生的风险最高。多年累计发生草原火灾较多的主要有河北、内蒙古、辽宁、黑龙江、甘肃和新疆 6 个省（自治区）。统计发现，6 个省（自治区）的草原火灾次数占全国草原火灾次数的 61.09%；比较各省（自治区）多年草原火灾发生次数发现，内蒙古发生草原火灾次数最多，黑龙江、辽宁、河北、甘肃等居中，宁夏最少（刘兴朋，2008；刘兴朋等，2006；周禾等，1999；张智山，1998）。

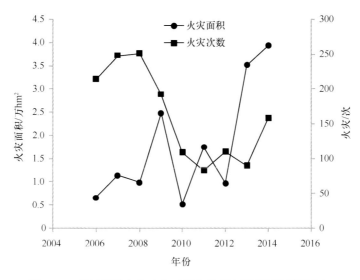

图 1-38　我国草原火灾动态（据农业部全国草原监测报告）

美国是草原火灾发生较多的国家，其中内华达州在 2006 年火灾发生频次 1200 余次，面积超过 5000km²（图 1-39），加利福尼亚州仅 1984 年发生草原火灾的面积就超过 100 万 hm²（Freese et al., 2014）；在俄勒冈州，火灾后放牧牛，对草原恢复更有效。澳大利亚北部冬季降雨多,夏季干燥,草原最容易发生火灾。2012 年前 5 个月,蒙古国发生 134 起草原火灾,过火面积达 1200km^2,直接损失 300 多万美元。

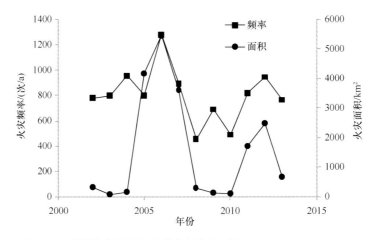

图 1-39 美国内华达州火灾发生频率和面积（Freese et al.，2014）

四、鼠害

草原鼠害是指草原上的啮齿目和兔形目的小型哺乳动物对草原产生危害。1981～1995 年,我国草原鼠害累计发生面积达 2.56 亿 hm^2,平均每年发生 0.17 亿 hm^2。近 10 年,我国每年鼠害危害面积 3675.8 万～4087.2 万 hm^2,约占草原总面积的 10%,波动不大（图 1-40）。鼠害主要发生在 13 个省（自治区）,其中西藏、内蒙古、新疆、甘肃、青海、四川西部 6 省（自治区）最严重,2011

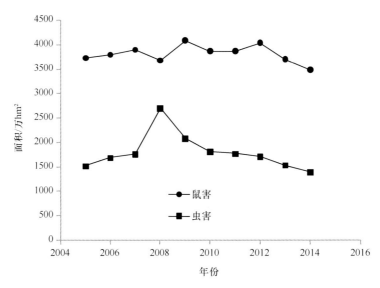

图 1-40 我国草原鼠害面积与虫害面积动态（据农业部全国草原监测报告）

年占全国鼠害危害总面积的 89.9%（刘刚，2014；刘世贵，2004）。青海省草原鼠害年均危害面积约 826.67 万 hm^2，年均严重危害面积 720 万 hm^2。害鼠种类主要有高原鼠兔、高原鼢鼠和高原田鼠，分布区域遍及青海全省 6 州 1 地 1 市的 39 个县（市），以三江源地区危害较重，其中，高原鼠兔危害面积约 593.33 万 hm^2，占该区鼠害危害总面积的 71.74%；高原鼢鼠危害面积 225.33 万 hm^2，占该区鼠害危害总面积的 27.25%；高原田鼠危害面积 8.07 万 hm^2，占该区鼠害危害总面积的 0.98%。青海中度以上退化草原面积 $1.633×10^7hm^2$，其中鼠害发生面积达 $9.733×10^6hm^2$，危害面积 $7.333×10^6hm^2$。青南地区危害面积 $5.80×10^6hm^2$，环湖地区危害面积 $8.0×10^5hm^2$，柴达木地区危害面积 $3.333×10^5hm^2$，东部农业区危害面积 $4.0×10^5hm^2$（何孝德和侯秀敏，2014；才旦，2006；徐秀霞，2006；石凡涛，2003；杨振宇和江小蕾，2002）。

五、虫害

近 10 年，我国年均草原虫害面积 1516.4 万～2700.7 万 hm^2，占草原总面积的 3.8%～6.8%，草原虫害年均危害面积 2099 万 hm^2，其中年均严重危害面积 1011 万 hm^2。2003 年和 2004 年，内蒙古草原蝗虫大暴发，全国草原虫害面积超过 2600 万 hm^2；2008 年北方地区草原螟突发，当年草原虫害危害面积达到 2700.7 万 hm^2，为历年最大，此后下降（图 1-40）。按照每公顷损失 450kg 鲜草计算，近 10 年，每年因蝗灾造成的鲜草损失约 93.5 亿 kg；按照 1 羊单位日食鲜草 5kg 计算，相当于 517 万羊单位 1 年的鲜草采食量（洪军等，2014；陈素华和李警民，2009；杨爱莲，2002）。

北美蝗虫暴发具有周期性，严重时波及整个西部地区，Palouse 草原蝗虫啃食的植物量平均为哺乳类食草动物的 1.25～2.5 倍（Belovsky and Slade，2000）；2002 年，美国堪萨斯州的高草草原，蚂蚱啃食的生物量为 0.6～$1.2g/m^2$（Onsager and Olfert，2000）；2005～2007 年，俄勒冈州蝗虫危害面积分别达 $261.98km^2$、$394.07km^2$ 和 $3230km^2$（Rogg et al.，2007）。北美大平原南部的草原，未放牧区的蝗虫数量较多。北达科他州西部，草原全年连续放牧与两次轮牧相比蝗虫危害明显加重，3 年后危害程度线性增强（图 1-41）。美国防控蝗虫，首先是预警，采取定位观测、线路调查和常年观测相结合，加强虫害频发草原和重点物种的监测，实时评估灾情，及时发布预警信息；并且，根据虫害规律，结合气象、植被调整调查时间和范围；虫害防治采用焚烧、喷施除草剂、生物防治，以及短期适度放牧。

六、旱灾

近 50 年，旱灾具有面积增大和频率加快的发展趋势。1989～1998 年，旱灾

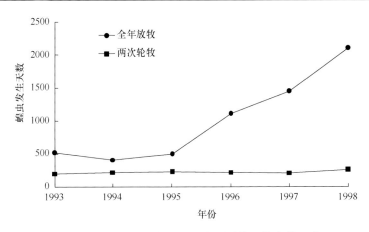

图 1-41　美国北达科他州西部草原放牧对蝗虫的影响

在所有气象灾害中占 50%，1999～2005 年达到 60%以上。我国草原旱灾总体呈东西分布，重旱灾区域在北方相对集中，主要分布在黑龙江西部、内蒙古中部、河北北部、陕西北部和宁夏、甘肃、新疆大部。南方主要分布在安徽、湖南、湖北、江西和河南中部 5 省，以及四川东部、贵州和云南等地。1949～2000 年，旱灾总体呈东西分异，有向西部扩展的趋势。20 世纪 90 年代以来，西北地区旱灾明显增加，其中青海和新疆旱灾受灾面积年增速为 $8.35×10^4 hm^2$；青藏高原牧区旱灾呈多发态势，中等以上风险等级的区域面积总计为 $103.26×10^4 km^2$，占青藏高原总面积的 40%（赵志龙等，2013；冯金社和吴建安，2008；李茂松等，2003）。草原旱灾常发生在春季和夏季，牧区出现严重夏旱的频率为 10%～20%，春夏连旱的概率基本在 40%左右，牧区秋旱范围小、影响小（鲍靖，2012）。20 世纪 50 年代以来，新疆草原受旱面积逐渐增大，冬季到初春也是主要旱灾期；1949～1990 年的 42 年间共发生较大范围的旱灾 16 次，1991～2008 年的 18 年间共发生旱灾 9 次；旱灾从 20 世纪 60 年代个别县（市）到 90 年代以后范围扩大，2008 年全疆牧区普遍受旱；20 世纪 90 年代以后，草原旱灾的影响和损失明显高于之前。青藏高原那曲地区南部、日喀则地区北部、拉萨市周边地区、昌都地区东北部及青川藏交界处比较容易发生旱灾，平均频率在 50%以上，周边及南部广大地区的干旱频率大都在 40%以上（卢震林和白云岗，2014）。贵州的夏旱危害程度最大，占各类干旱总频次的 59.9%，春旱占 29.7%，秋旱占 9.9%，冬旱占 0.5%（陈建，2011）。

　　1944～1984 年，美国西南部干旱发生频率为 43%，西北部为 13%，大平原南部为 27%，大平原北部为 21%（Holechek et al.，1998）。1987～1989 年，美国 36%的国土严重干旱，损失高达 390 亿美元；2002 年，美国一半以上地区发生中等干旱；2007 年，美国干旱造成经济损失 200 亿美元，造成洛杉矶 120 年以来最严重旱灾。抗旱机制包括畜群调整和草原建设等,前者如控制载畜量(低于90%)、早断奶等,后者如建立干旱储备牧场、建植一年生或多年生栽培草地。

第六节 草原放牧管理的历史、现状和发展趋势

一、草原生产在国家食物安全中的地位和作用

(一)我国草原牧区畜产品种类和产量

草原畜牧业是我国畜牧业重要的组成部分,尤其在牛羊肉、牛奶、毛绒等生产方面是不可替代的。草原上的牲畜约占全国牲畜总头数的 35%,其中,羊约占全国羊总数的 80%,骆驼占全国骆驼总数的 75%,牦牛占全国牦牛总数的 99%,马占全国马总数的 50%,牛占全国牛总数的 20%。据统计,在中国 1200 多种鸟类、400 多种兽类及 500 多种两栖类中,有 150 多种珍贵的野生经济动物生活在草原上。仅在新疆草原上有经济价值的毛兽就达 44 种,还有珍贵的梅花鹿、羚羊和野骆驼等。青藏高原的草原上有 3300 多万头大小野生动物,这其中就有被誉为"长跑健将"的黄羊和野马,以及"草原珍奇"的藏羚羊和白唇鹿(张明华,1995)。

据畜牧行业统计,2010 年,全国 268 个牧区及半牧区旗县年末大牲畜存栏量 3589.8 万头,占全国大牲畜存栏量的 23%,羊存栏量 1.09 亿只,占全国羊存栏量的 30.7%(刘加文,2009)。每年牧区向农区提供育肥用牛羊达到 3000 万头,牧区繁育农区育肥的格局初步形成,为全国的畜牧业发展作出了重要的贡献。2010 年,全国牧区及半牧区旗县牛出栏量为 1083.4 万头,羊出栏量为 7915 万只,分别占全国牛出栏量的 23%和羊出栏量的 29.1%,其中六大草原牧区牛羊肉总产量达到 327.5 万 t,奶类产量 1244.5 万 t,均占到全国牛羊肉总产量和奶类总产量的 1/3(杨振海和张富,2011)。全国 268 个牧业及半牧业县(旗)人口约占全国的 3.6%,但生产的肉类占到全国肉类的 8.5%、奶类占 20%、羊毛占 52%、羊绒占 58.8%(刘加文,2009)。

另外,分布在广东、海南、广西、福建、浙江、江西、湖南、江苏、安徽、湖北、云南、贵州、四川、重庆 14 个省(自治区、直辖市)丘陵和山地的南方草地约有 10 亿亩,主要草食性动物有山羊、水牛、黄牛、奶牛、兔、鹅等。近30 年来,南方地区已从国内外成功引进了黑白花奶牛、罗姆尼半细毛羊、新疆细毛羊、考力代半细毛羊、婆罗门牛、美国短角黄牛和波尔山羊等优良品种,草食牲畜产业已得到较大的发展(洪绂曾和王元素,2006)。据统计,1995~2007 年,南方地区奶类产量约占全国奶类总产量的 13.5%(孙艳妮等,2010)。

2010 年，南方地区牛羊业构成比例已提高至 20%～30%（全国平均约 40%）。其中，重庆、四川、贵州、云南牛羊头数分别达到 536.9 万头、4488.1 万头、1098.2 万头、2623.7 万头，分别占各省大型牲畜总量的 13.08%、26.68%、24.94%、31.41%（中国农业年鉴委员会，2013）。我国现有水牛 2168.08 万头，主要产于南方地区，存栏 100 万头以上的有 8 个省（自治区），其中，广西 403.76 万头、云南 264.7 万头、贵州 260.41 万头、四川 226.95 万头、湖南 218.88 万头、广东 191.56 万头、河北 170.09 万头、江西 121.09 万头（聂迎利，2008）。2012 年，四川家兔出栏量 1.82 亿只，占全国家兔出栏量（4.65 亿只）的 39.1%，兔肉产量 26.96 万 t，占四川肉类总产量的 4.11%，与四川牛羊肉所占比例相当（谢晓红等，2012）。但南方地区牛羊肉产量低于全国平均水平（13%）；鲜奶消费也低于全国平均水平（28.28kg/人），不及美国等发达国家的 1/10（中国农业年鉴委员会，2013）。因此，南方地区养殖业内部结构仍然不合理，迫切需要调整养殖业结构，大力开发利用草山草坡，发展草食牲畜产业，保障国家食物安全，促进农民增收致富。

（二）放牧对畜产品生产的贡献

在我国北方草原牧区，放牧是家畜获得食物能量的主要途径，放牧可占家畜一个生长周期的 60%（因为北方牧区一般在 4～11 月放牧）。而在南方部分农区，不具备放牧条件，只能选择舍饲，通过种草刈割或收购牧草及其他饲料原料进行加工饲喂。南方山区的养殖户，大多选择放牧，由于气温等原因，这里放牧可占到家畜一个生长周期的 85%。另外，不同的放牧强度对家畜生产性能有着十分明显的影响。在放牧强度较轻时，家畜生产随载畜量的增加而变化不大，但从适牧到重牧，家畜生产性能则随载畜量的增加而直线下降（姚爱兴等，1996）。例如，绵羊的个体增重与放牧强度呈线性负相关关系，但不同年份之间绵羊个体增重对放牧强度大小的敏感性有所不同。羊个体增重与放牧强度之间存在着较强的负相关。牛日增重随放牧强度的增加而显著下降，这主要是由于草地的牧草量不足，不能满足动物对营养物质的需要。随着牧草生长季节的变化，草地牧草的营养价值呈周期性变化，不能很好地满足放牧家畜对营养物质的需要，特别是在冬春季节。放牧强度对育肥羔羊肉的产出指标，如胴体重、净肉重、屠宰率、胴体净肉率和骨肉比有明显的影响，且作用大小分别是轻度放牧>中度放牧>高度放牧（姚爱兴等，1996）。虽然轻度放牧有利于提高肉的产品指标，但是产肉量低从而导致总的经济效益不高。在草地面积一致、放牧管理相同的情况下，家畜的采食量主要受放牧密度的影响，并且随着放牧密度的增加采食量逐渐降低。连续放牧牧草采食量高于轮牧，原因可能是连续放牧条件下动物采食范围不受限制，采食时间比轮牧长，牧草采食量随放牧强度的增加而降低。

放牧家畜以牧场作为生活场所，一方面采食牧草获得充分必需的营养物质，另一方面在放牧过程中，家畜可以适当运动，经常处于空气新鲜、阳光充足的环境，并经受各种天气的锻炼，为机体的健康和良好的发育提供了优越的条件。放牧对畜产品的健康具有积极的影响（塔娜等，2009）：①放牧可以提高牛羊乳中共轭亚油酸的含量（侯俊财等，2008；于国萍等，2005；于章平和李庆章，2004）；②放牧方式对家畜生产性能及肉品质有着十分重要的影响，可以改善肌肉的理化特性，提高肌肉的系水力，减少肉中短链脂肪酸的含量（张树敏等，2005），另外，还可以降低羊肉的膻味，提高羊肉中有益脂肪酸的含量，且适当的运动有助于羔羊肌纤维的发育（塔娜等，2009）；③放牧可使山羊绒毛生长加快，密度提高，绒质提高（娄玉杰和迟俊杰，2008；郭维春，2006）；④放牧有利于反刍家畜建立有益的瘤胃内环境（张金合，2008）；⑤放牧使家畜处于自由采食和自由活动状态，受气温变化和季节变化的影响较大，与自然环境中的各种病原体接触频繁，使机体处于较高的防御状态，主要表现为机体成熟淋巴细胞数量的增加，可产生较多的淋巴因子来提高机体免疫力（蒙成志等，2008）。

另外，我国的饲料安全工作虽然在不断加强，饲料产品的质量水平也在不断提高，但是从目前的状况来看，我国饲料安全问题还没有从根本上解决。饲料中添加违禁药品，超范围使用添加剂，不按规定使用药物饲料添加剂，尤其是抗生素问题，威胁着畜产品的安全（董庆平，2002）。抗生素自20世纪中叶被发现能够促进动物生长以来，其在饲料中的添加得到了广泛的应用，对畜牧业的发展作出了巨大的贡献，然而大量、长期在饲料中使用抗生素也产生了令人担忧的问题：一是耐药性；二是残留问题，这些都给人类的健康带来巨大的潜在危害（塔娜等，2009）。而家畜放牧饲养在一定程度上避开了这些污染源，畜产品也达到了真正意义上的绿色健康。因此合理利用现有草地资源，科学选择放牧，在促进天然草地植被恢复和生态条件改善的同时实现草畜平衡，最终达到草地畜牧业的可持续发展。

（三）我国草原生产满足国内外需求的潜力

当前我国草原畜牧业生产水平较低，畜牧业产值占农业总产值的比例大约为30%，而世界上农业经济发达的国家一般为50%以上，美国为60%，加拿大为52%，法国为57%，英国为70%，德国为73%，丹麦、新西兰为97%，俄罗斯接近50%（汪家灼，2003）。中国的草原面积有40 000万 hm^2（400万 km^2），其中可供利用的草原面积 31 333万 hm^2（313.33万 km^2），面积居世界第二位。虽然目前我国草原生产水平较低，但是生产潜力巨大。

　　农业部 2004 年数据显示，猪、鸡等耗粮较多的家畜生产的畜产品占 75%，直接耗用的饲料粮已占我国粮食总产量的 38%，对粮食安全造成直接威胁（韩建国，2006）。长期以来，我国的畜牧业生产结构中，以养猪业为主，猪肉在肉类总量中的比例达 60% 以上。我国的耗粮型家畜占我国牲畜总头数的 50% 左右，而全世界草食家畜占全世界牲畜总头数的 90%（韩建国，2006）。耗粮较少的草食畜禽生产的畜产品所占比例偏少，牛羊肉的比例仅为 8.8%，奶类为 19.2%。我国畜产品结构中肉、蛋、奶分别为 61%、23%、16%，与发达国家美国的 32%、4%、64% 有较大差距，急需调整比例，改善畜牧业产品结构（韩建国，2006）。草地畜牧业是对粮食的间接替代和解决农业科技问题的基本途径之一，是解决人畜争粮的有效措施。但是我国草原采取的改良措施非常少，仍处于传统草原畜牧业阶段。草原上所生产的肉类，仅占全国肉食产量的 6.8%，所生产的羊毛仅能满足毛纺工业需要量的 1/3。每百亩可利用草原所生产的畜产品单位还不及美国同类草地产值的 1/20。草地建设投资少，基础设施差，效益未能发挥。因此，要加大草原的投入力度，建立国家、企业、社会和个人的全社会投资群体机制，对草原进行补播、施肥、灌溉，恢复草原生态，提高草原的生产能力。通过对草地的改良，农牧耦合，发展现代草地畜牧业，在 10 年内可增加相当于 0.75 亿～1 亿 t 的粮食产量。

　　据估计，21 世纪初我国国内市场对苜蓿草产品需求总量将达到 6170 万 t（养牛业 3540 万 t，养羊业 1500 万 t，猪禽及水产配合饲料 1130 万 t）（韩建国，2006）。现阶段我国苜蓿总产量为 2100 万～2500 万 t，仅能满足需求量的 1/3 左右（韩建国，2006）。因此建立人工栽培草地体系是我国挖掘草原生产潜力的重要途径。草地畜牧业发达国家的经验是，栽培草地面积占天然草地面积的 10%，畜牧业生产力比完全依靠天然草地增加 1 倍以上。目前，美国的栽培草地占天然草地的 15%，俄罗斯占 10%，荷兰、丹麦、英国、德国、新西兰等国占 60%～70%，而我国栽培草地面积仅为天然草地面积的 2%（张立中和王云霞，2004）。据估算，我国牧区需建 2000 万～3500 万 hm² 的栽培草地，才能满足现有冬春家畜和育肥家畜对草料的需求，我国北方牧区约有 2000 万 hm² 土地适宜人工种植牧草，建立栽培草地和饲料基地（张立中和王云霞，2004）。

　　由于南方自然条件优越，与北方相比，开发利用其丰富的饲草资源具有许多有利条件。一是水热资源丰富，单位草地面积生产力高。南方气候温暖湿润，雨量充沛，暖温带降水量大于 650mm，而亚热带和热带地区年降水量 1000～1500mm。无霜期 210～270 天，有的地区高达 300 天以上。≥10℃ 的积温一般为 6500～9500℃。在水热资源充足的条件下，牧草覆盖度大，再生力强，产草量高。一般产鲜草 0.6 万～1.1 万 kg/hm²，高的可达 3.0 万～4.5 万 kg/hm²。草地经改造后，可养羊 7～8 只/hm²，养牛 1 头/hm² 以上。如果有效合理开发南方草山草坡 0.13 亿 hm²，其畜产品产量将相当于整个北方牧区的产量。二是草地资源丰富，种类繁多。据湖南省普查，全省能利用的天然牧草有 137 科 775 种。全省包括草甸类、草丛类、灌丛类、疏林类、林间类和农林隙地类等天然牧场共 637.3 万 hm²，其中可利用面积 546.5 万 hm²，但是目前的利用率不到 40%。三是牧草生长期长，自然灾害较少。南方大多数牧草生长期为 240～300 天，基本四季常青，全年能为家畜所利用，但以夏季产草量为最高。据调查，在丘陵区草丛牧场中，夏季产草量比春、秋季高 20%～30%；在灌丛牧场中，夏季产草量高 30%～40%，因此夏季是最佳利用季节。与北方草地相比，南方草地基本没有沙漠化威胁，虫害较少，鼠害较轻，有利于放牧利用。四是草地易于改造，有利于建立栽培草地。研究表明，只要是降水量大于 350mm 和海拔低于 4200m 的地区均可建立永久性栽培草地。我国南方广大地区，年降水量都在 650～1000mm 甚至以上，海拔多在 1000m 以下（丘陵农区海拔多在 100m 左右），极有利于建立栽培草地。五是适于发展农牧结合型持续农业。南方草山草坡多与农田、森林和库塘交错分布，有利于发展农牧、林牧和渔牧结合型的生态农业。六是南方草地开发利用潜力大。目前，南方草地资源利用率不到 30%，尚有 40% 的草地基本未被利用。如果每年开发 200 万 hm² 山地草地，建设 67 万 hm² 稳产、优质的饲草生产基地，则每年可增加 400 万绵羊单位。

据报道，我国南方 13 省（自治区、直辖市）的草山草坡面积为 600 万～700 万 hm²，占 13 省（自治区、直辖市）总土地面积的 26%，约占我国国土总面积的 6.8%，其中可利用面积为 4700 万 hm²，适于近期开发的草地面积为 100 万～300 万 hm²。在可利用的牧场中，上千公顷的连片牧场面积约为 20%，多数草地覆盖度大于 75%～80%，草层高 50～60cm，单位面积年平均干草量达 1500～3500kg/hm²，多数草地为 2000～2500kg/hm²，其中分布于鄱阳湖、洞庭湖和长江沿岸等湖滨地区的亚热带低地草甸产草量最高，一般年产干草量大于 3000kg/hm²，有的高达 4000kg/hm² 以上。据计算，南方和东部湿润地区草地资源的载畜量为 20 397 万绵羊单位，占全国草地总载畜量的 47.4%，即每公顷草地可载 2.0～2.3 绵羊单位。但是，目前南方草地资源的利用率一般只有 25%～30%，有的省（自治区）不足 20%，其开发潜力很大。

因此需要加强投入，大力发展草业，大面积恢复草地植被，大幅度提高草地生产力，从而生产足量的饲草促进草地畜牧业的健康发展，以优质饲草替代部分饲料粮，减缓粮食压力。总而言之，我国草原生产具有巨大的生产潜力和发展潜力。

二、草原放牧管理的发展趋势与建议

（一）世界草原放牧管理的发展动向

世界草原放牧发达国家草原放牧现代畜牧业特征明显，即草原利用科学合理、牲畜良种化和多样化、饲养专业化和规模化、生产机械化、经营产业化、服务社会化；高度重视饲料安全和食品安全，严格按照国际标准生产绿色食品和有机食品；农业政策得力，依法治牧；畜产品的外贸依存度高等。世界发达国家的草原放牧管理以充分了解草地生态系统植被生长行为及辨识其受系统内外因素（如放牧、火烧、降水量等）干扰的动态变化为基础，满足不同管理者的需求，服务于多元化管理目标，并体现管理对象的时空变化，采取适应性管理策略，最终实现有效管理。目前，世界草原放牧管理主要朝如下 3 个方向发展（曲云鹤等，2014）。

首先，草原放牧管理建模理论基础由生态平衡范式向生态平衡和非平衡二元共生范式转变。虽然有大量经验事实证明平衡动态和非平衡动态广泛存在于生态系统中，但如下问题的存在会增加经验事实判断难度：①用于区分两种范式的适当经验事实是不确定的，时而满足某种范式的判断依据，时而不满足；②植被对气候和放牧变化作出的属性反应程度是不呈量化比例的；③人类对不同系统管理渗透程度存在差异；④要把对植被动态评价拓展到不同时间和空间范围。

其次，草原放牧管理机制由传统放牧草地演进向状态和变迁转变。传统放牧草地模型（range successional model）是现代化草原放牧管理初期普遍采用的经典模型，重点关注生物因素（如放牧）对草原的影响，而把非生物因素，如降水量稀少等同于放牧的影响来处理。但状态和变迁模型逐渐成为主流，成为草原放牧管理的主要参考模型。虽然状态和变迁模型以生态非平衡范式为理论基础，但也可解释放牧草地模型描述的植被可逆和连续变化过程，与放牧草地模型相比，可以解释土壤侵蚀、气候变化、火烧、放牧等因素干扰下的植被动态行为，适用范围更广泛。

最后，草原放牧管理应用模型与现代科技紧密结合，向满足微观层级需求方向发展。在西方发达国家，草原放牧管理的主体主要为农场或企业，国家和地区层级的草原放牧管理决策很难适用于微观层级管理者需求。为满足微观层级需求，草原放牧管理应用模型开发呈现新趋势：①时空和气候变化因素开始被纳入服务于农场或企业的草原放牧管理模型中来；②开发可满足多种生态系统产品和服务决策的模型；③把实验室结论和管理者经验知识纳入模型，预测实现不同经济管理目标生态系统作出的反应，为畜产品生产者服务。近年来，随着科学技术日新月异的发展，草原放牧管理应用模型与现代先进科技结合得更加紧密。

（二）我国草原放牧管理的历史定位和努力方向

当前，我国草原建设和草原畜牧业面临着前所未有的挑战和机遇，草原放牧管理的历史定位应该着眼于如何以科学发展观为指导，在保护生态环境、提高牧民生活水平、促进草原区经济社会发展等诸多矛盾中，探寻解决草原退化困境难题的出路和途径，把握草原畜牧业发展的方向和模式，这是关系到我国牧区经济和生活、食物安全、边疆和谐稳定的重要研究和实践命题。

首先，草原放牧管理应关注如何有利于维护我国生态安全。应通过发展草原生态畜牧业，通过转变发展模式，在提升家畜生产效率和效益的同时，降低家畜头数，缓解草畜矛盾，降低草地放牧压力，遏制草原退化的趋势，恢复草原生态环境。

其次，要有利于在较高需求层次上维护我国食物安全。随着经济社会的进步及收入的增加，人们对具有草原特色风味的高端生态畜产品、生态旅游产品、生态文化产品的需求不断提高。我们的管理工作应将保护地方特色草原植被和物种、保护地方特色畜种与特色畜产品标准化生产结合，在优质优价市场机制调控下，既满足人们的消费需求，又转变草原畜牧业初级低附加值的生产方式，保护草原生态系统，提高农牧民收入，在一个较高层次上维护国家食物安全。

再次，应有利于维护边疆社会稳定和安全。发展草原生态畜牧业，促进地区经济发展，可有效减少牧区与其他区域差距，实现区域均衡发展。有效提高牧民收入，缩小边疆少数民族农牧民与其他区域农牧民的差距，最终实现社会平衡，稳定边疆。

最后，应定位于如何有利于做好草原大文章，有效解决"三农"、"三牧"问题。草原放牧管理问题从根本上说是农业问题，草原所涉及的牧业、牧区、牧民问题实际上就是我国"三农"问题在草原地区的具体体现。由于历史、自然条件等原因，我国草原地区在经济、社会、文化等方面均落后于全国其他地区，所以草原发展不仅是农村改革发展的重要组成部分，还是我国农村改革发展的重点和难点之所在。我国草原放牧管理的历史定位应以生态畜牧业为突破点，从战略和全局高度做好草原大文章，是实现草原地区社会进步、协调发展的关键环节。

根据草原放牧管理的历史定位，我国草原放牧管理应朝如下几个方向发展。①发展草原生态畜牧业。首先可以建立家庭生态牧场模式，即以一家一户为经营单位，以草牧场生态建设、牧场改良植被恢复、草畜平衡为基点，以舍饲、半舍饲养畜的形式，实施科学养畜和建设养畜，建立以提高经济效益和生态效益为目的的家庭生产经营模式。②发展绿色生态品牌，重点以保护草原生态环境为前提，以科学合理利用草地资源为基础，以推进草畜平衡为核心，以转变生产经营方式为关键，以建立牧民合作经济组织、优化配置生产要素为重点，以实现人与自然和谐、加快畜牧业可持续发展为目标，发展草地畜牧业新模式。③大力发展优良品种保护与特色畜产品。草原牧区畜牧业经过上千年的发展，不仅具有天然的、无污染的绿色生态优势，而且培育出了肉、毛、绒等许多生态畜产品品牌。例如，苏尼特羊、乌珠穆沁羊、藏羊、草原红牛、牦牛等名优品种肉产品，白牦牛、新疆细毛羊、阿尔巴斯绒山羊等名优品种的特色毛、绒产品等，均是驰名中外的品牌。这些为草原生态畜牧业的发展提供了丰富的生产资源和广阔的市场资源。将优良地方品种保护与生态养殖结合，开展特色畜产品的无公害、有机、绿色认证，建立特色畜产品原产地保护制度，开展特色畜产品的生产基地建设，保证质量和特色，提高附加值，以标准化推动优质化、规模化、产业化、市场化。④发展区域耦合模式，即在综合考虑区域草地生态条件、类型、生产结构相似性和互补性、可操作性的基础上，根据系统耦合效应原理，示范探讨不同景观系统的复合生产模式、异地育肥模式、草业生态经济区模式等，为草原生态畜牧业发展提供模式和依据。⑤大力推广产业化科技扶贫模式，把发展草地生态畜牧业作为石漠化治理的有效途径之一。⑥支持草原低碳经济发展模式，即加强高能效、低碳排放技术的研发和推广应用，建立高效低扰动的退化牧场恢复技术体系、优质高产低耗的栽培草地建设技术体系及高效低耗的反刍动物饲养技术体系，建立节约能效、节约水资源的低碳技术体系和产业体系，是草原生态畜牧业的重要发展方向。

（三）我国草原放牧管理的改进建议

我国对草原保护采取禁牧、休牧和轮牧等措施，目的在于实现生态平衡。但退牧还草政策实施后的有关数据显示，我国草原退化、沙化、荒漠化现象依然严峻，表明我国草原管理不能过度依赖控制载畜量，某些干旱和半干旱地区荒漠草原和典型草原植被动态可能主要受气候因素（如降水量）影响（曲云鹤等，2014）。鉴于此，我国草原保护工作要借鉴发达国家草原管理发展经验。

首先，建立完善合理的草原放牧管理理论体系。我国草原放牧管理工作持续推进，但某些地区问题依然层出，表明我国草原放牧管理存在漏洞，管理体系还不健全，管理缺乏理论支撑。草地属于生态资源，其管理要以现有生态学理论为基础并不断进行理论创新，充分考虑草地的特殊性，以平衡范式和非平衡范式为共同支撑，创建可以解释更广泛生态现象的理论，进一步明确理论的适用条件（曲云鹤等，2014）。完善的草原放牧管理还要借鉴其他学科理论内容，才能满足多元化的管理目标。

其次，加强草原放牧管理机制模型的构建。机制模型是揭示草地生态系统动态变化基本规律的简化模型，是构建实际应用模型的基础。草地生态系统复杂多变，仅依靠传统植物体动态演替模型无法解释更多生态现象，需要不断更新和创建模型，这一点也是我国草原放牧管理模型发展最薄弱的环节。目前，建立机制模型的关键是要充分揭示放牧和气候变化对不同草原类型动态变化的影响规律，确定主要影响因子，识别影响因子作用方式和作用发挥的限制条件，为政策制定和管理措施出台提供合理依据（曲云鹤等，2014）。机制模型的构建要形象、简洁，揭示基本原理的同时便于应用。

最后，大力开发普适性的草原管理应用模型。草原放牧管理应用模型构建要以基础理论和机制模型为基础，在满足管理者实现一定经济目标的同时，要以保护草地植被正常生长和演进为前提条件。我国已经成功运用 GIS、遥感等现代科技监测草原生态系统动态变化，但目前先进科技的服务对象还局限于政府、科研院所、大型企业等，受成本和开发技术限制，服务于小型农场和牧民家庭的管理软件产品还很少（曲云鹤等，2014）。如果我国能在这一领域有所突破，开发出更普适性的满足微观层级需求的草原放牧管理产品且被广泛使用，那么我国草原管理将实现现代化。同时，我们还发现促进牧民更好地利用草原放牧管理软件产品是调动牧民草原管理积极性、提高牧民管理能力的一项有效手段。

有了科学理论的支持，我国草原放牧管理可以从如下几个方面进行改进。

北方牧区管理改进建议如下。

1）明晰草原所有权，落实使用权，进行制度创新。目前，我国草原牧区实施的"双权一制"是指落实草原的所有权和使用权，实施牧户承包制。当前，亟待解决的问题是，在草牧场所有权和使用权相互分离的前提条件下，明晰草牧场使用权的内涵、范围和行使权利的方式，使之具有规范化的法律和制度保障及相应的操作规程。

2）以优化牧区地方品种为主，引进品种为辅。要坚持"适宜、优质、高效"，以利用优良地方品种为主、引进专用羊品种为辅的原则，不搞一刀切，因地制宜，发挥地方良种的作用。品种引进应当少而精，购买精液和胚胎是上策。为了适应市场多样化、优质化的需要，应当做好调查研究和"适地、适种、适养"的规划。同时，要充分发挥品种改良站和人工授精站的功能和作用，充分利用优良肉用种羊的冷冻精液，提高良种普及率。

3）草原的保护、建设和利用。首先，应坚持以草定畜，确定合理的载畜量，根据不同的草原类型，确定不同的合理载畜量；其次，应该建立草原栽培草地体系，草地畜牧业单位面积产值比种植业高 1～8 倍（张立中和王云霞，2004），依靠草业促进畜牧业应该成为牧场管理发展的必由之路；再次，要增加投入，进行草原改良，建立国家、企业、社会和个人的全社会投资群体机制，对草原进行补播、施肥、灌溉，恢复草原生态，提高草原的生产能力；最后，要推广科学的放牧制度，各种围封禁牧的政策都要考虑牧民的生活问题，至少要保证牧民的生活水平不下降。

南方草地放牧管理的建议如下。

1）全面普查草地资源，为科学决策提供依据。我国南方要进行草山草坡资源的产业开发和现代草地畜牧业建设，必须以即时的本底资料为基础。然而，我国南方最近一次大范围的草地资源调查与普查是在 1984～1987 年进行的。经过近 30 年的变化，特别是 20 世纪 90 年代以来的城市化进程和 1999 年以来的退耕还林（草）工程，不少土地资源的用途与功能已经发生了更替（肖庆业，2013）。据统计，截至 2008 年年底，全国退耕还林（草）工程已累计超过 4 亿亩，退耕还草约占 1%（李晓峰，2009）。此外，有的草地被开垦为耕地，有的森林被砍伐后演变为草地，有的草地利用过度而发生石漠化。因此，进行草地资源普查是现实的迫切要求。

2）完善南方天然草原（地）改良、栽培草地建设、草畜优化配置与合理利用的理论与技术体系。南方草地（草山草坡）以热性草丛类和热性灌草丛类为主，产量和品质低，不能满足现代畜牧业生产的需要。南方草地畜牧业发展的首要问题是草地改良（李向林，2001）。目前，已经筛选出一批适应性强的补播草种，并开展了人工群落稳定性与丰产性研究（蒋文兰，1991），家畜宿营法改良草地的机制也获得了突破（张英俊等，1999），长期利用的混播草地组分动态变化、群落演替、竞争共存机制等方面取得了阶段性结果（王元素，2004）。

目前，南方草畜优化配置与合理利用的理论和技术尚无系统深入研究。尽管已经认识到在南方草原区，山羊和牛是当地的优势畜种，灌草丛主要用于山羊放牧，比较开阔的地段主要用于牛放牧；南方灌草丛山羊采食行为、食物组成也有了一些研究（李向林，2001）。但草地利用方式、利用强度及不同家畜放牧对草地生物多样性和生态功能的影响，尚不清楚。此外，产品销路、地方特色畜产品品牌的定位确立、养殖管理技术要求等都会影响南方草地的开发利用（张尚德，1986）。

3）实行规模化和产业化经营，完善经营体制。要正确处理好个体规模化与整体规模化的关系。有条件的个体和片区，可实行规模经营，以充分发挥资源优势和潜力，发挥示范和带动作用，促进整体规模化。完善草山草坡的承包责任制，草地承包经营权依法有偿转让，以利于具有草地畜牧业经营能力的生产者扩大生产规模，促进产业结构调整及草地畜牧业生产、加工、销售和服务产业链的延伸。

参 考 文 献

敖仁其, 胡尔查. 2007. 内蒙古草原牧区现行放牧制度评价与模式选择. 内蒙古社会科学(汉文版), 28(3):

90-92.

鲍靖. 2012. 典型草原地区牧户受灾害的影响以及应对策略研究. 呼和浩特: 内蒙古大学硕士学位论文.

才旦. 2006. 青海省主要鼠害对草地的危害及其防治. 草业科学, 23(1): 79-81.

常会宁, 夏景新, 徐照华, 等. 1994. 草地放牧制度及其评价. 黑龙江畜牧兽医, (12): 40-43.

车永顺, 李景思. 1995. 断奶后放牧羔羊补饲瘤胃缓释尿素的试验. 吉林农业大学学报, 17(2): 74-76.

陈德照. 2004. 云南野生动物养殖产业化初探. 西部林业科学, 33: 58-62.

陈建. 2011. 贵州省旱情监测与灾害评估系统的分析与设计. 昆明: 云南大学硕士学位论文.

陈素华, 李警民. 2009. 内蒙古草原蝗虫大暴发的气象条件及预警. 气象科技, (1): 48-51.

陈佐忠, 汪诗平, 王艳芬, 等. 2000. 中国典型草原生态系统. 北京: 科学出版社: 1-2.

董芳蕾. 2008. 内蒙古锡林郭勒盟草原雪灾灾情评价与等级区划研究. 长春: 东北师范大学硕士学位论文.

董庆平. 2002. 抗生素添加剂与畜产品安全和对人类健康的影响. 中国动物检疫, 19(12): 18-19.

樊万选. 2004. 世界农业生态系统评述. 世界农业, (6): 11-14.

费荣梅. 2003. 中国野生动物和自然保护区合理开发利用研究. 哈尔滨: 东北林业大学博士学位论文.

冯金社, 吴建安. 2008. 我国旱灾形势和减轻旱灾风险的主要对策. 灾害学, 23(2): 34-36.

甘肃农业大学. 1961. 草原学. 北京: 农业出版社: 161-179.

干珠扎布, 郭亚奇, 高清竹, 等. 2013. 藏北紫花针茅高寒草原适宜放牧率研究. 草业学报, 22(1): 130-137.

高峰, 侯先志, 放长金. 2003. 放牧条件下苏尼特羔羊补偿生长的研究. 黑龙江畜牧兽医, (3): 11-13.

高懋芳, 邱建军. 2011. 青藏高原主要自然灾害特点及分布规律研究. 干旱区资源与环境, 25(8): 101-105.

高照良. 2008. 草原环境灾害的类别和防御对策. 自然杂志, 30(1): 23-27.

郭维春. 2006. 绒山羊饲养方式改革之管见. 现代畜牧兽医, 1: 10-11.

郭正刚, 王倩, 陈鹤. 2014. 我国天然草地鼠害防控中的问题与对策. 草业科学, 31(1): 168-172.

韩国栋, 焦树英, 毕力格图, 等. 2007. 短花针茅草原不同载畜率对植物多样性和草地生产力的影响. 生态学报, 27(1): 182-188.

韩建国. 2006. 我国草业发展的潜力还有多大. 中国牧业通讯, 14: 47-49.

郝璐, 高景民, 杨春燕. 2006. 草地畜牧业雪灾灾害系统及减灾对策研究. 草业科学, 6: 48-54.

何念鹏, 韩兴国, 于贵瑞. 2012. 内蒙古放牧草地土壤碳固持速率和潜力. 生态学报, 32(3): 844-851.

何孝德, 侯秀敏. 2014. 青海省草地鼠害危害现状与防治对策. 现代农业科技, (7): 158-159.

贺慧, 李景文, 胡涌, 等. 2002. 试论保护区及其周边社区的可持续发展. 北京林业大学学报, 24(1): 41-46.

洪绂曾, 王元素. 2006. 中国南方人工草地畜牧业回顾与思考. 中国草地学报, 28(2): 71-75, 78.

洪军, 倪亦非, 杜桂林, 等. 2014. 我国天然草原虫害危害现状与成因分析. 草业科学, 31(7): 1374-1379.

侯扶江. 2000. 草地-马鹿系统的草地表现. 兰州: 甘肃农业大学博士学位论文.

侯扶江, 李广, 常生华, 等. 2004. 肃南鹿场甘肃马鹿生产性能研究. 草业学报, 13(1): 94-100.

侯扶江, 南志标, 任继周. 2009. 作物-家畜综合生产系统. 草业学报, (05): 211-234.

侯扶江, 宁娇, 冯琦胜. 2016. 草原放牧系统的类型与生产力. 草业科学, 33(3): 353-367.

侯扶江, 杨中艺. 2006. 放牧对草地的作用. 生态学报, 26(1): 244-264.

侯俊财, 刘艳萍, 霍贵成. 2008. 不同粗饲料对牛乳中共轭亚油酸含量的影响. 黑龙江畜牧兽医, 10: 27-28.

黄朝迎. 1988. 我国草原牧区雪灾及危害. 灾害学, (4): 45-48.

蒋明康, 薛达元, 常仲农. 1994. 我国自然保护区有效管理现状及其分析. 农业生态环境学报, 10(1): 53-55.

蒋文兰. 1991. 贵州威宁混播草地初级生产力及群落稳定性调控途径的研究. 兰州: 甘肃农业大学博士学位论文.

李海红, 李赐福, 张海珍, 等. 2006. 中国牧区雪灾等级指标研究. 青海气象, (1): 24-25.

李晶, 张亚平. 2009. 家养动物的起源与驯化研究进展. 生物多样性, 17: 319-329.

李茂松, 李森, 李育慧. 2003. 中国近 50 年旱灾灾情分析. 中国农业气象, (1): 6-10.

李天平, 杨国荣, 赵开典, 等. 1996. 全日制放牧肉牛管理日程研究. 黄牛杂志, (S1): 32-36.

李文华, 周兴民. 1998. 青藏高原生态系统及优化利用模式. 广州: 广东科技出版社.

李向林. 2001. 中国南方的草地改良与利用, 21 世纪草业科学展望. 中国农学通报(增刊): 92-96.

李晓峰. 2009. 中国新时期退耕还林(草)工程的经济分析. 北京: 中国农业出版社.

刘丙万, 蒋志刚. 2002a. 普氏原羚生境选择的数量化分析. 兽类学报, 22(1): 15-21.

刘丙万, 蒋志刚. 2002b. 普氏原羚采食对策. 动物学报, 48(3): 309-316.

刘刚. 2014. 2013 年全国草原生物灾害发生程度同比有所下降. 农药市场信息, (7): 50.

刘加文. 2009. 不断发展的中国草原畜牧业. 农业技术与装备, 27(12s): 1-3.

刘江. 2002. 中国可持续发展战略研究. 北京: 中国农业出版社.

刘任涛, 李学斌, 辛明. 2011. 荒漠草原地面节肢动物功能群对草地封育的响应. 应用生态学报, 22(8): 2153-2159.

刘世贵. 2004. 草地生物灾害持续控制的策略和关键技术研究//中国草学会. 中国草业可持续发展战略论坛论文集. 北京: 农业部草原监理中心: 532-527.

刘伟, 周立. 1999.不同放牧强度对植物及啮齿动物作用的研究. 生态学报, 19(3): 376-382.

刘兴朋. 2008. 基于信息融合理论的我国北方草原火灾风险评价研究. 长春: 东北师范大学博士学位论文.

刘兴朋, 张继权, 周道玮, 等. 2006. 中国草原火灾风险动态分布特征及管理对策研究. 中国草地学报, 28(6): 77-81.

刘引鸽, 缪启西. 2004. 西北地区农业旱灾与预测研究. 干旱区地理, 27(4) : 564-569.

刘志霄, 李元广, 于海, 等. 1997. 干旱与放牧对贺兰山野生有蹄类影响的初步观察. 华东师范大学学报(自然科学版), (3): 107-109.

娄玉杰, 迟俊杰. 2008. 放牧和舍饲对辽宁绒山羊生产性能的影响. 草业科学, 25(8): 100-102.

卢震林, 白云岗. 2014. 新疆牧区干旱灾害发生特点及抗旱减灾策略研究. 中国防汛抗旱, (2): 41-45.

骆颖, 张明明, 刘振生, 等. 2009. 贺兰山马鹿冬春季生境的选择. 生态学报, 29(5): 2757-2763.

马红彬, 谢应忠. 2011. 宁夏中部干旱带草地生态农业体系建设研究. 干旱地区农业研究, 29(2): 180-184.

马建章, 邹红菲, 郑国光. 2003. 中国野生动物保护与栖息地保护现状及发展趋势. 中国农业科技导报, 5(4): 3-6.

马逸清. 1986. 黑龙江省兽类志. 哈尔滨: 黑龙江科学技术出版社.

蒙成志, 韩敏, 马茂荣. 2008. 舍饲与放牧条件对绒山羊免疫功能的影响. 畜牧与饲料科学, 29(4): 49-52.

孟玉萍. 2007. 放归普氏野马食源植物、食性选择及采食对策的研究. 北京: 北京林业大学博士学位论文.

娜日斯, 工海军. 2011. 草原雪灾研究. 内蒙古草业, (2): 46-49.

聂迎利. 2008. 中国的奶水牛发展大有希望. 中国乳业, (2): 2-6.

曲云鹤, 余成群, 武俊喜, 等. 2014. 发达国家草原管理模型的发展趋势. 中国草地学报, 4: 110-115.

任继周. 1995. 草地农业生态系统. 北京: 中国农业出版社.

任继周. 2010. 草原文化是华夏文化的活泼元素. 草业学报, 19(1): 1-5.

任继周, 葛文华, 张自和. 1989. 草地畜牧业的出路在于建立草业系统. 草业科学, (5): 1-3.

任继周, 侯扶江. 2004. 草业科学框架纲要. 草业学报, 13(4): 1-6.

任继周, 侯扶江, 胥刚. 2010. 草原文化的保持与传承. 草业科学, (12): 5-10.

任继周, 侯扶江, 胥刚. 2011. 放牧管理的现代化转型——我国亟待补上的一课. 草业科学, 28(10): 1745-1754.

任继周, 胡自治, 张自和, 等. 1999. 中国草业生态经济区初探. 草业学报, (s1): 12-22.

任继周, 李向林, 侯扶江. 2002. 生物的时间地带性及其农学涵义. 应用生态学报, 13(8): 1013-1016.

任继周, 朱兴运. 1998. 河西走廊盐渍地的生物改良与优化生产模式. 北京: 科学出版社: 147-183.

任修涛, 沈果, 王振龙, 等. 2011. 道路和放牧对锡林郭勒草原布氏田鼠种群时空分布的影响. 生态学杂志, 30(10): 2245-2249.

盛和林. 1992. 中国鹿类动物. 上海: 华东师范大学出版社.

石凡涛. 2003. 青海省草地灾害类型与防灾. 草业科学, 20 (4): 23-27.

时坤. 2007. 内蒙古北部呼伦贝尔草原放牧的生态代价与野生动物保护战略(英文). 草地学报, 15(5): 491-499.

宋洪远. 2006. 中国草原改良与牧区发展报告. 北京: 中国财政经济出版社.

孙艳妮, 程林, 李昌新. 2010. 我国粮食安全的区域性和结构性差异. 江苏农业科学, (5): 524-526.

塔娜, 桂荣, 魏日华, 等. 2009. 放牧对家畜及畜产品的影响. 畜牧与饲料科学, 30(2): 33-35.

汪家灼. 2003. 适应农业结构调整新形势搞好农作物种子工作. 种子世界, 2: 5-6.

汪诗平. 1997. 放牧绵羊行为生态学研究. V. 采食行为参数与草地状况的关系. 草业学报, (4): 31-38.

汪诗平. 2000. 不同放牧季节绵羊的食性及食物多样性与草地植物多样性间的关系. 生态学报, 20(6): 951-957.

汪诗平. 2005. 放牧生态系统管理. 北京: 科学出版社.

汪诗平, 李永宏. 1997. 放牧绵羊行为生态学研究. III. 不同放牧时期对放牧绵羊牧食行为的影响. 草业学报, 6(2): 7-13.

汪诗平, 王艳芬, 陈佐忠. 2003. 气候变化和放牧活动对糙隐子草种群的影响. 植物生态学报, 27(3): 337-343.

王静爱, 孙恒, 徐伟, 等. 2002. 近50年中国旱灾的时空变化. 自然灾害学报, 11(2): 1-6.

王欧. 2010. 草原畜牧业发展与牧民收入增长. 中国畜牧杂志, 46(24): 12-16.

王应祥. 2003. 中国哺乳动物种和亚种分类名录与分布大全. 北京: 中国林业出版社.

王元素. 2004. 云贵高原山区混播草地初级生产力和群落时间稳定性研究. 兰州: 甘肃农业大学硕士学位论文.

魏伍川, 杜建中. 1997. 绵羊的补偿生长研究. 内蒙古畜牧科学, (1): 12-14.

吴玮, 秦其明, 范一大, 等. 2013. 中国雪灾评估研究综述. 灾害学, 28(4): 152.

肖庆业. 2013. 南方地区退耕还林工程效益组合评价研究. 北京: 北京林业大学博士学位论文.

谢晓红, 郭志强, 雷岷. 2012. 浅谈四川兔业发展的经验. 中国养兔, (2): 25-26, 30.

徐崇荣. 1998. 印度牦牛研究与发展. 畜禽业, (3): 40-41.

徐秀霞. 2006. 青海省草地生物灾害现状及应对措施. 草业与畜牧, (8): 36-37.

杨爱莲. 2002. 西北五省(区)草地鼠虫害防治工作调查. 中国草地, 24(1): 77-78.

杨国伟, 栗冰峰. 2009. 云南野生动物驯养繁殖产业发展状况调查及分析. 野生动物学报, 30(2): 108-112.

杨汝荣. 2002. 我国西部草地退化原因及可持续发展分析. 草业科学, 19(1): 23-27.

杨振海, 张富. 2011. 建设现代草原畜牧业促进牧区又好又快发展. 中国畜牧业, 22: 13-15.

杨振宇, 江小蕾. 2002. 高原鼠兔对草地植被的危害及防治阈值研究. 草业科学, 19(4): 63-65.

姚爱兴, 王宁, 王培. 1996. 放牧制度和放牧强度对家畜生产性能的影响. 国外畜牧学, 3: 21-26.

于国萍, 霍贵成, 李庆章. 2005. 影响乳制品中共轭亚油酸(CLA)含量的因素. 中国乳品工业, 33(10): 35-38.

于章平, 李庆章. 2004. 反刍动物共轭亚油酸(CLA)形成及影响因素. 中国畜牧兽医学会 2004 学术年会: 642.

袁国波, 姚锦桃. 2014. 乌拉特-达茂草原暴风雪天气特征及预报. 干旱区资源与环境, (10): 76-81.

张继权, 张会, 佟志军, 等. 2007. 我国北方草原火灾灾情评价及等级划分. 草业学报, 16(6): 121-128.

张建立, 张仁平, 锡文林, 等. 2010. 天山山地草原适宜放牧率评价体系初探——以新疆新源县为例. 草业科学, (12): 134-139.

张金合. 2008. 放牧和圈养绒山羊瘤胃内环境及血液生理生化指标比较分析. 呼和浩特: 内蒙古农业大学硕士学位论文.

张立中, 王云霞. 2004. 中国草原畜牧业发展模式的国际经验借鉴. 内蒙古社会科学, 25(6): 119-123.

张明华. 1995. 中国的草原——中国自然地理丛书. 北京: 商务印书馆.

张商德. 1986. 论畜群结构调控. 草业科学, 3(3): 9-12.

张树敏, 金鑫, 陈群. 2005. 放牧对松辽黑猪生长育肥及胴体肉质的影响. 吉林畜牧兽医, 5: 6-8.

张涛涛, 延军平, 廖光明, 等. 2014. 近 51a 青藏高原雪灾时空分布特征. 水土保持通报, 34(1): 243-250.

张英俊, 蒋文兰, 符义坤, 等. 1999. 绵羊宿营法防除天然草地灌木杂草研究. 草业学报, (8): 76-81.

张智山. 1998. 我国草原防火工作现状、问题及发展思路. 中国草地, (1): 56-58.

赵钢, 许志信, 敖特根, 等. 1998. 蒙古牛春季牧食习性的观察研究. 中国草地, (5): 50-55.

赵钢, 许志信, 李德新. 2000. 反刍家畜牧食行为综述. 内蒙古农业大学学报, 21(2): 109-115.

赵雪雁. 2007. 高寒牧区草地退化的人文因素研究——以甘南牧区玛曲县为例. 草业学报, 16(6): 113-120.

赵志龙, 张镱锂, 刘峰贵, 等. 2013. 青藏高原农牧区干旱灾害风险分析. 山地学报, 31(6): 672-684.

郑光美. 2002. 世界鸟类分类与分布名录. 北京: 科学出版社.

郑生武, 等. 1994. 中国西北地区珍稀濒危动物志. 北京: 中国林业出版社.

郑作新. 1955. 野生鸟类的经济羽毛. 北京: 科学出版社.

郑作新. 1993. 中国经济动物志(鸟类). 2 版. 北京: 科学出版社.

中华人民共和国国家统计局. 2003. 中国统计年鉴 2002. 北京: 中国统计出版社.

中国科学院西北高原生物研究所. 1989. 青海经济动物志. 西宁: 青海人民出版社.

中国农业年鉴委员会. 2013. 中国农业年鉴 1981~2012. 北京: 中国农业出版社.

钟声. 2002. 云南省草地肉牛放牧系统中的草畜季节矛盾及对策. 黄牛杂志, 28(2): 45-47.

钟欣. 2007. 首届中国毛皮产业峰会召开. 中国畜牧兽医报, 5-20 (001).

周禾, 陈佐忠, 卢欣石. 1999. 中国草地自然灾害及其防治对策. 中国草地学报, (2): 1-5.

周寿荣. 1964. 川西北草地几种家畜夏季放牧采食量测定. 中国畜牧杂志, (1): 20-22.

朱大明. 2005-7-4. 实地考察深入剖析提出建议. 长春日报, 003.

Allen V G, Batello C, Berretta E J, et al. 2011. An international terminology for grazing lands and grazing animals. Grass and Forage Science, 66: 2-28.

Begzsuren S, Ellis J E, Ojima D S, et al. 2004. Livestock responses to droughts and severe winter weather in the Gobi Three Beauty National Park, Mongolia. Journal of Arid Environments, 59(4): 785-796.

Beloysky G E, Slade J B. 1995. Dynamics of two Montana grasshopper populations: relationships among weather, food abundance and intraspecific competition. Oecologia, 101: 383-393.

Bökönyi S. 1974. History of Domestic Mammals in Central and Eastern Europe. Budapest: Akadémiai Kiadó.

Carrete M, Serrano D, Illera J C, et al. 2009. Goats, birds, and emergent diseases: apparent and hidden effects of exotic species in an island environment. Ecological Applications, 19(4): 840-853.

Cease A J, Elser J J, Ford C F, et al. 2012. Heavy livestock grazing promotes locust outbreaks by lowering plant nitrogen content. Science, 335(6067): 467-469.

Chen F H, Dong G H, Zhang D J, et al. 2014. Agriculture facilitated permanent human occupation of the Tibetan Plateau after 3600 BP. Science DOI: 10.1126. http: //www.sciencemag.org/content/early/2014/

11/19/science.1259172[2016-5-9].

Chen J B, Hou F J, Chen X J, et al. 2014. Stocking rate and grazing season modify soil respiration on the Loess Plateau, China. Rangeland Ecology & Management, 68(1): 48-53.

Davidson A D, Ponce E, Lightfoot D C, et al. 2010. Rapid response of a grassland ecosystem to an experimental manipulation of a keystone rodent and domestic livestock. Ecology, 91(11): 3189-3200.

DeGabriel J L, Albon S D, Fielding D A, et al. 2011. The presence of sheep leads to increases in plant diversity and reductions in the impact of deer on heather. Journal of Applied Ecology, 48(5): 1269-1277.

Diamond J. 2002. Evolution, consequences and future of plant and animal domestication. Nature, 418: 700-707.

Dietz K J. 1989. Leaf and chloroplast development in relation to nutrient availability. Journal of Plant Physiology, 134(5): 544-550.

Donahue D L. 1999. The Western Range Revisited: Removing Livestock from Public Lands to Conserve Native Biodiversity. Norman: University of Oklahoma Press.

Eisler M C, Lee M R, Tarlton J F, et al. 2014. Agriculture: steps to sustainable livestock. Nature, 507(7490): 32-34.

Frank D A. 2008. Evidence for top predator control of a grazing ecosystem. Oikos, 117(11): 1718-1724.

Freese C H, Fuhlendorf S D, Kunkel K. 2014. A management framework for the transition from livestock production toward biodiversity conservation on great plains rangelands. Ecological Restoration, 32(4): 358-368.

Gass T M, Binkley D. 2011. Soil nutrient losses in an altered ecosystem are associated with native ungulate grazing. Journal of Applied Ecology, 48(4): 952-960.

Gill M, Smith P, Wilkinson J. 2010. Mitigating climate change: the role of domestic livestock. Animal, 4(3): 323-333.

Hodgson J. 1990. Grazing Management: Science into Practice. New York: Longman Scientific & Technical: 1-2.

Holechek J L, Pieper R D, Herbel C H. 1998. Range Management Principles and Practices. 3rd edition. Englewood Cliffs, New lersey: Prentice Hall: 542.

Hou F J. 2014. Adaptation of mixed crop–livestock systems in Asia. In: Fuhrer J, Gregory P J. Climate Change Impact and Adaptation in Agricultural Systems: Soil Ecosystem Management in Sustainable Agriculture. London: CABI: 155.

Hou F J, Nan Z B. 2006. Improvement to rangeland livestock production on the Loess Plateau: a case study of Daliangwa village, Huanxian county. 第二届中日韩国际草地大会(Proceeding of the 2nd China-Japan-Korea Grassland Conference) 2006 年论文集: 104-110.

Hou F J, Nan Z B, Xie Y Z, et al. 2008. Integrated crop-livestock production systems in China. The Rangeland Journal, 30(2): 221-231.

Jiang Z, Wang Z. 1999. Proximate factors accounting for the population declining in the Przewalski's gazelle in Qinghai Lake region. Oryx, 34: 129-135.

Kaczensky P, Ganbataar O, Altansukh N, et al. 2011. The danger of having all your eggs in one basket—winter crash of the re-introduced Przewalski's horses in the Mongolian Gobi. PLoS One, 6(12): e28057.

Li D, Jiang Z, Wang Z. 1999.Activity patterns and habitat selection of the Przewalski's gazelle (Procapra przewalskii) in the Qinghai Lake region. Acta Theriologica Sinica, 19(1): 17-22.

Long R J, Apori S O, Castro F B, et al. 1999. Feed value of native forages of the Tibetan Plateau of China. Animal Feed Science and Technology, 80(2): 101-113.

Malcolm B, Sale P, Egan A. 1996. Agriculture in Australia: an Introduction. Melbourne: Oxford University Press.

McIntyre S, Heard K M, Martin T G. 2003. The relative importance of cattle grazing in subtropical grasslands: does it reduce or enhance plant biodiversity. Journal of Applied Ecology, 40(3): 445-457.

Michael B. 1991. Spatial components of plant-herbivore interactions in pastoral, ranching, and native ungulate ecosystems. Journal of Range Management, 44: 531-532.

Mitchell R, Allen V, Waller J. 2004. A mobile classroom approach to graduate education in forage and range science. Journal of Natural Resource and Life Science Education, 33: 17-119.

Morehouse A T, Boyce M S. 2011. From venison to beef: seasonal changes in wolf diet composition in a livestock grazing landscape. Frontiers in Ecology and the Environment, 9(8): 440-445.

Mu H, Otani S, Shinoda M, et al. 2013. Long-term effects of livestock loss caused by dust storm on Mongolian inhabitants: a survey 1 year after the dust storm.Yonago Acta Medica, 56(1): 39-42.

Nan Z B. 2005. The grassland farming system and sustainable agricultural development in China. Grassl Sci, 51(1): 15-19.

National Institute for Demographic Studies (INED). 2008. Population, birth, death. http://www.ined. fr/en/institut/pop_figures/developed_countries/population_births_deaths/[2016-9-23].

Naylor R, Steinfeld H, Falcon W, et al. 2005. Agriculture: losing the links between livestock and land. Science, 310(5754): 1621-1622.

Noss R, Cooperrider A. 1994. Saving Nature's Legacy: Protecting and Restoring Biodiversity. Washington D.C.: Island Press.

Odadi W O, Karachi M K, Abdulrazak S A, et al. 2011. African wild ungulates compete with or facilitate cattle depending on season. Science, 333(6050): 1753-1755.

Onsager J A, Olfert O. 2000. What tools have potential for grasshopper pest management. In: Lockwood J A, Latchininsky A V. Grasshoppers and Grassland Health. Netherlands: Springer: 145-156.

Pavlů V, Gaisler J, Hejcman M, et al. 2006. Effect of different grazing system on dynamics of grassland weedy species. J Pl Dis Protect, 20: 377-383.

Pimentel D, Greiner A, Bashore D. 2003. Economic and environmental costs of pesticide use. Environmental Toxicology, 7: 121.

Reid R S, Galvin K A, Kruska R S. 2008. Global significance of extensive grazing lands and pastoral societies: an introduction. In: Galvin K A, Reid R S, Behnke R H, et al. Fragmentation in Semi-arid and Arid Landscapes. Netherlands: Springer: 1-24.

Rogg H. 2014. Oregon grasshopper and Mormon cricket survey summary for 2007. http://www.oregon. gov/ODA/shared/Documents/Publications/IPPM/GrasshopperCricketSurveyRe[2014-12-8].

Severinghaus S R. 2001. MONGOLIA in 2000—the pendulum swings again. Asian Survey, 41(1): 61-70.

Shrestha R, Wegge P. 2008. Wild sheep and livestock in Nepal Trans-Himalaya: coexistence or competition. Environmental Conservation, 35(02): 125-136.

Sibbald A R, Marriott C A, Agnew R D M, et al. 2004. The implications of controlling grazed sward height for the operation and productivity of upland sheep systems in the UK: 7. Sustainability of white clover in grass/clover swards with reduced levels of fertilizer nitrogen. Grass and Forage Science, 59(3): 264-273.

Sims J T, Bergström L, Bowman B T, et al. 2005. Nutrient management for intensive animal agriculture: policies and practices for sustainability. Soil Use & Management, 21(s1):141-151.

Sjödin N E, Bengtsson J, Ekbom B. 2008. The influence of grazing intensity and landscape composition on the diversity and abundance of flower-visiting insects. Journal of Applied Ecology, 45(3): 763-772.

Spasojevic M J, Aicher R J, Koch G R, et al. 2010. Fire and grazing in a mesic tallgrass prairie: impacts on plant species and functional traits. Ecology, 91(6): 1651-1659.

Steinfeld H, Gerber P, Wassenaar T D, et al. 2006. Livestock's long shadow: environmental issues and options. Food & Agriculture Org, 16(1): 7.

Stiehl-Braun P A, Hartmann A A, Kandeler E, et al. 2011. Interactive effects of drought and N fertilization on the spatial distribution of methane assimilation in grassland soils. Global Change Biology, 17(8): 2629-2639.

Sun Y, Angerer J P, Hou F J. 2015. Effects of grazing systems on herbage mass and liveweight gain of Tibetan sheep in Eastern Qinghai-Tibetan Plateau, China. The Rangeland Journal, 37(2): 181-190.

Tilman D, Cassman K G, Matson P A, et al. 2002. Agricultural sustainability and intensive production practices. Nature, 418(6898): 671-677.

Wiener G, Han J L, Long R J. 2003. The Yak. Rap Publication, 44(4): 57-58.

Williamson D, Williamson J, Ngwamotsoko. 1998. Wildebeest migration in the Kalahari. African Journal of Ecology, 26: 269-280.

Yan L, Zhou G, Zhang F. 2013. Effects of different grazing intensities on grassland production in China: a meta-analysis. PLoS One, 8(12): e81466.

Yiruhan, Xie X M, Shiyomi M. 2011. Aboveground plant mass and mass available to grazing goats in a mountainous shrubland in subtropical China. Grassland Science, 57(3): 119-126.

Yuan H, Hou F J. 2015. Grazing intensity and soil depth effects on soil properties in alpine meadow pastures of Qilian Mountain in northwest China. Acta Agriculturae Scandinavica, Section B- Soil & Plant Science, 65(3): 222-232.

Zacheis A, Hupp J W, Ruess R W. 2001. Effects of migratory geese on plant communities of an Alaskan salt marsh. Journal of Ecology, 89(1): 57-71.

第二章 我国草原培育技术与草原生产力

第一节 我国草原的培育

一、新中国成立以来全国草地的投入和产出机制

我国草地管理投入经历了封建农奴制游牧阶段、社会主义游牧阶段和社会主义家庭承包阶段（表 2-1），不同阶段投入机制存在差异。

表 2-1 新中国成立后我国草地管理类型及其特征

	封建农奴制游牧	社会主义游牧	社会主义家庭承包
时间	1949～1959 年	1960～1983 年	1984 年以后
草地使用权	官家、贵族和寺院上层僧侣	人民公社管辖内的集体	家庭
家畜所有权	官家、贵族和寺院上层僧侣	人民公社管辖内的集体	家庭
草地利用形式	官家、贵族和寺院在自己领地内游牧	人民公社内部行政村或生产队内游牧	牧户家庭拥有草地内季节转场
草地投入特征	草地投入主要是官家、贵族和寺院上层僧侣	草地投入主要是集体和国家	草地投入主要是国家和牧户

封建农奴制游牧阶段草地投入主要按照领主意志，投入很小；社会主义游牧阶段统一分配，牧民生产积极性受挫，投入更低。草地社会主义家庭承包制后国家和牧民对草地投资力度有所加强，而国家投资主要用于基础设施建设。1978～1999 年国家投入草地建设资金虽然高达 21 亿元，但平均每年每公顷草地投入仅 0.30 元。2011 年随着草原生态保护补助奖励政策的实施，国家每年向草原投资超过 160 亿元，宏观上形成了南北呼应的草原政策框架体系，但国家投资与草原面积相比，每亩投入还不足 4 元，远低于耕地、林地的投入，需要做好顶层设计，完善和强化草原牧区政策，增大草地投资力度。

二、草原培育的区域模式与技术

我国现存草原从空间上可以分为北方草原、南方草原和高寒草原三大组分（Nan，2005）。北方草原占草原总面积的 48%，从东部典型草原贯穿至西部荒漠草原，主要分布于干旱半干旱区；高寒草原占草原总面积的 35%，主要分布于青藏高原高海拔地区和高纬度地区；南方草原仅占草原总面积的 17%，主要分

布于西南地区。由于不同区域区内自然环境、气候条件、人类管理草原水平的差异化，我国草原具有明显区域特征，因此我国草原培育措施在不同区域内既有类同，又有区别，即使同一种培育措施在不同区域内的效能也可能存在差异。

（一）封育

我国草原类型多样，不同草原分布呈现明显的区域特征，不同草原类型发生与发育过程存在明显的差异。不同地区草原适宜封育时间不同，长则20多年，短则2年（表2-2）。虽然确定出不同草原类型的适宜封育年限，为开始再次或重新利用提供科学和生产实践依据，但不同草原究竟利用多长时间后需要再次封育，尚无明确的共识，这可能导致再次利用时草原仍然被过度利用而再次退化，因此草原封育的研究应该注重在合理放牧强度下封育—利用—再封育—再利用的周期性循环利用技术体系。

表 2-2　不同草原区适宜封育的年限

地区	草原类型	适宜封育年限/年
内蒙古	典型草原	12～14
内蒙古	荒漠草原	5
宁夏	典型草原	15
宁夏	荒漠草原	7
甘肃	高寒草甸	4
青海	高寒草甸	5
新疆	高山草原	25～27
新疆	荒漠草原	3
西藏	高寒草甸	5～6
云南	山地草原	4
贵州	暖性草丛	2

（二）施肥

若草原土壤有机质分解速率弥补不了土壤养分消耗速率，则土壤肥力逐渐衰退，制约草原初级生产。因此，人为补充土壤养分是草原维持持续生产的关键。施肥这种人为的干预措施应与时俱进，因地制宜，根据人类当前管理区域草原的主要目标而设置，既需要遵循草原生态系统自身发育规律，又需要考虑草原为人类服务。由于高寒草原分布于江河中上游、发源地和水源补给区，需要考虑施肥对水源的影响，其核心应是通过改变牧民生活方式而疏导土—草—畜系统养分循环通道。北方草原远离水源区或者分布于内陆河区，施肥对水体的影响是区域性的，不是全局性的和流域性的，适宜人为定向设计施肥，促进退化草原的生态和生产功能恢复,然而不同地区的适宜施肥种类和施肥量存在一定的分异(表 2-3),应因地制宜,按化肥种类核定施肥量。

表 2-3 不同草原区适宜的施肥量

地区	草原类型	化肥类型	施肥量/（kg/hm²）
内蒙古锡林郭勒盟	典型草原	硫酸钾复合肥	120
内蒙古锡林郭勒盟	典型草原	磷酸二铵	80
内蒙古锡林郭勒盟	典型草原	尿素	170
吉林西部	典型羊草草原	硝酸铵	62
辽宁彰武	典型羊草草原	尿素	225～375

（三）补播

补播是人为向天然草原群落补充优质牧草种子,丰富可食牧草种类,提高优质牧草的比例,实现草原生产力和群落品质的提升。南方草原根据需要,要么补播禾草,要么补播豆科牧草。而北方草原和高寒草原,现有研究均补播禾草,虽然补播禾草可显著增加草地产量,但其粗蛋白含量相对低于豆科牧草,因此需要可食的豆科牧草。由于阴山扁蓿豆等豆科牧草产量较低,可考虑在北方草原和高寒草原采用可食豆科和禾本科混播方式,既可提高草原生产力,又可提高牧草品质。

（四）划破

当天然草原地表致密、凋落物分解慢时,需要人工划破致密生草层,增加植物种子和土壤的接触机会,促进根茎繁殖,增加土壤温度和促进有机质分解,提高天然草原自我更新能力。划破这种培育措施多应用于以根茎型、根茎-疏丛型植物为优势种的天然草原。高寒地区由于生育期短,有些植物的种子不易成熟,需要划破和补播同步进行。

第二节 退化草原的恢复

一、草原自然恢复的年限

我国退化草原恢复均以未退化群落为参照,遵循单元顶级学说,忽略多元顶级格局的存在,因此只要退化草原恢复稳定状态,且优良牧草占据较大比例,就应视为已经实现了退化草原的恢复。不同类型退化草原的恢复时间具有分异性。同一种草原类型,在不同区域内恢复所需的时间也是不一样的,即使同一草原类型,在同一地区其退化程度不一样时需要的恢复时间也存在差异。以高寒地区、北方草原区和南方草地区为区域特征,分别界定我国草原退化的恢复年限。

高寒地区主要的草原类型有高寒草原和高寒草甸,高寒草甸区植被恢复较高寒草原区植被恢复难度大,需要时间长(表 2-4)。同一草原类型,退化程度越严重,恢复需要的时间越长,但土壤内没有原生植物繁殖体或者生土层破坏时,需要人工建植。

表 2-4　高寒地区草原自然恢复的年限

草原类型	退化程度	自然恢复年限/年
高寒草原	轻度	5
	中度	10
	重度	15
	极重度	人工建植
高寒草甸	轻度	10
	中度	15
	重度	20
	极重度	人工建植

北方草原区草原类型主要有草甸草原、典型草原和荒漠草原三类。荒漠草原没有人类干预时恢复时间较典型草原短,而典型草原较草甸草原短(表 2-5)。

表 2-5　北方草原自然恢复的年限

草原类型	退化程度	自然恢复年限/年
草甸草原	轻度	7
	中度	10
	重度	15
	极重度	20
典型草原	轻度	5
	中度	9
	重度	15
	极重度	18
荒漠草原	轻度	3
	中度	5
	重度	7
	极重度	10

二、退化草原恢复的综合技术

退化草原恢复的综合技术包括多项草原培育技术措施的整合,充分发挥各单项草原培育措施的优势，加速退化草原恢复进程，但考虑恢复效果的同时，还要考虑投资成本。

（一）退化典型草原恢复的综合技术

轻度和中度退化典型草原（羊草草原）可采用封育的草原培育技术，投资少，简单易行，见效快。重度退化典型草原，以围栏为基础，补播优良牧草，建议优先考虑乡土物种和竞争优势明显的优良牧草种，增施化肥或有机肥，水源区使用有机肥，非水源区考虑使用化肥。水热条件较好的重度退化典型草原区，要么建立优质栽培草地生产基地，要么通过草原培育措施改良为优质草地。

（二）退化荒漠草原恢复的综合技术

宏观尺度上，生长季内实施大面积飞播种草，选择合适的草种和播区后，在下雨前后采用飞播种草，增加播区内牧草种子，促进退化荒漠草原的恢复。

中观尺度上，按照荒漠草原生境特征的分异性分别采用不同恢复策略。固定和半流动沙丘区，采用沙障阻沙带+抗寒性灌草。流动沙丘区在网围栏建设基础上，采用草方格技术，使之转变为固定沙丘，然后再采用沙障阻沙带+抗寒性灌草，分阶段采用不同恢复策略而实现流动沙丘区退化荒漠草原的恢复。沙地生境区，采用围栏实施控制下轮牧，水源较好地区建设高效益栽培草地，中草药生产转向人工栽培。

（三）退化草甸草原恢复的综合技术

中度退化草甸草原，特别是根茎禾草草原群落，经机引轻耙和浅耕翻后，容重下降，通气性增加，含水率和土壤肥力提高，土壤微生物活动增强，草甸草原植物群落结构改善，种类组成丰富，草群密度和高度增加。

重度退化草甸草原，首先应该在早春和晚秋这两个牧草生长发育的"敏感时期"实施禁牧或休牧，冬季辅助围栏封育，早春和晚秋间要合理轮牧，通过降低放牧率促进草甸草原恢复。重度退化草甸草原，可建立栽培草地，部分替代天然草甸草原供给饲草的功能，减轻天然草地的压力。

（四）退化高寒草甸和高寒草原恢复的综合技术

轻度和中度退化高寒草甸和高寒草原恢复的主要策略：一方面是围栏封育，另一方面是增加养分供给。

重度和"黑土型"退化高寒草甸和高寒草原是不可逆受损草地生态系统，只能通过建植人工和半人工栽培草地，才能恢复植被。适宜牧草品种有中华羊茅、西北羊茅、毛稃羊茅、紫羊茅、冷地早熟禾、星星草、紫野麦草、垂穗披碱草、多叶老芒麦，建立栽培草地的农艺技术要点包括灭鼠—翻耕—耙磨—撒播（或条播）—施肥—镇压等工序。人工撒播时每公顷播种量 25～30kg，而条播每公顷播种量为 15～25kg，行距 15～30cm，播深 2～3cm。高寒牧区适宜播种时期为 5 月下旬到 6 月中旬。播种时用羊粪作基肥，建植第 1～2 年要适当除草，且返青期禁牧。

三、草原矿区植被恢复技术

草原开矿主要分为矿区和尾矿库两大部分，针对对草原植被的影响不同应采用不同的恢复策略。

（一）草原矿区植被恢复技术

草原矿区植被恢复综合技术主要是"生物笆"，生物笆是利用当地生长灌木枝条等生物材料，人工编织成不同规格的长方形篱笆，由横辐、竖辐和四角的锚桩构成。制作完生物笆后，将其整体直接覆盖并固定于矿区排土场的栽植穴内，穴内植苗或直播绿化植物种子，即实现草原植被恢复。

（二）草原尾矿库植被恢复技术

尾矿库区植被恢复实质是在裸矿渣上建植栽培草地的过程，其既需要重建土壤，又需要种植牧草。应采用营养钵技术恢复草原尾矿库植被。恢复工艺包括：遴选合适草种→制作营养钵培育苗→移栽→破钵→补播。草种应是超强旱生性草种。温室内培育营养钵幼苗，然后尾矿库区集中炼苗，将营养钵幼苗移栽至尾矿库的矿渣上，连片排放，钵与钵间紧密接触。移栽后接着破钵，人工将营养钵四周划破，适当灌溉，让钵内土壤逐渐融合，随着营养钵自然解体，土壤连片为整体，本质上给矿渣上面覆盖了一层土壤。第 2 年和第 3 年根据幼苗成熟率，再次补播相关草种，增加植被盖度，逐渐恢复草原植被。

第三节　草原培育的生产潜力

一、天然草原区草原的初级生产力

我国天然草地类型共有 18 种，其中，热性草丛类的单产最高，高寒荒漠类的单产最低。每种草原类型面积不同，其产草量存在一定差异（表 2-6）。

表 2-6 中国草地类产草量统计表

类型	草地类名称	可利用面积/hm²	单产/（kg 干草/hm²）	总产草量/kg 干草	占全国总产比例/%
	全国	271 432 039	911	29 815×10⁷	100
1	温性草甸草原类	12 827 411	1 465	1 879×10⁷	6.30
2	温性草原类	36 367 633	889	3 233×10⁷	10.84
3	温性荒漠草原类	17 052 421	455	776×10⁷	2.60
4	高寒草甸草原类	6 011 528	307	184×10⁷	0.62
5	高寒草原类	35 439 220	284	1 006×10⁷	3.37
6	高寒荒漠草原类	7 752 078	195	151×10⁷	0.51
7	温性草原化荒漠类	9 140 926	465	425×10⁷	1.43
8	温性荒漠类	3 064 131	329	1 007×10⁷	3.38
9	高寒荒漠类	5 592 765	117	65×10⁷	0.22
10	暖性草丛类	5 853 667	1 643	962×10⁷	3.23
11	暖性灌草丛类	9 773 518	1 769	1 757×10⁷	5.89
12	热性草丛类	11 419 999	2 643	3 018×10⁷	10.12
13	热性灌草丛类	13 447 569	2 527	3 359×10⁷	11.27
14	干热稀树灌草丛类	639 429	1 770	113×10⁷	0.38
15	低地草甸类	21 038 409	1 730	3 740×10⁷	12.54
16	山地草甸类	14 923 439	1 648	2 459×10⁷	8.25
17	高寒草甸类	58 834 182	882	5 189×10⁷	1.65
18	沼泽类	2 253 714	2 183	492×10⁷	1.63

资料来源：廖国藩，1996

二、我国牧区栽培草地的牧草生产

我国地域广袤，不同牧区栽培草地建设技术体系具有因地制宜的分异性。

（一）北方牧区栽培草地牧草生产

北方地区栽培草地适宜建植的豆科牧草主要有紫花苜蓿、红豆草、沙打旺和箭筈豌豆等，禾本科牧草主要有无芒雀麦、燕麦、新麦草和冰草等。有些牧草适宜范围小，有些牧草适宜范围广。

（二）高寒牧区栽培草地牧草生产

青藏高原周边低海拔地区适宜种植的豆科植物有紫花苜蓿和箭筈豌豆，分布于甘肃天祝、夏河、肃南。主要适宜种植的禾本科植物有无芒雀麦、燕麦、细茎冰草。

播种方式有单播和混播。

（三）南方牧区栽培草地牧草生产

南方牧区适宜种植的豆科植物有紫花苜蓿。虽然紫花苜蓿在贵州南部、云南嵩明、上海、广西地区已获高产，但优良禾本科植物仍然是南方栽培草地建植的主力军，适宜的草种有无芒雀麦、燕麦、黑麦草和牛鞭草等。

利用牧区耕地种植优质牧草，建植高产栽培草地，能解决牧区冬春季饲草料不足的问题。既可选择胃排空较慢的禾本科牧草，维系家畜的膘情，又可选择富含蛋白质的豆科牧草，促进家畜的生产。单播的核心是选择适宜的牧草草种和品种，禾本科主要是燕麦，其适应范围广，而冰草、新麦草、无芒雀麦要么因适口性相对较差，要么因产量相对较低，而适应范围较窄。豆科牧草紫花苜蓿适应生境逐渐扩大，从传统的半湿润和半干旱地区已经拓展到高寒牧区和南方牧区，主要是因为其营养价值高，适口性好，持续利用时间长，具有逐渐替代红豆草和沙打旺的趋势。两种或两种以上牧草混播时，不同牧草的生育期和物候期不同，对收获时期的选择带来不可避免的影响，一般很难做到品质和产量兼顾。因此建议在病虫害易发生的地区建植混播草地，而在病虫害不易发生的地区建植单播草地。

三、草原培育的成本分析

不同草原培育措施投入的物质形式不同，且这种物质成本往往受市场的影响。以 2014 年各种草原培育所需的物质市场价格为例，核算草原培育的物质投入成本（表 2-7）。不同培育措施物质投入成本具有一定的差异性，这种差异主要来源于物质市场价格的差异。

表 2-7　草原培育措施的物质投入成本

培育措施	物质形式	每公顷成本/元
封育	围栏和水泥桩	2200～2500
施肥	尿素	200～750
补播	种子	300～800
划破	机械租赁和能源	1500～1600

草原培育成本包括物质投入和人力资源投入两个方面，其中人力资源投入成本受市场因素影响更大，不同季节人力资源投入成本差异很大。以 2014 年农民工成本核算，每天每人支付费用最低 200 元，不同草原培育措施人力资源成本投入具有明显的差异（表 2-8）。

表 2-8   草原培育措施的人力资源投入成本

培育措施	每公顷投入劳动力数/（人/天）	每公顷成本/元
封育	16～20	3200～4000
施肥	5～8	1000～1600
补播	20～25	4000～5000
划破	10～20	2000～4000

全国牧区草原培育的平均整体成本为，每公顷草原封育需要投入 5400～6500 元，施肥需要投入 1200～2350 元，补播需要投入 4300～5800 元，划破需要投入 3500～5600 元。

第四节　草原培育对牧户生产的作用——案例分析

一、对牧户生产的作用

（一）生产水平

内蒙古呼伦贝尔市、兴安盟、通辽市、鄂尔多斯市和巴彦淖尔市等地区，实施草原禁牧还草后，不同地区牧户生产水平的响应不一样，牧户购买优良品种、建造棚圈的成本和水电费等虽然有一定程度的增加，但牧民饲养牲畜的干草成本和自产饲料粮投入却降低（表 2-9）。

表 2-9   内蒙古部分地区退牧还草前后各项生产投入的变化情况（%）（李新，2006）

地区	处理	自产饲草料投入	购买饲草料投入	棚圈折旧	畜禽购买费	水电费	燃料费	配种费	防疫费	税收
呼伦贝尔市	实施前	37.01	14.02	7.64	6.50	6.18	4.94	0.57	22.79	0.35
	实施后	42.66	14.08	6.79	0	6.36	4.82	0.78	24.34	0.17
兴安盟	实施前	34.54	12.15	1.39	35.94	1.91	4.65	3.09	6.32	0
	实施后	31.63	24.39	1.71	22.06	2.42	6.77	4.32	6.70	0
通辽市	实施前	44.41	27.23	6.11	3.31	7.56	2.20	4.10	5.08	0
	实施后	44.74	19.87	7.23	9.07	6.70	2.11	4.74	5.50	0.05
鄂尔多斯市	实施前	48.25	15.70	5.54	1.81	7.83	14.18	1.07	4.50	1.10
	实施后	43.79	13.62	6.25	5.81	8.44	14.50	2.39	4.33	0.86
巴彦淖尔市	实施前	14.45	59.19	4.66	5.41	1.08	6.84	0	7.77	0.61
	实施后	12.74	42.92	7.31	11.95	5.90	10.13	0	8.87	0.20

（二）生产结构

内蒙古草原封育禁牧之前牧民家庭年均消费支出为 11 863 元，而草原封育禁牧后牧民家庭年均消费支出 22 002 元，提高了 85.47%（表 2-10）。

表 2-10 内蒙古草原封育禁牧前后牧户生活支出的变化（田晓艳，2011）

指标	2002 年/元	2009 年/元	增长率/%
口粮支出	2480	3643	46.90
肉蛋奶支出	900	1993	121.44
蔬菜水果支出	495	890	79.80
其他食物支出	461	916	98.70
生活水电支出	345	735	113.04
衣物支出	1205	2532	110.12
教育支出	2738	5145	87.91
医药费支出	1689	3362	99.05
其他生活支出	1550	2786	79.74

禁牧不仅促进了禁牧区养殖业的发展，还促进了当地商业的繁荣。例如，禁牧前内蒙古达尔罕茂明安联合旗（简称达茂旗）白音杭盖嘎查牧民商业意识不强，外出经商者更是寥寥无几，自实施全面禁牧以来，部分牧民因禁牧政策要求出栏牲畜而离开嘎查到旗所在地百灵庙镇等地，经营小规模的蒙餐馆、商店等。牧民外出务工的意识也明显提高了。例如，内蒙古达茂旗白音杭盖嘎查禁牧后牧民外出务工人员逐年增多，外出务工者的年龄主要集中于 30～55 岁（表 2-11）。

表 2-11 内蒙古达茂旗白音杭盖嘎查几户牧民外出务工情况（常山，2011）

户号	年龄/岁	文化程度	打工地点	工作	年收入/元	年支出/元	月薪/元	期限
1	31	高中	百灵庙	工业	4000	2000	1000	2005-5-1 至 2005-5-1
2	39	中专	百灵庙	幼儿园	2000	17 000	600	2009-3-15 至 2009-6-30
3	55	小学	百灵庙	建筑	不稳定	不稳定	1200	2008-7-1 至 2010-1-1
4	49	小学	百灵庙	建筑	5000	2000	600	2009-3-5 至 2010 7 7
5	35	小学	白云鄂博	不稳定	不稳定	不稳定	不稳定	2008-5-5 至 2010-5-6

内蒙古和宁夏等地，2002 年牧民家庭的年均总收入为 19 017 元，2009 年牧民家庭的年均总收入为 33 747 元，提高了 77.46%，其中增长速度最快的是打工收入，增加了 2.52 倍，但畜牧业收入比例下降了 14%（注：补贴不计算在内）（表 2-12）。

二、对区域产业的作用

畜牧业的地位

草原培育对畜牧业产值具有明显的促进作用。甘南青藏高原禁牧牧场生物量

表 2-12　内蒙古、宁夏、青海、新疆 331 个牧户收入变化情况（田晓艳，2011）

指标	2002 年或退牧前/元	2009 年/元	增长率/%
种植业总收入	1 840	3 165	72.01
畜牧业总收入	13 364	18 987	42.08
打工总收入	1 594	5 618	252.45
其他总收入	2 101	3 982	89.53
饲料粮补贴收入	118	1 995	1 590.68

提高 75kg/hm^2，休牧草原提高 30kg/hm^2，产草量增加 53 200 万 kg，直接经济效益增加 26 600 万元（李文卿等，2007）。甘南玛曲 82.7 万 hm^2 的高寒草甸类和 3.2 万 hm^2 的高寒沼泽类草地经过 4 年禁牧与休牧后，高寒草甸生产经济价值由对照区的 542.7 元/hm^2 增加到禁牧后的 658.7 元/hm^2 和休牧后的 702.7 元/hm^2，高寒沼泽类草地的生产经济价值由对照区的 603.8 元/hm^2 增加到禁牧后的 756.8 元/hm^2 和休牧后的 686.3 元/hm^2。4 年的禁牧使玛曲草地的生产经济价值提高了约 0.1 亿元，而休牧使生产经济价值提高了 0.13 亿元，分别提高了 21.55% 和 28.84%。

1999～2004 年，黄土高原安塞县退耕还草后每亩土地收入明显增加（表 2-13）。当坡度为 10°时，草地收入是耕地收入的 2 倍，坡度为 25°时是 2.5 倍，坡度为 30°时已高达约 3.3 倍。

表 2-13　不同坡度的耕地与相应坡度的草地收入比较（徐乾坤，2005）

指标	坡度			
	10°	15°	25°	30°
坡耕地草产量/（kg/亩）	125	85	60	30
坡耕地收入/（元/亩）	125	85	60	30
草地草产量/（kg/亩）	2.5	2.0	1.5	1.0
草地收入/（元/亩）	250	200	150	100

内蒙古通辽地区经过 2004～2010 年历时 7 年的退耕还草后，退耕地人工种草 52.53 万 hm^2，年产风干草以 6000kg/hm^2 计，可产 31.52 亿 kg。围封改良草地 33.33 万 hm^2，年产风干草以 1800kg/hm^2 计，达 6 亿 kg。风干草按 0.48 元/kg 计，37.52 亿 kg 风干草的直接年效益达 18.01 亿元，可以饲喂 514.0 万羊单位草食家畜，按 300.0 元/羊单位计，草食家畜的年产值达 15.42 亿元（孙德成和张志英，2005）。

三、经济效益与分析

（一）草原培育提高了草原生产力

封育增加了典型草原、草甸草原、荒漠草原和高寒地区草地的地上生物量，增加幅度为30%～80%、20%～50%、34%～120%和15%～70%，然而封育后草原生物量增加并不是随着封育年限的增加而增加的，达到适宜封育时间后生物量下降或保持相对稳定。施肥能够明显增加草原生产力，增施1kg硝酸铵使典型草原的生物量增加了41.2kg，而增施1kg尿素使荒漠草原生物量增加了16.7kg。补播使草甸草原、荒漠草原、典型草原和高寒草甸生物量分别增加了489%、5%～25%、54%和133%～144%。

（二）草原培育经济效益的案例分析——高寒牧区草原培育的经济效益

草原培育经济效益明显，如甘肃东祁连山高寒地区，建植混播和单播栽培草地，以及封育天然草原时，每公顷年净收入差异较大（表2-14），其中建植多年生混播栽培草地效益最高，燕麦栽培草地效益次之，未封育最低。每公顷混播草地面积的净收益高达5050元/a，比燕麦草地高出335元/a，比封育天然草地

表 2-14　甘肃天祝县每公顷草原培育措施经济效益（董世魁等，2012）

投入及产出		多年生栽培草地	燕麦地	封育天然草地	未封育天然草地
物化劳动投入/元	草种	1 800	2 700	0	0
	化肥	1 500	1 500	0	0
	农药	405	405	405	405
	草地基本建设费	150	150	600	600
	总计/元	3 855	4 755	1 005	1 005
活动投入/工日	畜力、机械耕种	30	90	0	0
	除草（农药）、施肥	18	12	0	0
	灌水	15	15	15	15
	割草、打种	45	23	23	0
	放牧	0	0	0	270
	总计/工日	108	140	38	285
资金折算/元		1 620	2 100	570	4 275
总投入/元		5 475	6 855	1 575	5 280
收获干草量/kg	干草产量	20 250	42 000	11 790	8 730
	籽实产量	21 000	0	0	0
	收获畜产品	0	0	0	4 320
	总收获干草量/kg	41 250	42 000	11 790	13 050
资金折算/元		20 625	21 000	5 895	6 525
总产投比		3.8	3.1	3.7	1.2
成本利润率		5.4	4.4	5.9	6.5
劳动生产率/（元/工时）		12.7	10	10.3	1.4
年总收入/草地面积/[元/（hm²·a）]		6 875	7 000	1 965	2 535
年净收入/草地面积/[元/（hm²·a）]		5 050	4 715	1 440	775

高出 3610 元/a，比未封育天然草地高出 4275 元/a，而封育天然草原每公顷的净
收益为 1440 元/a。

四、我国草原培育的增产潜力预测

我国不同草原培育均能够增加草原生产力和家畜承载力，并存在巨大增产潜
力。我国应用面积最大的草原培育措施——封育（退牧还草的禁牧政策）的增产
潜力并不是很大，增产幅度为 20%～120%，按照生态系统能量传递规律，封育
增加家畜生产能力的幅度为 2%～12%。补播+封育天然草原的效益是封育草原效
益的 2 倍以上，建议封育时增加补播措施，以增加其效益。

天然草原培育虽然能够增产，但较栽培草地而言，其增长幅度较小。栽培草
地效益是天然草地的 4～5 倍。根据澳大利亚和美国畜牧业发展经验，栽培草地
每增加 1%，可以使天然草地生产力增加 4%。当栽培草地达到 10%时，天然
草地整体生产力可能提高 1 倍。按此标准，我国可利用草地面积为 2.67 亿 hm^2，
需要栽培草地 2670 万 hm^2。目前，我国栽培草地面积占天然草地面积的比例不
到 5%，因此培育牧区天然草地的同时，大面积建植栽培草地，可使我国目前草
地整体生产力增加 1 倍。

南方天然草地的开发利用促进了草地生产力的提高，改良后的草地载畜量提
高了 1～3 倍，平均每 0.1～0.15 hm^2 即可饲养 1 绵羊单位，低于北方草区的 0.2 hm^2。
南方栽培草地产量比天然草地要提高 5～10 倍。江西千烟洲红壤丘陵综合开发试
验区多年的试验证明，栽培草地每年最低可获得 12.5 t/hm^2 的青干草产量，高者
可达 45 t/hm^2，平均可饲养 2.5 牛单位/hm^2。

参 考 文 献

阿不力孜, 张磊, 张希山, 等. 2009. 普通红豆草品种区域比较试验研究. 草原与草坪, (2): 51-56.
包成兰, 张世财. 2003. 五种高禾草在高寒地区生产性状的比较. 草业科学, 20(8): 31-33.
包成兰, 张世财. 2008. 高寒地区几种燕麦品种生产特性比较. 草业科学, 25(10): 144-147.
包兴国, 舒秋萍, 刘生战. 1996. 红豆草引种筛选试验研究. 草与畜研究, (2): 10-12.
宝音陶格涛, 刘美玲, 包青海, 等. 2011. 氮素添加对典型草原区割草场植物群落结构及草场质量指数
　　的影响. 草业学报, 20(1): 7-14.
蔡小艳, 赖志强, 姚娜, 等. 2014. 广西适生紫花苜蓿品种遴选试验. 上海畜牧兽医通讯, (2): 44-45.
曹国顺, 马隆喜, 夏燕. 2012. 甘肃夏河高寒牧区紫花苜蓿引种试验. 草业科学, 29(4): 636-639.
曹宏, 章会玲, 盖琼辉, 等. 2011. 22 个紫花苜蓿品种的引种试验和生产性能综合评价. 草业学报, 20(6):
　　219-229.
曹仲华, 魏军, 杨富裕, 等. 2007. 西藏山南地区箭筈豌豆与丹麦 "444" 燕麦混播效应的研究. 西北农
　　业学报, 16(5): 67-71.
常根柱, 李世航. 1991. 燕麦与箭筈豌豆在甘肃卓尼的混播试验. 草业科学, 8(6): 65-66.

常根柱, 杨志强, 杨红善. 2009. 美国蓝茎冰草、中间偃麦草、高冰草引种试验. 草业科学, 26(3): 68-71.

常山. 2011. 全面禁牧对牧民生产生活方式的影响调查研究. 呼和浩特: 内蒙古师范大学硕士学位论文.

陈芙蓉, 程积民, 于鲁宁, 等. 2011. 封育和放牧对黄土高原典型草原生物量的影响. 草业科学, 28(6): 1079-1084.

陈全功. 1999. 西南岩溶山区的农牧业生产力. 资源科学, 21(5): 76-80.

陈亚明, 李自珍, 杜国祯. 2004. 施肥对高寒草甸植物多样性和经济类群的影响. 西北植物学报, 24(3): 424-429.

陈裕祥, 杰布, 拉巴, 等. 2002. 西藏高原优质牧草引种试验研究报告. 西藏科技, (8): 40-48.

陈子萱, 田福平, 武高林, 等. 2011. 补播禾草对玛曲高寒沙化草地各经济类群地上生物量的影响. 中国草地学报, 33(4): 58-62.

邓菊芬, 崔阁英, 王跃东, 等. 2012. 云南省巧家县尖山社岩溶石漠化地区草畜平衡研究. 云南畜牧兽医, (2): 1-4.

丁磊磊, 王普昶, 杨胜林, 等. 2014. 不同围封年限贵州中部暖性草丛草地的特征变化. 贵州农业科学, 42(5): 171-175.

丁远华, 王思才. 2005. 喀斯特山区禾本科牧草品种比较试验. 四川草原, (9): 25-27.

董世魁, 胡自治, 龙瑞军. 2002. 混播多年生禾草在高寒地区退化草地植被恢复和重建中的地位和作用//中国国际草业发展大会暨中国草原学会第六届代表大会会议论文集: 99-104.

董世魁, 胡自治, 龙瑞军, 等. 2012. 高寒地区混播多年生禾草对草地植被状况和土壤肥力的影响及其经济价值分析. 水土保持学报, 16(3): 98-101.

董世魁, 蒲小朋, 马金星, 等. 2001. 甘肃天祝高寒地区燕麦品种生产性能评价. 草地学报, 9(1): 44-49.

董昭林, 谢红旗, 陈琴, 等. 2013. 甘孜州草地生态退化现状及治理对策. 草业与畜牧, (5): 58-60.

范月君. 2013. 围栏与放牧对三江源区高山嵩草草甸植物形态、群落特征及碳平衡的影响. 兰州: 甘肃农业大学博士学位论文.

冯忠心, 周娟娟, 王欣荣, 等. 2013. 补播和划破草皮对退化亚高山草甸植被恢复的影响. 草业科学, 30(9): 1313-1319.

高加安, 刘铜, 索涣华, 等. 1988. 吉林西部羊草草原氮肥合理施量的研究. 中国草地, (5): 68-71.

高小叶, 侯扶江. 2011. 浅析青藏高原向黄土高原过渡的农业系统结构和经济特征——以夏河-渭源-通渭样带为例. 草业科学, 28(8): 1556-1560.

郭海明, 于磊, 林祥群. 2009. 新疆北疆绿洲区4个紫花苜蓿品种生产性能比较. 草业科学, 26(7): 72-76.

郭雅婧, 薛冉, 李春涛, 等. 2014. 青藏高原草畜供求的月际平衡模式研究. 中国草地学报, 36(2): 29-35.

郭延平, 贾丛生, 徐生志. 1998. 宁夏中卫南山台开发区红豆草引种试验. 草与畜杂志, (4): 19-20.

郭正刚, 工锁民, 梁天刚, 等. 2004. 草地资源分类经营初探. 草业学报, 13(2): 1-6.

郭正刚, 张自和, 王锁民, 等. 2003. 不同紫花苜蓿品种在黄土高原丘陵区适应性的研究. 草业学报, 12(4): 45-50.

韩春梅. 2012. "雅安"扁穗牛鞭草在温江地区的引种栽培研究. 种子, 31(9): 120-122.

何亚丽, 常青, 陈鲁勇, 等. 2004. 上海地区高产优质紫花苜蓿品种的筛选. 草业科学, 21(9): 25-32.

洪绂曾, 王元素. 2006. 中国南方人工草地畜牧业回顾与思考. 中国草地学报, 28(2): 71-75.

侯扶江, 肖金玉, 南志标, 等. 2002. 黄土高原退耕地的生态恢复. 应用生态学报, 13(8): 923-929.

侯扶琴, 徐磊, 侯扶江. 2010. 近50年全球家畜生产分析. 草业科学, 27(1): 130-135.

侯建杰. 2013. 高寒牧区燕麦青干草品质的影响因素研究. 兰州: 甘肃农业大学硕士学位论文.

黄德林, 王济民. 2004. 我国牧区退牧还草政策实施效用分析. 中国农学通报, 20(1): 106-109.

霍成君, 韩建国, 洪绂曾, 等. 2000. 刈割期和留茬高度对新麦草产草量及品质的影响. 草地学报, 8(4): 319-327.

姬万忠, 赵旭, 刘慧霞, 等. 2012. 不同紫花苜蓿品种在青藏高原高寒地区的适应性. 草业科学, 29(7):

1137-1141.

贾宏涛, 蒋平安, 赵成义, 等. 2009. 围封年限对草地生态系统碳分配的影响. 干旱地区农业研究, 27(1): 33-36.

贾纳提, 郭选政, 朱昊, 等. 2009. 2 种引进优良冰草的区域试验. 草业科学, 26(4): 43-49.

蒋文兰, 瓦庆荣, 吴明强. 1996. 贵州岩溶山区绵羊宿营法改良天然草地综合效果的研究. III. 改良草地的技术、生态、经济效果研究. 草业学报, 5(1): 31-36.

康俊梅, 杨青川, 郭文山, 等. 2010. 北京地区 10 个紫花苜蓿引进品种的生产性能研究. 中国草地学报, 32(6): 5-10.

李飞, 禹朴家, 神祥金, 等. 2014. 退化草地补播草木樨、黄花苜蓿的生产力和土壤碳截获潜力. 草业科学, 31(3): 361-366.

李佶恺, 孙涛, 旺扎, 等. 2011. 西藏地区燕麦与箭筈豌豆不同混播比例对牧草产量和质量的影响. 草地学报, 19(5): 830-833.

李军保, 朱进忠, 吐尔逊娜依·热依木江, 等. 2007. 围栏封育对昭苏马场春秋草场植被恢复的影响. 草原与草坪, (6): 45-48.

李克昌, 杨发林, 辛健. 2004. 禁牧封育与宁夏草原畜牧业可持续发展初探//中国草业可持续发展战略——中国草业可持续发展战略论坛论文集: 205-207.

李禄军, 于占源, 曾德慧, 等. 2010. 施肥对科尔沁沙质草地群落物种组成和多样性的影响. 草业学报, 19(2): 109-115.

李禄军, 曾德慧, 于占源, 等. 2009. 氮素添加对科尔沁沙质草地物种多样性和生产力的影响. 应用生态学报, 20(8): 1838-1844.

李瑞, 张克斌, 王百田, 等. 2007. 农牧交错带不同封育时间对植物特征值及多样性的影响. 干旱区资源与环境, 21(7): 106-110.

李文卿, 胡自治, 龙瑞军, 等. 2007. 甘肃省退牧还草工程实施绩效、存在问题和对策. 草业科学, 24(1): 1-6.

李希来. 1994. 高寒草甸草地在全封育下的植物量变化. 青海畜牧兽医杂志, 24(4): 9-11.

李侠. 2014. 封育对宁夏荒漠草原土壤有机碳及团聚体稳定性的影响. 银川: 宁夏大学硕士学位论文.

李新. 2006. 退牧还草项目对内蒙古牧民收益影响的实证研究. 农业技术经济, (3): 63-68.

李银鹏, 季劲钧. 2004. 内蒙古草地生产力资源和载畜量的区域尺度模式评估. 自然资源学报, 19(5): 610-616.

李赟. 2009. 长期围封对亚高山草地土壤和植被的影响. 乌鲁木齐: 新疆农业大学硕士学位论文.

梁晓东, 贾永红, 曾潮武, 等. 2011. 新疆裸燕麦引进筛选及评价. 新疆农业科学, 48(12): 2171-2175.

廖国藩. 1996. 中国草地资源. 北京: 中国科学技术出版社.

刘美玲, 宝音陶格涛, 杨持. 2007b. 施用磷酸二胺对典型草原区割草地植物群落组成及草场质量的影响. 农业环境科学学报, 26(1): 350-355.

刘美玲, 宝音陶格涛, 杨持, 等. 2007a. 添加氮磷钾元素对典型草原区割草地植物群落组成及草地质量的影响. 干旱区资源与环境, 21(11): 131-135.

刘兴元. 2008. 新疆阿勒泰牧区草地资源分类经营机制与可持续发展研究. 兰州: 甘肃农业大学硕士学位论文.

刘兴元, 冯琦胜, 梁天刚, 等. 2010. 甘南牧区草地生产力与载畜量时空动态平衡研究. 中国草地, 32(1): 99-106.

刘雪明, 聂学敏. 2012. 围栏封育对高寒草地植被数量特征的影响. 草业科学, 29(1): 112-116.

刘振恒, 武高林, 杨林平, 等. 2009. 黄河上游首曲湿地保护区退牧还草效益分析. 草原与草坪, (3): 69-72.

马春晖, 韩建国. 2001. 高寒地区种植一年生牧草及饲料作物的研究. 中国草地, 29(2): 49-56.

马春晖, 韩建国, 张玲. 2001. 高寒地区一年生牧草混播组合的研究. 中国草食动物, (4): 36-38.

马殿福. 1985. 沙打旺和草木樨喂畜与压青经济价值比较. 山西农业科学, (2): 24.

马国秀, 王玉松, 何莉, 等. 2004. 阿坝县畜群结构调整的探讨. 四川草原, (12): 52-53.

马海波, 仲春连, 赵青雷, 等. 1998. 阿拉善天然草地资源及其发展畜牧业的主要途径. 中国草地, (1):
　　57-61.

马维国. 2010. 甘肃河西走廊引进紫花苜蓿适应性试验. 中国草地学报, 32(5): 24-28.

马玉宝, 徐柱, 李临杭. 2008. 旱作条件下不同来源无芒雀麦引种试验. 草业与畜牧, (11): 19-21.

马玉宝, 闫伟红, 王凯, 等. 2013. 4 种国外禾草引种试验研究. 草业与畜牧, (6): 22-25.

孟季蒙, 尹君亮. 2006. 新疆昭苏草原围栏封育效果研究. 甘肃农业大学学报, 41(2): 62-64.

苗福泓, 郭雅婧, 缪鹏飞, 等. 2012. 青藏高原东北边缘地区高寒草甸群落特征对封育的响应. 草业学
　　报, 21(3): 11-16.

莫本田, 张建波, 张文, 等. 2010. 48 个紫花苜蓿品种在贵州南部的适应性研究. 贵州农业科学, 38(9):
　　155-159.

莫兴虎, 许化林, 帅国会. 2005. 扁穗牛鞭草在黔东南州的引种试验. 贵州畜牧兽医, 29(3): 3-4.

努尔地别克·白山巴依. 2012. 浅谈伊吾县畜牧业发展与草畜平衡. 新疆畜牧业, (6): 35-37.

齐凤林, 王文成, 朱国兴, 等. 1997. 低产沙地草地施肥研究. 草业科学, 14(2): 65-67.

邱波, 罗燕江, 杜国祯. 2004. 施肥梯度对甘南高寒草甸植被特征的影响. 草业学报, 13(6): 65-68.

任继周. 1999. 中国南方草地现状与生产潜力. 草业学报, 8(1): 23-31.

任继周, 沈禹颖. 1990. 我国草地资源面临的生态危机及对策. 农业现代化研究, 11(3): 9-12.

戎郁萍, 韩建国, 王培, 等. 2000. 刈割强度对新麦草产草量和贮藏碳水化合物及含氮化合物影响的研
　　究. 中国草地, (2): 28-34.

洒文君. 2012. 青藏高原高寒草地生产力及载畜量动态分析研究. 兰州: 兰州大学博士学位论文.

单贵莲, 薛世明, 陈功, 等. 2012. 季节性围封对内蒙古典型草原植被恢复的影响. 草地学报, 20(5):
　　812-818.

施建军, 马玉寿, 董全民, 等. 2007. "黑土型"退化草地人工植被施肥试验研究. 草业学报, 16(2): 25-31.

石红梅, 普华才让, 杨勤, 等. 2011. 甘南藏羊羊群结构调整刍议. 畜牧与兽医, 43(6): 104-105.

舒思敏, 杨春华, 陈灵鸷. 2011. 补播豆科牧草对扁穗牛鞭草地的影响. 草业科学, 28(6): 1041-1043.

孙鏖, 傅胜才, 张佰忠, 等. 2013. 湖南冬闲旱地不同燕麦品种生产性能的初步分析. 草地学报, 21(1):
　　123-126.

孙德成, 张志英. 2005. 通辽地区已垦草原现状与退耕还草效果分析. 草业科学, 22(3): 65-67.

孙祥贵. 1991. 亚热带地区的优良牧草——扁穗牛鞭草. 江西畜牧兽医杂志, (2): 47-49.

孙银良, 周才平, 石培礼, 等. 2014. 西藏高寒草地净初级生产力变化及其对退牧还草工程的响应. 中
　　国草地学报, 36(4): 5-12.

田福平, 时永杰, 周玉雷, 等. 2012. 白璐燕麦与箭筈豌豆不同混播比例对生物量的影响研究. 中国农
　　业通报, 28(20): 29-32.

田晓艳. 2011. 退牧还草政策对我国牧民生活的影响. 中国草地学报, 33(4): 1-4.

万秀莲, 张卫国. 2006. 划破草皮对高寒草甸植物多样性和生产力的影响. 西北植物学报, 26(2):
　　377-383.

王长庭, 王根绪, 刘伟, 等. 2013. 施肥梯度对高寒草甸群落结构、功能和土壤质量的影响. 生态学报,
　　33(10): 3103-3113.

王鹤龄, 牛俊义, 郑华平, 等. 2008. 玛曲高寒沙化草地生态位特征及其施肥改良研究. 草业学报, 17(6):
　　18-24.

王莉, 王志刚. 2012. 吉木乃县天然草地资源调查评价. 新疆畜牧业, (10): 21-25.

王明蓉, 罗富成, 毛华明. 2008. 20 种多年生牧草在昆明两县的引种试验. 西南农业学报, 21(1): 39-42.

王炜, 梁存柱, 刘钟龄, 等. 2000. 草原群落退化与恢复演替中的植物个体行为分析. 植物生态学报, 24(3): 268-274.

王炜, 刘钟龄, 郝敦元, 等. 1997. 内蒙古退化草原植被对禁牧的动态响应. 气候与环境研究, 2(3): 236-240.

王先华, 金慧, 文玉兴. 2009. 贵州岩溶地区牧草引种和栽培研究. 江苏农业科学, (4): 267-269.

王旭, 曾昭海, 胡跃高, 等. 2009. 燕麦间作箭筈豌豆效应对后作产量的影响. 草地学报, 17(1): 63-69.

魏秀芬, 李良, 张巧利. 2014. 我国奶牛养殖业成本收益分析及建议. 中国奶牛, (): 28-33.

夏晓平, 李秉龙, 隋艳颖. 2010. 中国畜牧业生产结构的区域差异分析——基于资源禀赋与粮食安全视角. 资源科学, 32(8): 1592-1600.

肖天放. 1997. 贵州高原人工草地绵羊畜群结构的研究. 福建农业大学学报, 26(4): 461-464.

邢廷铣. 2002. 我国南方草地资源开发利用模式的探讨. 草业科学, 19(5): 1-5.

徐斌, 杨秀春, 金云翔, 等. 2012. 中国草原牧区和半牧区草畜平衡状况监测与评价. 地理研究, 31(11): 1998-2006.

徐海, 石红梅, 杨勤, 等. 2013. 甘南牦牛牛群结构调查. 畜牧兽医学杂志, 32(3): 65-66.

徐乾坤. 2005. 黄土高原坡耕地退耕还草效益分析——以安塞县为例. 矿业科学技术, (2): 31-34.

鄢燕, 刘淑珍. 2003. 西藏自治区那曲地区草地资源现状与可持续发展. 山地学报, 21(B12): 40-44.

闫瑞瑞, 辛晓平, 杨桂霞, 等. 2010. 呼伦贝尔谢尔塔拉牧场草地资源及载畜状况分析. 干旱区资源与环境, 24(11): 155-160.

闫旭文. 2012. 退牧还草工程对甘肃省碌曲县草地畜牧业的影响. 兰州: 兰州大学硕士学位论文.

颜红波, 周青平. 2005. 青海省牧草种质资源现状及保护与利用设想. 青海草业, 14(1): 36-60.

杨春华, 李向林, 张新全, 等. 2004. 秋季补播多花黑麦草对扁穗牛鞭草草地产量、质量和植物组成的影响. 草业学报, 13(6): 80-86.

杨金波, 刘德福, 色勒扎布. 1996. 乌拉盖牧场畜种及畜群结构优化模型. 内蒙古农牧学院学报, 17(2): 47-54.

杨晓霞, 任飞, 周华坤, 等. 2014. 青藏高原高寒草甸植物群落生物量对氮、磷添加的响应. 植物生态学报, 38 (2): 159-166.

杨正礼, 杨改河. 2000. 中国高寒草地生产潜力与载畜量研究. 资源科学, 22(4): 72-77.

杨苗萌, 闵继淳, 李淑平, 等. 1992. 奇台无芒雀麦品种比较试验. 八一农学院学报, 15(3): 41-47.

叶瑞卿, 黄必志, 邓菊芬, 等. 2008. 云南岩溶地区不同草地利用方式的经济与水保效应. 草业科学, 25(5): 1-9.

易杨杰, 张新全, 尚以顺, 等. 2007. 7 个禾草品种(系)在川西南的适应性研究. 安徽农业科学, 35(9): 2627-2628.

殷国梅, 张英俊, 王明莹, 等. 2014. 短期围封对草甸草原群落特征与物种多样性的影响. 中国草地学报, 36(3): 61-66.

殷振华, 毕玉芬, 李世玉. 2008. 封育对云南退化山地草甸植物种类及盖度的影响. 草业科学, 25(12): 18-22.

尹俊, 孙振中, 魏巧, 等. 2008. 云南牧草种质资源研究现状及前景. 草业科学, 25(10): 88-94.

英陶. 2008. 沙打旺在巴音郭勒地区的适应性研究. 草业与畜牧, (9): 9-10.

于化英, 李红, 毛小涛, 等. 2011. 黑龙江西部地区无芒雀麦引种试验. 畜牧与饲料科学, 32(11): 70-71.

余晓华, 赵钢, 潘全山, 等. 2011. 广州地区冬种黑麦草品种综合生产性能的 AHP 评价. 仲恺农业工程学院学报, 24(1): 10-14.

余有成, 阴明亮, 康振宏, 等. 2006. 陕西关中农区引进紫花苜蓿品种生产性能研究初报. 中国草食动物, 26(5): 45-47.

云锦凤, 王勇, 徐春波, 等. 2006. 新麦草新品系生物学特性及生产性能研究. 中国草地学报, 28(5): 1-7.

张冬玲, 刘建宁, 王运琦, 等. 2010. 山西省中部地区紫花苜蓿引种试验. 中国草食动物, 30(5): 43-46.

张健. 2010. 重庆低海拔区牧草引种试验报告. 草业与畜牧, (4): 13-15.

张杰琦, 任正炜, 杨雪, 等. 2010. 氮素添加对青藏高原高寒草甸植物群落物种丰富度及其与地上生产力关系的影响. 植物生态学报, 34(10): 1125-1131.

张瑞珍, 张新跃, 何光武, 等. 2006. 四川高寒牧区紫花苜蓿引进品种的筛选. 草业科学, 23(4): 43-45.

张文淑, 苏加楷. 1993. 24 份加拿大牧草品种引种试验. 草业科学, 10(4): 7-8.

张新时, 李博, 史培军. 1998. 南方草地资源开发利用对策研究. 自然资源学报, 13(1): 1-7.

张学文. 2013. 宁南干旱半干旱区多年生冰草引种试验研究. 内蒙古农业科技, (5): 48.

张学州, 顾祥, 李学森, 等. 2009. 天山西部草原牧区家庭牧场配套技术示范. 草食家畜, (4): 18-21.

张耀生, 周兴民, 王启基. 1998. 高寒牧区燕麦生产性能的初步分析. 草地学报, 6(2): 115-123.

张永超, 牛得草, 韩潼, 等. 2012. 补播对高寒草甸生产力和植物多样性的影响. 草业学报, 21(2): 305-309.

赵德华, 周青平, 颜红波, 等. 2012. 4 份无芒雀麦在高寒地区的生产性能评价. 草业科学, 29(5): 775-779.

赵菲, 谢应忠, 马红彬, 等. 2011. 封育对典型草原植物群落物种多样性及土壤有机质的影响. 草业科学, 28(6): 887-891.

赵聘, 潘琦, 丁国志. 2007. 畜禽生产技术. 北京: 中国农业大学出版社.

赵旭, 韩天虎, 孙琼, 等. 2013. 甘南藏区放牧制度及其时效性评价. 草业科学, 30(12): 2077-2083.

郑曦. 2013. 江淮地区不同燕麦种质的适应性评价及遗传差异分析. 扬州: 扬州大学硕士学位论文.

周玉雷, 李征, 曹致中. 2004. 几种加拿大多年生牧草在甘肃景泰的引种试验. 甘肃农业大学学报, 39(3): 336-340.

朱新萍, 贾宏涛, 蒋平安, 等. 2012. 长期围栏封育对中天山草地植物群落特征及多样性的影响. 草业科学, 29(6): 989-992.

左万庆, 王玉辉, 王风玉, 等. 2009. 围栏封育措施对退化羊草草原植物群落特征影响研究. 草业学报, 18(3): 12-19.

Nan Z B. 2005. The grassland farming system and sustainable agricultural development in China. Japanese Society of Grassland Science, 51: 15-19.

Wu G L, Ren G H, Dong Q M, et al. 2014. Above-and below ground response along degradation gradient in an Alpine Grassland of the Qinghai-Tibetan Plateau. CLEAN–Soil, Air, Water, 42(3): 319-323.

第三章　草原牧区草畜耦合及模式优化

第一节　草原牧区草畜耦合系统分析

一、牧户层次结构与功能分析

1. 牧户生产经营系统的基本属性

在中国现有的草地利用格局下，牧户生产经营系统（household production and management system）是草地农业生态系统（agro-grassland ecosystem）的最小完整单元（李西良等，2013b），了解其发生过程需要追踪中国草地农业的演变轨迹。中国农业起源于以伏羲氏为代表的草地畜牧业时代（任继周，2004），随着历史的演进，不同地区的农业发展模式逐渐分化，其中，气候的分异是导致农业发展模式分化的一个重要因素（杨庭硕，2007），在我国相对湿润的地区，逐步演变进入了以籽粒生产为主导的神农氏时代（任继周，2004），而在干旱半干旱的草原地区，形成了逐水草而居的游牧利用方式（王建革，2006）。

数千年来，中国草原地区的放牧利用方式，先后经历了游牧、定居游牧、定居移牧、定居等的变迁，游牧半径逐渐缩小（王建革，2006），进入 20 世纪 80 年代以来，最终为定居放牧所取代，牧户成为中国草原资源利用与保护的基本单元，这改变了中国草原上几千年的生产经营格局，形成了牧户生产经营系统（李西良等，2013b）。

既然牧户生产经营系统是草地农业生态系统的最小完整单元，那么，认识牧户生产经营系统，必须追踪草地农业生态系统的基本结构。草地农业生态系统是草原自然生态系统经由人类劳动加以农业化的过程和结果（任继周，2004），由土、草、畜、人等要素构成，包含社会、生物、非生物 3 类因子群，前植物生产层、植物生产层、动物生产层和后生物生产层 4 个生产层，草丛-地境（A）、草地-动物（B）、草畜-经营（C）3 个界面，具有多维结构（任继周和侯扶江，2010），是通过系统发育而进化完成的复合生态系统。任继周等（2000）在草业生产层理论的基础上，全面阐释了草业系统的界面理论，认为草丛-地境（A）、草地-动物（B）与草畜-经营（C）界面将草地农业的前植物生产层、植物生产层、动物生产层和后生物生产层连缀形成完整的草地农业生态系统。

多尺度是草地农业生态系统的基本特征，具有时间尺度、空间尺度与组织尺度的分异性，草丛-地境系统、草地-动物系统、草畜-经营系统是其在不同组织尺度的表现，但从草地农业生态系统结构与功能的完整性来看，唯有发展到草畜-经营这一组织尺度，才算完成了草地农业生态系统的全部过程。在中国当前的草原利用格局下，草地农业生态系统的空间尺度明显地带有对行政区划的依赖性，其中，随着草原被划分到户，形成了牧户生产经营系统，它具备一定的草原资源、动态变化的牲畜群体、相对固定的地理空间，以及具有独立决策权的经营主体，因而，它是草地农业生态系统的最小完整单元，完成了 3 个界面的全部生态学过程，若空间尺度与组织尺度继续缩小，草畜-经营界面过程将不复存在（李西良等，2013b）。

在牧户这一独立单元中，气候、草原、牲畜、经营者等因子之间具有互作、制衡与决定关系，在畜牧经营活动中形成各因子间的互作与适应机制，经营者是调控草畜平衡关系的最活跃因素（侯向阳等，2013）。总体而言，这些相互作用与适应的过程具有复合性，既有经济社会属性，又有自然生态属性，因此，这一系统可被称为牧户生产经营系统，其主要过程发生于草地农业生态系统的草畜-经营界面，并在一定的地理空间范围内，具有相对的结构与功能特征的完整性，同时又保持着与外界的物质、能量交换，是一个开放的复合生态系统（李西良等，2013b）。

复合生态系统理论由马世骏和王如松于 1984 年最早提出，经过几十年的发展与完善，在城市复合生态系统、农林复合生态系统等方面取得了许多理论突破，其理论核心是生态整合，通过结构整合和功能整合，协调各子系统及其内部组分的耦合关系，实现复合生态系统的可持续发展（王如松和欧阳志云，2012）。牧户生产经营系统的发生与演化遵循复合生态系统理论，同时也具有其独特性。

结构组成、信息传导、功能响应是牧户生产经营系统的主要发生学要素，其核心过程是在经济、生态等原则的驱动下，经营者根据气候年际波动、年内动态了解气候变化对草原资源及牲畜生产的干扰情况，通过功能反馈，采取各种适应性措施去调节草、畜间的物质、能量平衡关系，优化牧户生产经营系统的结构组成，进而促使系统功能发挥，使得系统的农业产出最大化。在此过程中，经营者是系统的关键调节因子，值得注意的是，环境感知是响应策略产生的重要信息途径，影响了牧户的决策过程（李西良等，2012）。

牧户生产经营系统的基本结构包括气候环境、草原资源、家畜生产、人类经营 4 个主要因子，其中，水热气候因子具有相对稳定的年内时间节律，而在年际之间，又表现出较强的波动特征，草原资源的丰歉主要受气候因子调控（Craine et al.，2012），因此，家畜需求的稳定性常与草原供给的波动性产生矛盾，其平衡过程与耦合途径的实现在于人类经营因子的调节（李西良等，2013b）。

结构组成是功能响应的基础，但信息传导的作用也不可忽视。在牧户这一地理单元实体内，气候环境、草原资源、家畜生产、人类经营之间表现出自然与社会属性的耦合作用，形成了一个与外界有物质、能量交换的开放生态系统，经营者需要适应气候、草地、家畜资源的时空变异。因此，牧户生产经营系统的功能主要包括物质循环、能量流动、信息传导、适应调节，使风险最小化，产出最大化，并能持续地利用（李西良等，2013b）。

2. 草地子系统的结构分析

中国草地资源呈现明显的空间异质性，受水热等气候因子的影响，表现出显著的地带性分布特征；同时，由于受到人类活动干扰、全球气候变化等诸多因素的影响，中国草地资源又表现出强烈的时间异质性的格局（侯向阳，2013）。北方温带草地主要受降水因子的制约，自东向西分别过渡出现草甸草原、典型草原、荒漠草原、草原化荒漠和荒漠等草地类型；在东南季风区，气候湿润，热量充足，自北向南依次出现林缘草甸、暖性灌草丛、热性灌草丛、干热稀树灌草丛等草地类型；青藏高原的隆起，使之形成一个独立的高原体系，自东向西水分减少，由东南部的高寒草甸，逐步向西北演变为高寒草甸草原、高寒草原、高寒荒漠草原、高寒荒漠等草地类型（廖国藩和贾幼陵，1996）。

从面积看，中国草地主要分布在北方干旱地区、半干旱地区和青藏高原地区（朴世龙等，2004）（表 3-1）。西藏、内蒙古、新疆分别居第一位、第二位和第三位，分别占中国草地面积的 25.0%、21.1% 和 13.4%；而从区域内草地地上部的总生物量大小来看，内蒙古、西藏、青海分别居第一位、第二位和第三位，分别为全国的 20.1%、15.6% 和 14.2%；此外，在中国各主要省（自治区、直辖市）中，黑龙江是草地地上生物量密度最高的地区，而宁夏最低。尽管新疆草地面积占全国草地面积的 13.4%，但由于该地区主要分布着温性荒漠类和温性草原化荒漠类，因此其地上总生物量不到全国的 10%。

表 3-1 我国各省（自治区、直辖市）的草地面积、地上生物量、地下生物量及总生物量（朴世龙等，2004）

地区	草地面积/万 km²	地上生物量/TgC	地下生物量/TgC	总生物量/TgC
北京	0.21	0.16	0.82	0.98
天津	0.07	0.05	0.25	0.3
河北	3.77	2.52	12.11	14.63
山西	3.58	2.13	9.84	11.97
内蒙古	70.06	29.31	159.21	188.52
辽宁	1.39	0.97	5.16	6.13

地区	草地面积/万 km^2	地上生物量/TgC	地下生物量/TgC	总生物量/TgC
吉林	3.69	2.38	14.41	16.79
黑龙江	7.78	6.19	39.68	45.87
上海	0.06	0.03	0.21	0.24
江苏	0.31	0.17	0.83	1
浙江	0.44	0.31	1.39	1.7
安徽	1.08	0.69	3.03	3.72
福建	0.74	0.52	2.31	2.83
江西	1.85	1.17	5.19	6.36
山东	1.35	0.81	3.95	4.76
河南	1.8	1.14	5.07	6.21
湖北	2.51	1.78	8.18	9.96
湖南	2.74	1.81	8	9.81
广东	1.11	0.7	3.09	3.79
广西	3.06	2.03	8.94	10.97
海南	0.46	0.32	1.44	1.76
四川和重庆	23.53	17.85	123.27	141.12
贵州	2.15	1.47	6.54	8.01
云南	7.43	5.18	24.75	29.93
西藏	83	22.85	157.35	180.2
陕西	2.71	1.17	5.41	6.58
甘肃	15.64	6.68	43.21	49.89
青海	41.09	20.69	147.47	168.16
宁夏	3.19	0.69	4.27	4.96
新疆	44.52	14.35	92.91	107.26
台湾	0.07	0.05	0.31	0.36

注：香港、澳门数据暂缺

我国草地单位面积地上生物量为 5~130gC/m^2（朴世龙等，2004）。总体分布是，东南地区高，西北地区低，这与水热条件、土壤及草地类型的分布有关。从区域分布看，江南广大地区受太平洋东南季风的影响，湿润多雨，草地类型以暖性草丛类、暖性灌草丛类、热性草丛类、热性灌草丛类为主，因此该地区草地单位面积地上生物量在 60gC/m^2 以上；青海东南部、川西高原、甘南高原地区，受来自孟加拉湾西南季风的影响，降水丰沛，且太阳辐射充足，土壤肥沃，因此该地区草地单位面积地上生物量比同纬度地区要高，最大值为 130gC/m^2；新疆北部的伊犁地区及阿尔泰地区山地虽然处于温带干旱区，但是，因受大西洋气流影响，气候表现得比较湿润，显著高于周围地区；而西北其他干旱地区受强大陆性气候控制，降水稀少，该地区草地单位面积地上生物量相应较小，低于

$15gC/m^2$，其中，准噶尔盆地的腹地、西藏西北地区及内蒙古高原的西部为我国草地单位面积地上生物量最小的区域；东北地区大于 $70gC/m^2$，这不仅与该地区湿润的气候类型有关，还与该地区土壤类型有关，该地区主要分布着含有较高有机质的黑土。

我国草地植物生物量的空间分布格局的关键要素之一是草地碳储量的空间分布，目前，我国已经开展了大量的研究，但限于研究手段、背景信息等方面的原因，其估算仍存在很大的不确定性。杨婷婷等（2012）通过遥感反演等方法，对中国草地碳密度进行了估算研究，结果表明，中国草地土壤有机碳储量为35.06Pg，通过波段运算将草地生物碳和土壤有机碳相加得到草地总有机碳，2008年中国草地总有机碳为35.96Pg，其中，地上生物量有机碳为0.1613Pg，地下生物量有机碳为0.7395 Pg，土壤有机碳为35.06Pg。

周伟等（2014）研究了1982～2010年草地覆盖度及其变化规律，从覆盖度的空间格局来看，中国草地覆盖度总体上呈现东南高西北低的特征。29年间平均草地覆盖度为34%，其中，坡面草地覆盖度最高，荒漠草地覆盖度最低。坡面草地分布区在29年间平均草地覆盖度为61.4%，主要分布于秦岭山区、广西北部和云南南部地区，降水量丰富，植被茂密，草地覆盖度为60%～80%。草甸植被覆盖度平均为41.5%，主要包括温带半湿润气候区的内蒙古东北部地区、黑龙江和吉林西部，以及祁连山地区，草地覆盖度为40%～60%。高山亚高山草甸，其草地覆盖度在29年间平均值为40.1%，位于青藏高原南部及祁连山地区、天山南坡和阿尔泰山地区，并且各分布区草地覆盖度从东南往西北呈现递减趋势，草地覆盖度为30%～60%。平原草地主要分布于呼伦贝尔地区，内蒙古中部及宁夏南部地区，其草地覆盖度29年间平均值为29.8%，草地覆盖度为20%～40%。高山亚高山草地29年间平均覆盖度为17.5%，主要分布于西藏西部和青海西部，草地覆盖度为10%～30%。荒漠草地29年间平均覆盖度为17.1%，主要分布于内蒙古中西部及昆仑山地区，覆盖度低于20%。

1982～2010年中国草地覆盖度总体上呈现上升趋势，平均为0.17%/a。坡面草地覆盖度增加趋势最明显，平均为0.27%/a；高山亚高山草甸次之，平均为0.174%/a；高山亚高山草地为0.17%/a；荒漠草地仅为0.12%/a；平原草地和草甸增加趋势较小，平均值分别为0.11%/a和0.10%/a。草地覆盖度变化速率的显著性检验表明，整个研究区草地覆盖度增加趋势的面积比例为78.86%（极显著增加、显著增加和不显著增加的面积分别占总面积的46.03%、11%和21.83%），明显大于草地覆盖度极显著减少、显著减少和不显著减少的面积（分别占总面积的4.1%、3.24%和13.8%）。其中坡面草地覆盖度呈极显著增加趋势的面积最大（58.36%），高山亚高山草地次之（57.46%），并且所有草地类型植被覆盖度呈增加趋势的面积均大于呈减少趋势的面积：高山亚高山草地 91.2% vs 8.8%，坡面草地 88.44% vs 11.56%，荒漠草地 84.04% vs 15.96%，高山亚高山草甸 76.58% vs 23.42%，平原草地 73.39% vs 26.61%，草甸 64.65% vs 35.35%。

从空间分布上来看，29 年间草地覆盖度极显著增加的区域主要分布在内蒙古毛乌素沙地地区、青藏高原北部昆仑山地区、西藏西部、新疆西部及天山南坡；草地覆盖度呈显著增加的区域主要分布在青藏高原中部地区、河西走廊中段地区；草地覆盖度不显著增加的区域主要分布在内蒙古浑善达克沙地、宁夏东北部和青藏高原中部地区。草地覆盖度呈极显著减少的区域主要分布在内蒙古呼伦贝尔沙地地区、新疆天山和阿尔泰山地区，以及青藏高原东南部地区；草地覆盖度呈显著减少的区域主要集中在内蒙古科尔沁沙地地区；草地覆盖度减少不显著的地区主要分布在内蒙古浑善达克沙地和呼伦贝尔草地东部地区。不同草地的覆盖度在 1982～2010 年呈波动增加趋势。

草地草产量和牧草品质均是草地畜牧业生产的基础，有研究认为，随着草地的地带性变化，植物的饲用价值也发生了一定的变化，草地草产量和牧草品质的格局及其与环境因子之间的关系影响了牧草的饲用价值。石岳等（2013）通过对中国草地内蒙古高原、青藏高原一线的 131 个采样点共计 177 个样地的草地草产量和牧草品质进行分析，研究了中国草地不同区域和不同植被类型的草地草产量和牧草品质，分析了草地草产量和牧草品质之间的关系，探讨了气候和土壤因子对牧草品质格局的作用。发现在研究区域总体上，青藏高原草地的产草量较内蒙古草地高，主要是由于高寒草甸有较高的产草量，相比于内蒙古地区的草地，青藏高原草地的牧草具有高粗蛋白、高无氮浸出物、低粗纤维、低粗脂肪的特点，营养价值更高。从植被类型上来看，高寒草甸的产草量和营养价值都最高；从植被群系上来看，产草量最高的是西藏嵩草（Kobresia tibetica）草甸和芨芨草（Achnatherum splendens）草原，牧草品质最好的则是高山嵩草（Kobresia pygmaea）草甸和矮生嵩草（Kobresia humilis）草甸。值得注意的是，在大尺度空间格局上，气候和土壤因子首先通过改变植被类型而影响牧草品质的格局，对于植物具体的生理过程虽然也有影响，但并非是造成大尺度牧草品质格局的主要原因（图 3-1）。消除植被类型差异后，气候因子中仅年均温对粗纤维有显著作用，而土壤因子对所有营养指标均有显著影响，反映出土壤因子对牧草品质有着更直接的作用。有趣的是，牧草的营养价值和产草量之间存在相关关系，随着产草量的升高，牧草表现出粗纤维含量增加、粗蛋白和粗脂肪含量下降的趋势，以及产草量较大时对营养元素的"稀释"现象。

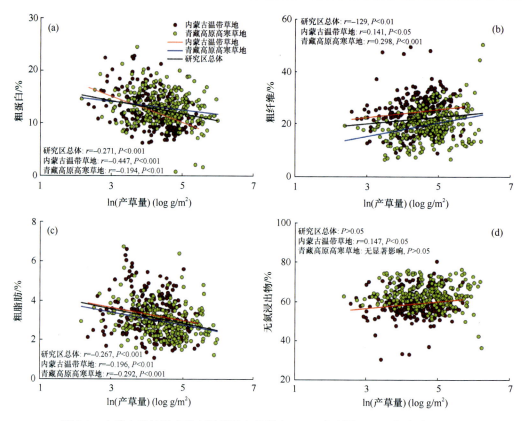

图 3-1　内蒙古草地及青藏高原草地中粗蛋白（a）、粗纤维（b）、粗脂肪（c）、
　　　　无氮浸出物（d）与产草量之间的相关关系（石岳等，2013）

栽培草地是草地畜牧业发展的有益补充，近年来，为了提高对草地生产力衰减、气候变化、极端气候事件等因素影响的应对能力，推动了牧区、半农半牧区、农区加快栽培草地建设的步伐。我国栽培草地种植面积较大的省（自治区）包括内蒙古、甘肃等，其中首蓿是最主要的栽培牧草，白可喻等（2007）通过遥感反演等研究发现，其主要分布在我国黄河流域及其以北的广大地区，包括西北、华北大部和东北的中部、南部，以及山东、河南、江苏北部，约 17 省（自治区、直辖市），在北纬 35°～43°，年降水量为 500～800mm，年平均气温为 5～12℃，≥0℃积温为 3000～5000℃。在降水量少而有灌溉条件的地方，如新疆、甘肃灌区也有很多首蓿分布。截至 2005 年年底，全国 16 个首蓿分布省（自治区、直辖市）（除江苏外）的首蓿累计保留面积为 254.78 万 hm²，占全国栽培草地面积的 50.9%，约 42%省（自治区、直辖市）的首蓿分布面积大于 1 万 hm²，首蓿平均干草单产为 8274.94kg/hm²，16 省（自治区、直辖市）首蓿占全国首蓿总面积的 46%（表 3-2）。全国首蓿种子田面积 17.29 万 hm²，种子平均单产为 325.13kg /hm²。

表 3-2　中国部分省（自治区、直辖市）栽培草地面积及产量（白可喻等，2007）

省（自治区、直辖市）	栽培草地面积/万 hm²	苜蓿面积/万 hm²	苜蓿面积占比/%	苜蓿干草总产量/kt	苜蓿干草单产/（kg/hm²）
北京	0.78	0.63	80.77	78.16	12 406.35
天津	0.27	0.27	100	32	11 851.85
河北	39.18	12.7	32.41	1 497.91	11 794.57
山西	12.62	7.62	60.38	421.74	5 534.65
内蒙古	148.2	49.7	33.54	3 016.26	6 068.93
辽宁	11.75	6.82	58.04	306.31	4 491.35
吉林	9.81	0.96	9.76	48.37	5 038.54
黑龙江	—	1.93	—	101.96	5 282.90
山东	3.88	2.93	75.52	440	15 017.06
河南	13.44	4.00	29.76	546.43	13 660.75
四川	6	0.57	9.50	81.44	14 287.72
陕西	90.03	59.92	66.56	6 709.71	11 197.78
甘肃	99.56	48.99	49.21	4 094.96	8 358.77
青海	3.29	1.82	55.32	104.73	5 754.40
宁夏	31.1	26.78	86.11	1 715.15	6 404.59
新疆	30.39	29.14	95.89	3 034.27	10 412.73
合计	500.3	254.78	50.9	22 229.40	8 274.94

由于牧户生产经营系统是草地农业生态系统的最小完整单元，饲草资源的供给-需求最终体现在牧户自身的调控能力与方式上。牧户生产经营系统作为一个社会-经济-生态复合系统，物流、能流是其得以存续、运转的动力基础，气候变化的干预效应从牧户生产经营系统的物质供给与能量流动中得以体现。李西良等（2013a）从放牧地、打草场、饲料地面积及购买草料金额占总支出的比例 4 个方面分析了中国北方草原不同草原类型区的 13 个旗县草料供给特征，通过聚类分析发现，各地草料供给呈现明显的区域分异格局（图 3-2），阿拉善左旗、阿拉善右旗、苏尼特左旗、苏尼特右旗、四子王旗为一类，鄂托克旗、杭锦旗、乌审旗为一类，昌吉市、呼图壁县、玛纳斯县为一类，锡林浩特市、镶黄旗为一类，与草地类型高度吻合，说明不同草地类型的资源供给在一定程度上决定了牧户经营中的资源利用方式。

在空间格局上，中国北方草原典型地带饲草资源及其供给模式的具体特征为，户均放牧地面积以荒漠草原区和草原化荒漠区较大，在 1000.00hm² 左右，而其他地区户均面积较小，在 200.00hm² 左右，天山北坡山地草原尤其少；打草场主要存在于典型草原区，其余地区仅少量存在；饲料地主要存在于沙地草原山地，户均面积为 3.00hm² 左右，天山北坡山地草原区也具有较多的饲料地，户均 0.74hm²，主要种植苜蓿、玉米、苏丹草、大麦 4 种牧草；购买草料是牧民家庭重要的支出项目之一，约占总支出的 30.00%，但不同地区分异明显，以沙地和山地草原区较低，沙地草原区山地比例较低，仅约为 5.00%，远低于其他地区。

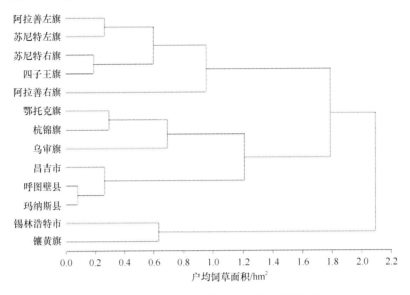

图 3-2 家庭牧场草料供给模式区域分异格局（李西良等，2013a）

进一步采用 Pearson 方法分析显示，饲料地面积与购草支出间呈现极显著负相关关系($r=-0.73,P=0.004$)，二者在牧户草料供给中具有替代效应（李西良等，2013a）。

比较而言，内蒙古草原各地区与新疆地区的草地资源、牧户饲草构成存在较大差异，前者饲草购买主要是草捆，而后者主要是农区剩余资源——秸秆、棉籽、棉花秆、番茄渣、油渣等，农牧耦合效应使得天山北坡牧户节约了成本。因购草、饲料地、打草场等草料供给渠道的多元化，降低了牧户对天然放牧地的依赖性，从而减弱了牧户对极端气候胁迫的敏感性，但在新疆天山北坡山地草原地区，农牧耦合的资源便利又降低了牧民的草料储备意识，调查表明，有 46.67%的牧户平时草料储备不足，导致了牧户间极端气候敏感性的分异格局（表 3-3）。

表 3-3 北方草原各县（旗）牧户生产系统饲料供给情况（李西良等，2013a）

地区	放牧地/hm²	打草场/hm²	饲料地/hm²	购草支出/%
阿拉善左旗	881.65	1.81	0.15	27.92
阿拉善右旗	1626.43	0.00	0.03	19.67
鄂托克旗	252.37	2.58	3.18	6.68
杭锦旗	133.11	0.85	2.24	5.89
乌审旗	114.42	1.08	4.82	4.70
苏尼特左旗	1101.61	0.00	0.51	23.42
苏尼特右旗	719.13	0.08	0.15	41.62
四子王旗	576.17	0.01	0.42	36.90
锡林浩特市	295.07	20.16	0.14	44.63
镶黄旗	136.90	11.08	0.49	38.82
昌吉市	34.15	0.27	0.60	13.53
呼图壁县	40.17	0.42	0.73	22.84
玛纳斯县	29.38	0.58	0.87	20.43

3. 畜群子系统的结构分析

几十年来，中国草原区载畜压力逐渐增加，特别是自 20 世纪 80 年代以来，伴随着草原使用、牲畜承包经营等制度变革，加之经济利益的驱动，极大地调动了草原区牧民的积极性，牲畜数量的增长幅度较大。以羊存栏量和出栏量为例，自 1980 年以来，养殖数量从 9000 万只上升为 2005 年前后的 16 000 万只，增加了近 1 倍（图 3-3）。

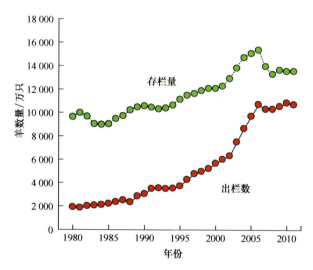

图 3-3　中国草原牧区 1980～2011 年羊存栏与出栏数量变化轨迹（李金亚，2014）

数据来源：1980～1999 年相关数据来自《新中国五十年农业统计资料》；2000～2011 年羊存栏量数据来自《中国统计年鉴》2001～2012 年，2000～2011 年羊出栏数据来自《中国畜牧业年鉴》2001～2012 年

牧区牲畜数量的非理性增加，对草原生态、生产功能产生了深刻影响，造成了生态系统退化，草原生产力持续衰减。同时，草地质量变差，对牧民的牲畜养殖、国家草地管理政策均造成了一种负反馈效应，因此国家出台了一系列政策恢复草原生态，保障牧区可持续生产。以羊存栏量和出栏量为例，近年来，受到国家草原保护政策的影响，牲畜增加的态势得到了遏制（图 3-3），草原畜牧业逐渐步入良性发展轨道。

徐斌等（2012）参考了农业部行业标准《天然草地合理载畜量的计算》，以及有关的规定和结论，以县作为监测单元，通过总饲草料储量和牲畜标准采食量等来计算合理载畜量，并与实际载畜量结合构建载畜平衡指数，以农业部认定的 264 个牧区县和半牧区县为研究对象，评价牧区半牧区的草畜平衡状况（表 3-4）。

1）牧区半牧区总体处于超载状态。我国牧区半牧区 2008 年平均载畜率为 33.58%，处于超载状态，处于超载状态区域的草原面积占 264 个县草原总面积的 41.80%，尚有 58.20% 的草原没有超载。

表 3-4　全国牧区与半牧区草畜平衡总体情况（徐斌等，2012）

区域	超载等级	旗县个数/个	总饲草料储量/万 t	合理载畜量/万羊单位	实际载畜量/万羊单位	超载率/%
牧区	不载畜	20	1 879.01	2 859.98	1 762.41	-38.38
	载畜平衡	27	1 938.84	2 951.04	3 114.07	5.52
	超载	50	2 784.96	4 238.9	6 445.29	52.05
	严重超载	22	1 221.19	1 858.74	3 771.18	102.89
	极度超载	1	38.75	58.97	150.66	155.47
	合计	120	7 862.74	11 967.64	15 243.61	27.37
半牧区	不载畜	4	89.64	136.44	1 762.41	-32.6
	载畜平衡	34	1 259.7	1 917.36	1 984.3	3.49
	超载	86	3 671.34	5 588.04	8 106.08	45.06
	严重超载	19	695.8	1 059.05	2 113.76	99.59
	极度超载	1	36.52	55.59	144.2	159.41
	合计	144	5 753.01	8 756.48	12 440.3	42.07

　　2）牧区县的超载程度略低于半牧区县。牧区县共有 120 个，载畜平衡指数为 27.37%；半牧业县有 144 个，载畜平衡指数为 42.07%；牧区县和半牧区县总体上处于超载状态，但牧区县超载的程度平均低于半牧区县。

　　3）六大牧区总体上处于超载状态。六大牧区中，2008 年牧区县超载程度排列顺序为甘肃>四川>新疆>青海>西藏>内蒙古；内蒙古牧区县 2008 年基本处于草畜平衡状态，西藏和青海牧区县轻度超载，新疆、四川和甘肃牧区县超载大于上述省（自治区）。半牧区县 2008 年超载程度排列顺序为青海>西藏>内蒙古>新疆>四川>甘肃。牧区超载程度大于半牧区的省（自治区）有新疆、四川和甘肃；牧区超载程度小于半牧区的省（自治区）有内蒙古、西藏和青海。值得一提的是，内蒙古牧区县平均处于草畜平衡状态，但半牧区县平均超载比较严重（表 3-4）。

　　几十年来，我国牧区的畜牧业生产模式发生了一系列的转变，冬季存栏率、年出售率等均发生了显著变化。以内蒙古呼伦贝尔市和锡林郭勒盟为例（李西良，2014，未发表数据），从 20 世纪 50 年代开始，冬季存栏率（冬季牲畜数量除以夏季牲畜数量）明显降低，从 50 年代的 90%，降低至目前的 30%左右，相反，当年的年出售率（当年出售数量除以夏季牲畜数量）从 50 年代的不到 15%，升高至近年来的 55%，这说明，牧区牧户倾向于保留基础母畜过冬，将过去出售 2 岁及其以上的羊，转变为出售当年羔羊，尽量避免过冬低温环境下的掉膘等而造成能量消耗，减轻草地放牧压力（图 3-4）。

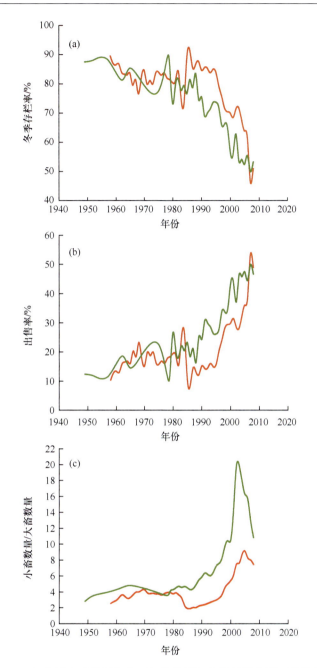

图 3-4　1949～2008 年内蒙古呼伦贝尔市（红色曲线）和锡林郭勒盟（绿色曲线）牲畜冬季
存栏率（a）、牲畜年出售率（b）、小畜数量/大畜数量（c）的动态变化
数据由《内蒙古统计年鉴》、《呼伦贝尔市统计年鉴》、《锡林郭勒盟统计年鉴》相关数据汇总整理而成
（李西良，2014，未发表数据）

同时，近几十年来，牧区的牲畜结构发生了极大的改变（李西良，2014，未发表数据）。由图 3-4 可见，20 世纪 50～80 年代，山羊、绵羊等小畜数量与牛、马、骆驼等大畜数量的比值一直稳定在 2～5，但从 80 年代开始，小畜与大畜数

量的比值急剧增加,小畜在牲畜结构中处于绝对的优势。但不同地区又有所不同,处于草甸草原区的呼伦贝尔市小畜与大畜数量的比值最高达 10 左右,而处于典型草原区的锡林郭勒盟地区,最高值达 20 左右,这说明,尽管受市场等因素的调节,牧户倾向于提高小畜的养殖比例,减小大畜的养殖比例,但显然又受到草地资源水平和气候条件等因素的影响。

关于现阶段中国北方草原牧户养殖的牲畜结构特征,在牧户水平,李西良(2013)在开展了对中国北方主要草原类型区典型县(旗)的调查后发现,绵羊和山羊在牲畜畜群中的构成比例分别为 42.86%和 32.78%,其他依次为肉牛(12.38%)、骆驼(5.34%)、奶牛(3.67%)、马(3.01%),但也存在地区差异,山羊、骆驼在沙地草原、草原化荒漠区养殖较多,天山北坡山地草原区奶牛养殖相对较多。进一步分析了养殖某畜种牧户占总牧户的比例与规模之间的关系,可以看出,养殖数量与养殖率之间呈现显著正相关关系(R^2=0.35,$P<0.01$)。由此可以看出,山羊、马、骆驼等养殖率较低畜种的规模较小,对比各种草原类型的自然地理特征,当地牲畜结构的形成并非纯粹由自然气候环境驱动,可归结为市场利益驱动型,由于北方草原牧户主导畜种绵羊、奶牛、肉牛对灾害的适应力弱于小畜种山羊、骆驼,在一定程度上增加了家畜对极端气候的暴露度和敏感性(图 3-5)。

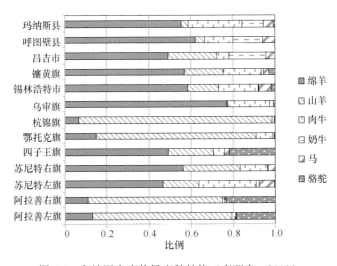

图 3-5 各地区家庭牧场畜种结构(李西良,2013)

4. 生产经营子系统的结构分析

伴随着中国草地家畜承载数量等因素的影响,草畜关系发生了深刻转变,牧户的收支渠道发生了显著的改变,结合统计数据,李金亚(2014)研究发现,牧区县人均纯收入由 1999 年的 1662.7 元上升到 2011 年的 5464.4 元（图 3-6），年均增长 17.59%，其中牧业收入是牧民收入的主要来源，由 1999 年的 1097.58 元提高到 2011 年的 3579.1 元，说明牧业收入在提高牧民收入中占有重要地位。半牧区县农牧民的收入来源更加广泛多元，人均牧业收入也占到整个纯收入的 40% 以上，2011 年半牧区县人均牧业收入达 2328 元（图 3-7）。

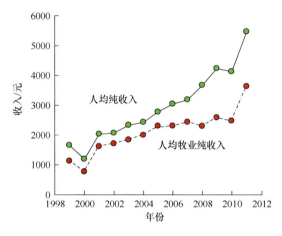

图 3-6　中国牧区县人均牧业纯收入及人均纯收入（李金亚，2014）
数据来源：2002～2012 年《中国畜牧业年鉴》

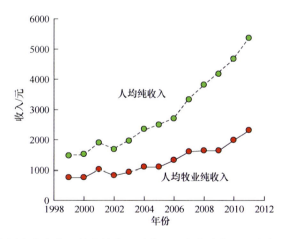

图 3-7　中国半农半牧区县人均牧业纯收入及人均纯收入（李金亚，2014）
数据来源：2002～2012 年《中国畜牧业年鉴》

　　经营者是调控中国草地草畜关系最重要的因素。近年来，侯向阳等（2013）研究认为，牧户心理载畜率对草地经营起到重要作用，他们研究指出，牧户心理载畜率是指牧户在基于过去（历史）信息的综合认知的基础上，判定自家草原在单位时期、单位面积上能实际承载的家畜头数，是牧户自己认为的合理"草畜平衡标准"，实际指导着牧户的畜牧业生产实践。生态优化载畜率是指在辨识牧户饲养牲畜所需营养和草地所提供营养的平衡及匮乏基础上，选择适宜的饲养方式，并考虑未来气候变化背景下土壤、植被等的变化趋势，进行模型模拟而得到的载畜率。

侯向阳等（2013）建立了草原载畜率与单位草地面积畜产品产量及单位头数畜产品产量的关系模型，他们认为，随着草原载畜率增加，单位草地面积畜产品产量呈抛物线形，单位头数畜产品产量直线下降，形成了经济上同效，但生态上明显异效的 A 和 B 两点，B 点的载畜率远大于 A 点，模式 A 是生态优化的载畜率模式，而模式 B 正是牧户固守的心理载畜率模式。草畜平衡管理的核心正是要实现牧户的经营模式从模式 B 转变到模式 A，以最小的生态压力获得较高的经济收益，这是国内外学者和官员强调的主流策略，但事实上大部分牧户仍选择 B 模式（图 3-8）。

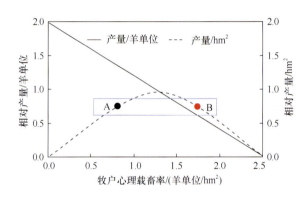

图 3-8　牧户心理载畜率与家畜生产之间的关系（侯向阳等，2013）

关于现阶段中国北方草原牧户的家庭收支情况，李西良（2013）总结了北方草原 7 个生态区域 21 个县（旗）的数据，整体分析认为，从牧户收入构成来看，由家畜出售、毛绒出售、牛奶出售三者构成的畜牧业收入占总收入的 84%，其中家畜出售是牧户收入的主体，平均占 67%。从支出构成来看，食品、购买饲草料、教育、医疗是最主要的支出项，共占总支出的 67%，支出构成分为生活支出、生产支出两部分，生活支出（食品、教育、医疗、通信、其他）占 55%，用于牧户再生产的生产支出（饲草料、能源、水电、雇工、草原租用）占 38%。在牧户经营与生活中，对草原畜牧业的高依赖性，以及畜牧再生产的资金投入力度是牧户生产系统对极端气候敏感性的社会因素，反映了牧户对极端气候、市场变化等因素的应对能力（图 3-9）。

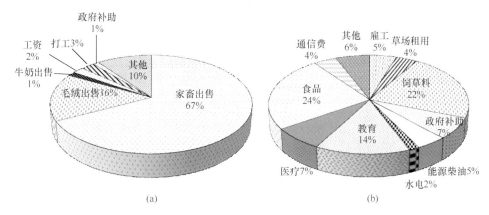

图 3-9　家庭牧场经营收入（a）与支出（b）的主要构成（李西良，2013）

5. 牧户生产经营系统主要环节分析

牧户生产经营系统的功能发挥与经营过程相伴随，依据时间周期，牧户经营可分为年内过程与年际过程两种，但主要在于年内过程（李西良等，2013b）。概括而言，牧户经营过程主要有 3 类（图 3-10）。一是"点式"生产活动，在一年中固定的时间点集中完成，主要包括接羔、防疫、剪毛、出栏、购草等，也可称为牧户经营关键节点；二是"线式"生产活动，在全年各个时间段均需开展，主要是放牧及其相关活动；三是非固定生产活动，并不在一年中固定的时间进行，一般在牧民不太繁忙的季节开展，主要包括棚圈维修、围栏建设、打井等基础设施建设活动。

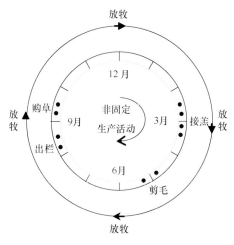

图 3-10　北方草原牧户年内经营主要过程（李西良等，2013b）

黑点表示"点式"生产活动，带箭头闭合线为"线式"生产活动，带箭头非闭合线为非固定生产活动

"点式"生产活动集中于一年中相对固定的时间，以内蒙古草原为例，不同

地区的气候分异驱动了"点式"生产活动的时间差异性，平均来看，内蒙古地区牧户经营中，接羔一般在 3 月左右，30～45 天集中完成，剪毛一般在 5 月左右，出栏一般在 8～9 月，储备草料一般在 9 月进行。这里所给出的牧户经营"点式"生产活动的时间范围仅是一粗略的描述，在实际生产中，牧民对时间节点的选择往往具有时空变异性，与区域气候分异、气候变化、牧户家庭属性、草畜资源、灾害发生等有关，不同地区的牧户，同一地区的不同牧户，甚至同一牧户在不同的年份，往往具有不同的选择。牧户经营关键节点中对牲畜数量与经营节点时间的适应性调整，是牧民对气候波动下草原、牲畜动态关系变化响应的一种重要策略。

在牧户生产经营系统的功能响应中，"点式"生产活动是最活跃、最敏感的元素，而放牧活动、基础设施建设活动等非点式生产活动也发挥着重要作用。在一年中不同季节，放牧规律常有差异，出牧、归牧时间不同，特别是在旱灾、雪灾等极端气候条件下，可视为对草原资源年内变异的适应策略，在许多地区，一些草原面积较大或租用草原的牧户，仍保留着季节牧场，季节性转场或灾时走场，利于规避风险。围栏、圈舍、暖棚、储草间等基础设施的建设，可有效提高牧户经营中应对气候、草畜资源不确定性的能力，是取代游牧制度后应对草原非平衡特征能力增强的重要原因，这些活动并无固定的节律，在一年中不太繁忙的时节进行，它们与"点式"生产活动、"线式"生产活动相组合，是牧户生产经营系统中功能响应的关键。

二、主要生产环节的功能

（一）接羔环节的功能动态变化

接羔与出栏时间的调整是牧户适应气候与草地资源变化的一种重要形式，接羔、出栏与养殖时长均发生了适应性变化，在温度升高背景下，与几十年前比较，牧户通过人为分群管理，调控牲畜配种时间，使接羔时间提前了 15～30 天，出栏时间由翌年出栏调整为当年出栏，养殖时长和畜牧生产周期比过去大幅缩短。接羔和出栏时间的调整改变了牲畜养殖时长，在基础母畜一定的情况下，草地上承载的家畜数量发生了变化，假定基础母畜为 1，现在和过去的接羔率分别为 75% 和 50%，出栏率均为 48%，同时忽略牲畜损失的情况，在牧户年内生产周期中，随着接羔、出栏等生产活动的进行，调整接羔与出栏时间以后，整个畜群的数量低于调整期前的规模，而且一年内单位草地面积上的牧压动态也随之减轻，这种经营模式的转变缩短了生产周期，在基础母畜一定的情况下，减轻了放牧压力，有助于提高对气候与草地资源变化的适应能力（李西良，2013）。

接羔的变化不仅体现在时间尺度上，而且从空间尺度上看，从草甸草原，到典型草原，再到荒漠草原，接冬羔的牧户比例逐渐增加，这与从东到西年均气温升高有密切的关系，根据调研，在草甸草原区（内蒙古新巴尔虎左旗），由于气候寒冷，其中累年冬季平均气温为-38℃，其中最低气温达-40.1℃，且冬季多大雪，其中，月降雪平均日数为 10.4 天，最长 12.1 天，受此低温和降雪影响，在调研的 60 名牧户中，没有一个牧户接冬羔，所有牧户均接春羔。同时，在典型草原（锡林浩特市）调研的 60 名牧户中，只有 1 名牧户选择接冬羔，其余 59 名牧户皆接春羔，接冬羔的牧户占调查总户数的 0.02%；而在荒漠草原区（苏尼特右旗），则有近 50%的牧户已经选择接冬羔。

（二）草原流转环节的功能动态变化

在牧区实施家庭联产承包责任制之前，牲畜归集体所有和管理，牧民只有劳动的权力，因为草原同样属于集体，故不存在草原流转的情况，牧民只能服从安排，在夏季、遇到旱灾等时候走场即可。但是在牧区实施家庭联产承包责任制之后，牲畜、草原相继承包到户，牧户拥有了牲畜的所有权和对草原的管理权，在牧区开始出现大量围栏，将草地分割成众多小块，此时，走场变得不容易，牧区草原流转现象变得普遍。

侯向阳课题组发现，牲畜、草原和气候（主要是指降水）被视为牧户决定是否租借草原、走场等草原流转行为的三大首要因素。由于我国草原大部分处于干旱半干旱地区，降水量年际波动较大，因此草地生产力也随之出现大幅波动，牧户会选择租借草原，尤其是高经济水平的牧户更会在干旱年份，通过积极租借草原、走场等草原流转行为，来减轻自家草原的放牧压力，以达到保护草原和维持其至扩大牲畜数量的双重目标。此外，即使在正常年份，对于牧户而言，在一定时期内，一定面积的草原也只能承载一定数量的牲畜，即使出现降雨的波动，牲畜数量也不会大幅增加，而是相对稳定，当自家草原接近或达到牧户的心理载畜率时，如果希望继续扩大牲畜规模，牧户则会租借草原，否则会导致自家草原放牧压力过大，加剧草原退化。

（三）牲畜出栏环节功能的动态变化

随着家庭联产承包责任制和市场经济在牧区的推行和实施，我国大部分牧区牧户对牲畜出栏的态度也已经发生了根本性变化，在此之前，牲畜归国家所有，由于处于计划经济时代，牲畜出栏由国家统一定价和出售，在部分牧区甚至不出售，这在西藏地区表现得尤为明显。

然而，随着市场经济在牧区的飞速发展，季节性畜牧业开始成为我国大部分牧区的主流，即在冬季或第二年春季接羔后，经过夏季和秋季的放牧和喂养，在秋季末牧户一般会出售大量牲畜，但是值得注意的是，牲畜仍被视为牧户的重要财产，而牲畜膘情如何是牧户决定是否出栏的重要因素，因为一定价格下，膘情好，牲畜的总售价和牧户收入则较高，而牲畜膘情好坏与气候、草地质量有密切的关系，生长季降雨量大，则草地生产力高，有利于增长牲畜膘情，侯向阳课题组在牧区调研时发现，在生长季降雨量少的年份，牲畜膘情差，牧户会选择推迟牲畜出栏时间，希望未来15~30天内出现降雨，草地生产力迅速提高，则牲畜膘情可在短时间内提高，以便获得较高的经济收入。

在此需要注意的是，在正常年份，牧户在出栏牲畜时，虽然会考虑市场价格，但最终还是会在出栏之前预计牲畜数量，以保证冬季的存栏量相对稳定，而不会突然选择大幅增加冬季存栏量，这样不仅会加大购买饲草料的经济支出，而且万一遇到雪灾，还会出现饲草料准备不足的情况，过度规模的牲畜只会导致大量牲畜损失。因此，牧户的冬季存栏量，尤其是基础母畜，会保持相对稳定，但又稳中有增的发展趋势，这样既能保持和发展牲畜规模、畜牧业生产，又能避免自然灾害损失。

（四）购买饲草料环节功能的动态变化

牧户在购买饲草料环节也发生了显著变化，在"双权一制"初期，牧户购买较少饲草料，但随着市场经济发展，牧户畜牧业生产的市场化程度越来越高，购买饲草料的量和冬季饲草料储备量都呈现增加趋势，如调研发现，牧户虽然会尽力降低购买饲草料成本，但在枯草期和接羔之前，牧户（包括家庭纯收入高的牧户）普遍会选择数额不等的贷款来购买饲草料，以维持牲畜基本需求，牧户的决策行为仍然以牲畜为优先考虑，这尤其在遇到灾害时表现得更为明显。有研究发现，在内蒙古典型草原的锡林浩特地区，1999~2011年牧户平均牲畜数量基本稳定，但草甸草原和荒漠草原的牧户牲畜数量则呈明显增长态势，而与此不相匹配的是，锡林浩特地区牧户饲草购买量增幅大于牲畜数量增幅。

自从2000年研究区发生严重的旱灾以来，牧户饲草储备连年增加，这与近年来草原提供的可供家畜采食的饲草供给有关，草原资源的退化使得饲草购买量大幅增加，单位牲畜购草量同步增加（图3-11）。

三、牧户生产经营系统的稳定性和效率

（一）草原畜牧业发展稳定性

自20世纪80年代开始在牧区实施家庭联产承包责任制以来，牧民的生产积

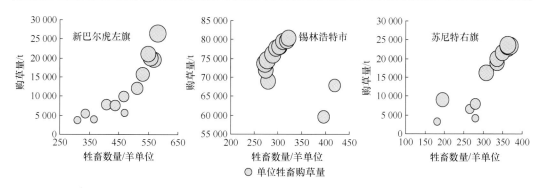

图 3-11　牧户饲草购买量气泡图

极性得到了空前的提高，我国草原畜牧业发展迅猛，但是进入 21 世纪以来，由于草原退化，国家实施了以减少草地载畜量为目的的休牧、禁牧、草畜平衡等一系列草原生态保护和建设政策，牧区牲畜数量增长趋势减缓，并逐渐趋于平稳，我国草原畜牧业进入稳定发展的局面，以内蒙古和西藏为例，由图 3-12 和图 3-13 可清晰看出，尤其是内蒙古，在 20 世纪 80 年代"双权一制"之后，全区牲畜数量飞速增长，直到 2004 年，牲畜数量开始呈现稳定发展的态势。

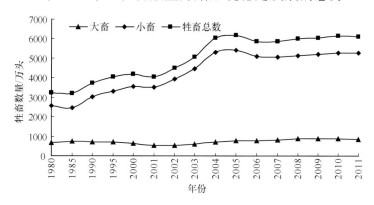

图 3-12　内蒙古不同年份牲畜年底存栏量

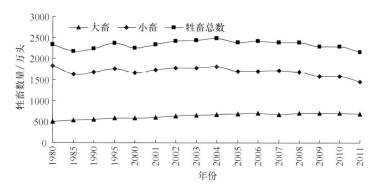

图 3-13　西藏不同年份牲畜年底存栏量

草原畜牧业不仅在地区尺度上稳定发展，在典型的牧区县（旗），草原畜牧业也在经过家庭联产承包责任制的大发展后，在 20 世纪后，进入了稳定发展的局面，以内蒙古典型草原地区锡林浩特为例，由图 3-14 可看出，进入 21 世纪后，由于国家在牧区实施了一系列的草原生态保护和建设政策，该地区牲畜头数开始下降，除 2002 年牲畜数量明显下降外，该地区牲畜数量整体开始趋于稳定，畜牧业发展逐渐进入稳定状态。

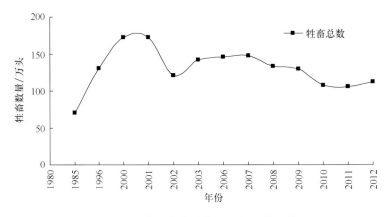

图 3-14　内蒙古锡林浩特不同年份牲畜数量

虽然我国草原畜牧业整体呈稳定发展态势，但由于草原畜牧业以天然草原为载体，因此面临气候因素带来的各种风险，以至于草原畜牧业的发展极其脆弱。仍以图 3-14 中锡林浩特地区为例，之所以在 2002 年出现牲畜数量大幅下降，正是因为 1999～2001 年锡林郭勒草原连续 3 年遭受自然灾害打击，发生了春季旱灾、夏季蝗灾、冬季雪灾及频繁的沙尘暴等灾害，导致本来就因长期利用而已显疲惫的草原加快了退化、沙化进程，锡林浩特所属的锡林郭勒盟全盟牲畜减少400 多万头。当时，生态环境严重恶化，沙化、退化草原面积增加到了 1.73 亿亩，占草原面积的 64%，尤其是锡林郭勒盟西部荒漠半荒漠草原地区，当时呈现出"赤地千里，寸草不生"的惨景，草原生态屏障作用明显削弱，生态系统濒临崩溃，成为京津地区扬沙、沙尘暴的主要沙源地，对华北地区生态安全构成了严重威胁。同时，此次以旱灾为主、多灾并发的严重自然灾害，加上农牧业基础设施差，投入有限，农牧民返贫致贫人数增加，据 2001 年年末统计，整个锡林郭勒盟全盟贫困人口达到 24.2 万，扶贫范围扩大，工作难度增加。

综上可知，经过近 30 年的发展，我国草原畜牧业已经取得了巨大的发展，呈现稳定发展的良好态势，但是面对旱灾、雪灾等极端气候事件，仍然十分脆弱。为满足日益增长的畜产品市场需求，保证草原畜牧业的稳定发展，提高牧区牧民抵御自然灾害的能力和生活水平，亟须加强牧区的交通、通信、饲草料储备等基础设施建设，增强牧民的灾害预防和抵抗能力，将牲畜损失降到最低；同时建立和完善牧区牲畜保险制度，保证牧民遇到自然灾害时，即使牲畜损失，也能迅速恢复生产，稳定牧户的生产和生活，从而确保我国草原畜牧业的稳定发展。

（二）牧户生产经营系统的效率

为保证草原畜牧业的稳定发展，在增强牧户抵御自然灾害能力的同时，也需要提高草原畜牧业的生产效率。由于我国草原畜牧业以单个牧户生产经营为主，因此亟须在牧户尺度上，衡量牧户生产经营系统的效率，挖掘影响其效率的因素，为提高牧户生产和我国草原畜牧业的稳定可持续发展提供根本保障。侯向阳选取新巴尔虎左旗、锡林浩特市和苏尼特右旗为典型县（旗），进行牧户生产经营系统的效率分析和影响因素探索。

1. 典型县（旗）概况

新巴尔虎左旗、锡林浩特市和苏尼特右旗分别位于内蒙古草原区的温性草甸草原区、温性典型草原区和温性荒漠草原区，畜牧业收入均是当地牧户的主要收入来源。改革开放以来，3 个县（旗）的国民经济和农牧民生活都有了很大提高，2010 年，农牧民人均纯收入分别达到 9101 元、9587 元、5140 元（表 3-5），但与同期全国和内蒙古经济发展的平均水平相比，还存在较大差距。

表 3-5　研究区域概况

概况/地区	新巴尔虎左旗	锡林浩特市	苏尼特右旗
草地面积/hm²	1.94×10^6	1.49×10^6	2.58×10^6
可利用草地面积/hm²	1.79×10^6	1.38×10^6	2.37×10^6
人均纯收入/元	9101	9587	5140
年均气温/℃	0.22	2.98	5.49
年均降水量/mm	274	259	195

注：人均纯收入为 2010 年《内蒙古统计年鉴》数据，年均气温和年均降水量为 1980~2011 年平均值

但需要注意的是，随着国民经济的发展，新巴尔虎左旗、锡林浩特市和苏尼特右旗的产业结构也在不断发生变化，第一产业产值所占比例不断下降，第二、第三产业尤其是第三产业产值的占比迅速提高，究其原因，畜牧业生产方式传统、落后，且过度依赖草地自然资源、气候环境。随着各县（旗）产业结构的不断升级，第一产业占比不仅是县域经济发展的表征，更重要的是，对于一个本来以传统畜牧业为主的牧区县（旗），第一产业占比的下降意味着畜牧业发展水平的不足，因此，新巴尔虎左旗、锡林浩特市和苏尼特右旗不仅面临发展的机遇，更要面对草原畜牧业发展中的生态保护问题和牧民增收难的局面。

在新巴尔虎左旗、锡林浩特市和苏尼特右旗，放牧是草地利用的主导方式。由于草原畜牧业受自然环境的影响，牧户应对极端气候事件（如干旱、雪灾等）的能力较弱；由于气候的不确定性，以及饲草料成本的制约，大多数牧户购买饲草料较少，尤其在苏尼特右旗，牧户通常会选择常年放牧（包括冬季和初春），畜牧业依然停留在传统的粗放型阶段，这不仅加大了草原的压力，容易加剧草原退化，而且常出现牲畜掉膘、死亡的问题。牧户过度依赖草原已经给内蒙古草原区草原退化治理和草畜平衡措施的有效实施带来了极大障碍。

2. 典型县（旗）牧户生产效率分析

首先通过描述统计，分析不同地区牧户的牲畜和草原情况，具体见表 3-6。

表 3-6　典型县（旗）牧户草原面积及年底牲畜存栏量描述统计

地区/畜牧业情况	承包草原/hm²	牲畜数量/羊单位
新巴尔虎左旗	348.12	646.54
锡林浩特市	385.07	347.07
苏尼特右旗	744.06	294.81

由表 3-6 可清晰得知，从东到西，牧户平均拥有的草原面积在增大，但由于降水量逐渐减少，草地生产力逐渐降低，牧户平均的年底牲畜存栏量呈下降趋势。

通过描述统计，分析牧户的家庭属性情况，具体见表 3-7。

表 3-7　典型县（旗）牧户家庭属性描述统计

指标	参数	新巴尔虎左旗	锡林浩特市	苏尼特右旗
性别	男	43（84）	45（78）	43　（75）
	女	8（16）	13（22）	14　（25）
民族	蒙古族	47（92）	42（72）	42　（74）
	汉族	4（8）	16（28）	15　（26）
年龄	30～39	26（51）	19（33）	14　（25）
	40～49	14（27）	17（29）	20　（35）
	50～59	8（16）	16（28）	17　（30）
	>60	3（6）	6（10）	6　（10）
教育	小学	12（24）	33（57）	26　（46）
	初中	25（49）	18（31）	28　（49）
	高中	14（27）	7（12）	3　（5）

注：表中括号外数字为牧户数，括号内为牧户占总户数比（%）

在上述描述统计分析基础上，对典型县（旗）牧户生产进行效率分析。

根据生产法，选取 DEA 模型计算所需的输入指标与输出指标。

输入指标：草原面积、家庭劳动力、当年生产支出、基础母畜，这些指标为资源属性组。

输出指标：家庭畜牧业总收入、牲畜出栏数，这些指标属收益属性组。

各指标具体解释如下。

草原面积：1983 年落实牧区家庭联产承包责任制时划分到户的草原面积。

家庭劳动力：家庭从事畜牧业生产的劳动力。

当年生产支出：包括当年畜牧业生产的固定生产费用和流动生产费用。具体来说包含草原基本建设（围栏）当年折旧、棚圈建设或维修费用，以及外地购入饲草、饲料费用，租用草原和畜牧业机械维护费用等。

基础母畜：包括用于翌年繁殖的基础母畜和当年未出栏并用于以后繁殖的母畜（均按照羊单位计算）。

家庭畜牧业总收入：单个牧户畜牧业年收入。

牲畜出栏数：翌年出栏羊羔和由于不能繁殖而进行出卖的基础母畜及其他牲畜（均按照羊单位计算）。

运用上述指标，典型县（旗）的牧户生产效率的结果如下。

首先，是典型县（旗）的牧户生产效率，因为 3 个典型县（旗）分别来自于草甸草原、典型草原和荒漠草原，可称为内蒙古草原区，所以将这 3 个典型县（旗）牧户的数据合并，计算内蒙古草原区牧户的生产效率。具体结果见图 3-15 和表 3-8。

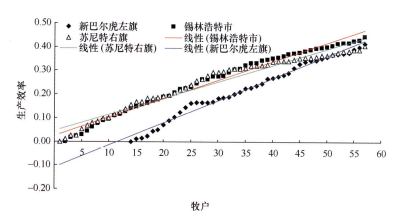

图 3-15　典型县（旗）牧户生产效率

表 3-8　内蒙古草原牧区总体情况以及典型县（旗）牧户生产效率描述性统计

生产效率	新巴尔虎左旗	锡林浩特市	苏尼特右旗	内蒙古草原区
平均生产效率	0.22±0.12	0.25±0.13	0.24±0.12	0.25±0.12
最大值	0.42	0.44	0.40	0.41

由表 3-8 可知，典型县（旗）中，锡林浩特市（典型草原）牧户的生产效率

最高，最高为 0.44，平均生产效率为 0.25；其次为新巴尔虎左旗（草甸草原），牧户最高生产效率为 0.42，平均生产效率为 0.22；苏尼特右旗（荒漠草原）的牧户生产效率最低，最高为 0.40，平均生产效率为 0.24；新巴尔虎左旗（草甸草原）牧户平均生产效率最低，为 0.22。

但从增长趋势来看，新巴尔虎左旗（草甸草原）牧户的生产效率增长潜力最大，其次为锡林浩特市（典型草原），苏尼特右旗（荒漠草原）牧户的生产效率提高得最为缓慢。

3. 典型县（旗）影响牧户生产效率的因素分析

在计算牧户生产效率的基础上，利用牧户实际生产情况结合大量文献资料和调研情况，以牧户个体属性（年龄、民族、文化水平等）、家庭环境特征（交通、政策和市场信息等便利程度）、家庭生产与经营特征（草原资源、草原面积、牲畜存栏量）等变量作为自变量，建立牧户生产效率的回归模型：

牧户生产效率=F（牧户个体属性；家庭环境特征；家庭生产与经营特征；气候、政策或市场认知等）

自变量的具体定义和解释见表 3-9。

表 3-9　内蒙古草原区牧户生产效率多元回归分析变量及解释

自变量	解释
交通便利程度	关系到获得饲草料附近牧户（包括亲戚朋友）信息的难易，用距最近公路的距离表示
信息可获得性	表示获得市场、政策等信息的便捷程度，用距县（旗）的距离表示
户主性别	男=1；女=0
户主民族	蒙古族=1；汉族=0
干部	是=1；否=0
户主年龄	表示牧户的畜牧业生产经验的丰富程度及对现存生产方式的热衷程度
户主文化	表示接受新事物的难易程度；文盲=0；小学=1；初中=2；高中及中专=3
劳动力	牧户家庭中可以从事畜牧业生产的人数
家庭教育指数	衡量整个牧户家庭人口的文化水平结构指数

对牧户生产效率进行多元回归分析，结果如表 3-10 所示。

由表 3-10 可知，在锡林浩特市（典型草原），牧户生产效率与牧户是否为嘎查干部呈显著正相关关系（$P<0.1$），与不在村（嘎查）委员会任职的牧户相比，在村（嘎查）委员会任职的牧户的生产效率更高。分析认为，在村（嘎查）委员会任职的牧户，一般文化水平较高，接受新政策、新技术、新信息的能力较强，为获得更高的收入，更可能随着政策和市场的变化，响应政策的号召，采用新技术等，通过调整自己的生产方式，不断提高自己的生产效率，同时达到保护草原的目的。

表 3-10　内蒙古草原区总体及典型县（旗）牧户生产效率多元回归分析结果

自变量	多元回归系数			
	新巴尔虎左旗	锡林浩特市	苏尼特右旗	内蒙古草原区
交通便利程度	−0.192	−0.059	−0.011	−0.090
信息可获得性	−0.065	−0.179	0.191	−0.047
户主性别	0.209	−0.062	0.133	0.017
户主民族	0.169	0.151	0.196	0.171[*]
干部	0.008	0.298[*]	0.001	0.077
户主年龄	−0.026	−0.032	−0.278[*]	−0.088
户主文化	0.206	0.029	0.093	0.083
家庭教育指数	0.003	0.041	0.085	0.053
劳动力	0.133	−0.053	−0.106	−0.008

*表示在 10%水平上显著

在苏尼特右旗（荒漠草原）地区，牧户家庭的生产效率与户主年龄呈显著负相关（$P<0.1$），即牧户的年龄越大，其家庭畜牧业生产效率越低，越年轻，则家庭生产效率越高。分析认为，年龄大的牧户一般文化水平低，常常居住在偏远牧区，与外界接触较少，思想和行为相对传统和保守，接受新事物的能力较差，而年轻的牧户则文化水平普遍较高，与外界接触较多，对新事物、新信息的接受能力较强，因此也更容易采用新技术，加上年轻牧户的劳动力素质高，生产效率更容易提高。

第二节　草原牧区生产系统草畜耦合模式

一、饲草料均衡供给模式

（一）饲草料均衡供给模式变迁的历史背景

1. 中国草地放牧利用方式的转变

草原景观覆被广泛，是中国第一大陆地生态系统，放牧是其主要的土地利用方式（任继周，2012）。回溯历史可见，放牧方式及产权制度有着复杂的嬗变过程，经历了游牧、定居游牧、定居移牧、定居等的变迁，游牧半径逐渐缩小（王建革，2006），并最终为定居所取代。20 世纪 80 年代以来，草原承包责任制逐步得到落实，改变了中国草原上几千年的生产经营格局，形成了牧户生产经营系统（李西良等，2013b），它具备一定的草原资源、动态变化的牲畜群体、相对固定的地理空间，以及具有独立决策权的经营主体，使牧户成为草原资源利用与保护的基本单元（李西良等，2013b；丁勇等，2008）。

　　人地适应是人文地理学、人类生态学等学科的基本规律，自然资源利用方式的形成和维持往往是人类与其经营生活的资源环境之间互作的结果（Kates et al.，2012），人类对草原的利用也不例外。草原生态系统具有典型的非平衡特征，在一定尺度下降水波动是控制草原种群动态、群落格局及系统生产力的主要因子，呈现出密度无关性（邬建国，2001），故而，同一地区水草资源的时间变异性与人类对其需求的连续性之间的矛盾成为游牧的动因之一（李文军和张倩，2009）。水草资源的空间异质性是草原景观的另外一个主要特征，这为牧民摆脱水草资源的时间变异提供了地理空间。因此，游牧实质上是人类对草原生态系统空间异质性与时间变异性的适应策略。

　　在千年时间尺度上，中国草原牧区的人口、牲畜逐渐增多，游牧半径相应地缩小，加之制度因素，近年来，牧户生产取代游牧制度成为草原利用的基本方式（李西良等，2013b；丁勇等，2008）。然而，游牧的人类生态学基础并未改变，非平衡机制仍主导着草原生态系统的资源水平与时空格局，牧户生产单元因此呈现草畜系统的时空相悖特征，包括草畜系统季节性失衡、年际间失衡及极端气候灾害下的草畜突发性失衡（李西良等，2013b）。

2. 草地资源与气候变化特征分析

　　在中国北方草原，草地退化及其形成机制已有很多的研究（侯向阳，2013），研究已经证实，近几十年来，草地退化明显，为气候变化和人类活动共同所致，但前者是主导因素（Wu et al.，2010）。李西良（2013）在2012年8～10月对内蒙古自治区分别处于草甸草原、典型草原、荒漠草原的新巴尔虎左旗、锡林浩特市、苏尼特右旗牧户调查中，访谈了牧民对 1980～2011 年自家草原植物种类、土壤肥力、植株高度、土壤湿度、植被盖度、草地产量的变化情况的判断（图 3-16），大多数（>80%）牧户认为自家草原近 30 年来发生了退化，只有不到 20% 的牧民认为草原质量没有变化，在牧民对植被-土壤指标变化的判断中，以对草原产量（88.89%）和植被盖度（85.62%）的感知最为敏感，最不敏感的是植物种类（78.43%）。

　　对牧户的认知进行了进一步的调查，研究发现，与众多科学研究结果相悖的是，多数牧民认为草地退化的原因在于降水减少，而非过度放牧，93.38%的受访者认为降水减少是驱动草地退化的主要（43.05%）或唯一（50.33%）原因，仅有 6.62% 的牧民认为过度放牧是唯一的原因（表 3-11）（李西良，2013）。可见，牧户对草地退化成因的认知存在一定的偏差，这可能是牧户超载过牧行为得以维持的一个动因，这从牧户行为上进一步揭示了超载过牧的行为学机制（李西良，2013）。

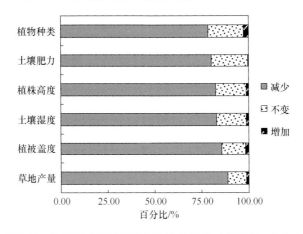

图 3-16　牧民对自家草原质量变化的判断（李西良，2013）

表 3-11　牧民对草原退化原因的判断（%）（李西良，2013）

地区	仅过度放牧	过度放牧>气候变化	仅气候变化	气候变化>过度放牧
新巴尔虎左旗	0.00	3.45	65.52	31.04
锡林浩特市	0.00	18.42	42.11	39.47
苏尼特右旗	0.00	1.82	40.00	58.18
内蒙古草原区	0.00	6.62	50.33	43.05

3. 牧民购买草料行为适应性变化

通过多户数据拟合，李西良（2013）研究了 1999～2011 年牧户牲畜数量和草料购买情况的变化，探究了牧户的饲草策略对气候与草地资源变化的响应（表 3-12）。过去 12 年中，锡林浩特市牧户平均牲畜数量基本稳定，而新巴尔虎左旗和苏尼特右旗牧户牲畜数量呈明显增长态势，12 年间分别增加 1.5 倍和 1.2 倍，变化趋势明显（$P<0.01$）。与牲畜动态不相匹配的是，牧户饲草购买量增幅大于牲畜数量增长，单位牲畜饲草储备量分别增加 1.5 倍、1 倍和 3 倍，变化趋势都达到极显著水平（$P<0.01$）。自从 2000 年研究区发生严重的旱灾以来，牧户饲草储备连年增加，这与近年来草原提供的可供家畜采食的饲草供给有关，草原资源的退化使得饲草购买量大幅增加，单位牲畜购草量同步增加。

表 3-12　1999～2011 年牧户牲畜及购买草料变化（李西良，2013）

地区	牲畜数量		牧户饲草购买量		单位牲畜购草量	
	变率/（头/a）	R^2	变率/（kg/a）	R^2	变率/[kg/（头·a）]	R^2
新巴尔虎左旗	22.61	0.92**	1792.56	0.85**	2.64	0.81**
锡林浩特市	−4.28	0.13	1269.23	0.68**	5.76	0.33*
苏尼特右旗	13.92	0.73**	1932.22	0.88**	4.34	0.78**

*表示在 0.05 水平上显著；**表示在 0.01 水平上显著

4. 牧户应对旱灾的草畜调控对策变迁

干旱是降水波动的极端表现，降水减少和草地退化增加了牧户对旱灾的敏感性和脆弱性。过去几十年来，牧民应对干旱的行为优先序和行为多样性发生了明显变化（图 3-17，图 3-18，表 3-13）。在 20 世纪 80～90 年代走场是优先策略，而 21 世纪购草是优先策略；卖畜这一被动策略主要在 20 世纪 90 年代被牧户采用，近年来主要采用购草等主动策略（图 3-17）。在 20 世纪 80 年代，大多数牧户（约 85%）采用一种适应策略，随着年代增加，牧户的适应策略朝着多样化方向发展，不同牧户之间也出现策略的分化（表 3-13），在 20 世纪 80 年代、20 世纪 90 年代、21 世纪初，应对旱灾分别有 1.17 种、1.79 种和 1.98 种策略（图 3-18）。

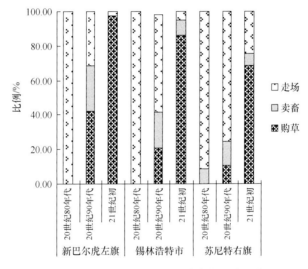

图 3-17　牧户对旱灾的应对行为优先序变化（李西良，2013）

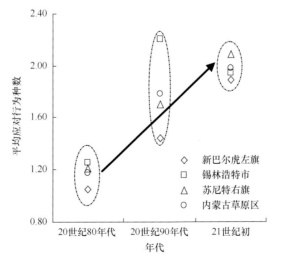

图 3-18　不同年代应对旱灾行为的年代种数（李西良，2013）

表 3-13 牧户旱灾的应对行为多样性的变化（%）（李西良，2013）

地区	年代	采用 1 种适应策略牧户所占比例	采用 2 种适应策略牧户所占比例	采用 3 种适应策略牧户所占比例
新巴尔虎左旗	20 世纪 80 年代	94.74	5.26	0.00
	20 世纪 90 年代	60.53	34.21	5.26
	21 世纪初	15.79	78.95	5.26
锡林浩特市	20 世纪 80 年代	81.03	12.07	6.90
	20 世纪 90 年代	13.79	51.72	34.48
	21 世纪初	8.62	87.93	3.45
苏尼特右旗	20 世纪 80 年代	78.95	21.05	0.00
	20 世纪 90 年代	50.88	28.07	21.05
	21 世纪初	26.32	38.60	35.09

（二）牧户尺度草畜系统失衡及其相悖机制

1. 草畜系统季节相悖特征

中国北方草原区气候因子具有雨热同期的特征，以内蒙古地区为例，降水主要集中于 6～8 月，全年 75%的降水分布其间（李西良等，2013b），水热控制下的草原资源在一年内也具有节律性（李文军和张倩，2009），呈现明显的季节差异，峰值与谷值之比可趋向无穷大（任继周，2004）。在年度周期内，与草原资源相适应，随着接羔、出栏等生产活动的开展，牲畜数量也呈现节律性变化特征。

尽管在牧户经营过程中，牧民根据草原资源的节律性特征来调整家畜生产节律，但草原、家畜具有不同的种群动态规律，前者主要受水热因子调控，后者则主要由人类生产需求及经济核算所调节。在实际生产中，家畜数量主要由基础母畜和羔羊等部分构成，基础母畜是家畜生产的基础，在内蒙古草原，产羔率大致在 0.75，因此，家畜生产的峰值与谷值之比大约为 1.75，远小于草原资源的峰谷比（李西良等，2013b）。

草原与牲畜种群动态节律的不完全同步，以及枯草季节草畜供需关系的失衡，是牧户尺度草畜系统季节相悖性的主要体现（李西良等，2013b）。特别是在一些地区，户均拥有草原面积较小，季节性牧场不复存在，传统的季节性轮牧制度消失，这给牧户摆脱草畜系统季节相悖性带来了挑战，在一定程度上加剧了季节相悖度。

2. 草畜系统年际相悖特征

以内蒙古草原 40 余气象站点为例，对 1980～2011 年年降水量与变异系数之间的关系分析发现，二者呈现极显著的负相关关系（R^2=0.48，P<0.01），随降水

量减少，变异系数趋于增大（图 3-19）。降水变异系数可在一定程度上表征草原生态系统非平衡特征的程度，内蒙古草原从东至西降水趋于减少，其年际波动性相对趋于增大，非平衡特征呈地带性增加。尽管草原生态系统具有稳定性的维持机制，但受降水波动的主导，草原提供的饲草资源也会相应地波动，变异系数可达 20%～30%（李西良等，2013b）。

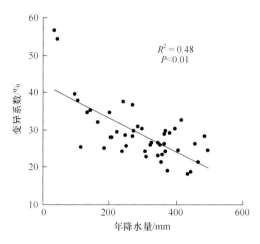

图 3-19　降水年际变异系数与年降水量之间的关系（李西良等，2013b）

牧户牲畜规模具有固定的规律，在维持基础母畜的基础上，年内畜群规模周期性变动，整体上，牲畜规模在年际间具有相对的稳定性，由图 3-20 可见，在 2000～2010 年，内蒙古地区羊及总畜数（大牲畜按 1：5 折算为羊单位）总体保持稳定增加态势，除个别极端灾害年份的影响外（如 2000 年旱灾），牲畜规模总体稳定（或稳定增加），未随降水及草原饲草供给的波动而波动，牧户生产经营系统中具有对牲畜规模稳定性的调控机制。因此，在年际尺度上，草原资源波动

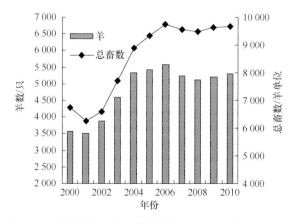

图 3-20　内蒙古地区牲畜数量变化（李西良等，2013b）
数据来自《内蒙古统计年鉴》

性与牲畜规模稳定性之间表现出相悖特征，在调控过程中，需要采取适应措施克服草畜系统的年际相悖特征。

3. 极端灾害下草畜系统突发性失衡

旱灾和雪灾是我国草原区影响范围最大、危害程度最深、发生频率最高的极端气候灾害事件（Hou et al.，2013），由于我国草原覆被广泛，气候条件、草原状况、经营方式等地带性特征突出，因此孕灾环境敏感性、致灾因子危险性、承灾体脆弱性等均呈现较强的区域分异格局，这些因素致使气候灾害的发生形式极为复杂，在各地的牧户生产经营系统中具有不同的作用过程与机制。

旱灾与雪灾作用于牧户生产经营系统的实质为，在气候因子干扰下，主要通过牧草、牲畜两项因子，牧户生产系统中"饲草资源—家畜生产—牧民经营"过程中的物流、能流过程受到干扰或非正常中断，降低了牧户生产经营系统的能级水平，打破了草畜间原有的物流、能流平衡关系，进而干预原有草业系统的耦合效应，使得牧户草畜供需关系突发性失衡，导致极端灾害下的系统出现相悖特征（李西良等，2013b）。

极端气候灾害引发草畜系统的突发性失衡具有复杂的作用过程，侯向阳课题组对内蒙古地区 2012～2013 年草原雪灾的研究发现，草原雪灾常以链式形式发生，演化规律具有过程性、累积性，在导致草料供给亏缺的基础上，在与寒冷、融冰等因素交互作用下，使得牧户雪灾受损，主要体现在 4 个方面，即成畜死亡、母畜流产、幼畜死亡、成畜掉膘（图 3-21）。

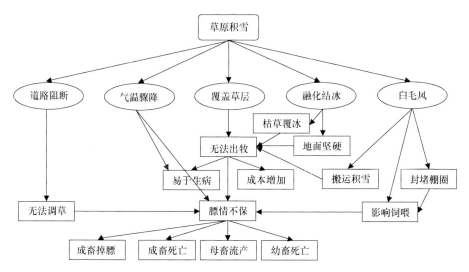

图 3-21　内蒙古草原牧户尺度上的草原雪灾灾害链（李西良等，2013b）

（三）牧户尺度饲草料均衡的耦合优化模式

1. 草畜年内耦合机制

调整草畜间的物流、能流平衡关系是发挥牧户生产系统耦合效应的关键。年度周期内草原饲草供给节律与畜群需求节律的非同步性，引发草畜间物质与能量的季节性失衡，相应地，生产经营对其的调节，主要是在牧户经营关键节点中调节接羔、出栏、购草等的时间及数量，分别从增草、减畜两个方面去调控。

因此，草畜年内耦合机制在于两个方面：一是提高畜群需求节律与草原饲草供给节律的同步性，与过去相比，近年来牧民倾向于通过提前接羔、当年出栏等办法，将过去两年的生产节律调整为一年的生产节律，从而减少过冬畜数占总畜群的比例，降低草畜季节性失衡程度（图3-22）；二是秋季购买草料成为常态，平衡冬春饲草亏缺时段的草畜失衡状况，将过去灾害年份草畜的物能平衡策略用于摆脱牧户生产经营系统的季节性失衡。

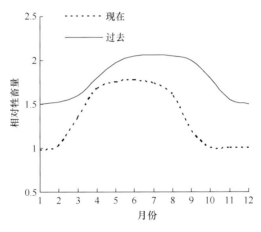

图 3-22　牧户相对牲畜量年内动态及其适应性变化（李西良等，2013b）

假定基础母畜为 1

2. 草畜年际耦合机制

基于草原区降水的高年际变异性与空间异质性，有研究提出了生态系统非平衡性理论，认为降水波动是决定草原状况的首要因子，控制种群动态的是与密度无关的环境变动，并以此在一定程度上阐释了游牧制度的人类生态学动因（李文军和张倩，2009）。草原承包政策的落实，催生了以牧户为生产单元的基本格局的形成，由于降水的高时空变异性特征仍然存在，中国北方草原大概存在 5 年的降水波动小周期（李西良等，2013b），而波动的极端表现是气候灾害，那么牧户经营中不可避免地产生对降水周期性波动的适应机制，较之对气候趋势变化的响应，牧户经营对气候年际波动及气候周期性的适应是更为常见的生态学过程。

牧民应对气候变化特别是极端气候，首选是购草的保畜策略，通过改变草料供给渠道来保持草、畜间的物质平衡，这是牧户对极端气候的短期响应行为，可能当年经济核算并非最优，但维持畜群规模可保证一个降水周期内效益最大，因此，在时间序列上，气候周期性与波动性、畜群规模稳定性、年度经济收益波动性等几个现象并存，这种基于气候波动的经济核算及其决策可称为牧户生产周期（household production cycle），由气候与经济的联合驱动所致（侯向阳等，2013），是对当地气候的长期响应行为。牧户是生态与生产的复合体，基于降水波动的生产周期行为，是牧户生产系统的生态学机制的体现。

3. 极端灾害下草畜耦合机制

极端灾害导致草畜系统突发性失衡，为使损失最小化，在牧户经营中，常采取保畜与减畜两种应对策略。雪灾发生速度快，持续时间相对集中，且作用强度大，采用减畜策略的情况相对少；而旱灾持续时间长，发展演化过程复杂，影响程度深，一般采取减畜与保畜并重的策略，但具体不同牧户之间又存在较大的分异。整体而言，保畜策略更为常见（李西良等，2013b）。

保畜策略又分为保命模式与保膘模式 2 种。李西良等（2013b）对 2012～2013年内蒙古地区的特大草原雪灾进行了调查，他们发现，保命模式为在草料储备量一定的情况下，预计到翌年雪化期间草料紧张，由于交通、资金的原因，无法购买充足的草料，牧民降低要求，每日尽量限制牲畜采食，尽管牲畜膘情不保，但可勉强使基础母畜存活，保留灾害恢复的牲畜规模基础。而保膘模式是，基于饲草储备充足的条件，或者道路畅通，饲草调运易于实现，且有足够资金购买草料，牧户每日使牲畜采食足够的草料，尽量使牲畜减少掉膘，既可保住大牲畜，又可减少母畜的流产，母羊奶水充足，可保证羔羊损失最小化。不同牧户间倾向于采取保命模式还是保膘模式，常受牧户属性影响。

4. 牧区饲草料均衡供给模式的预测与建议

近几十年间，接羔、出栏与养殖时长均发生了适应性变化。在全球变暖的背景下，牧户通过人为分群管理，调控牲畜配种时间的手段，接羔时间与前几十年相比较提前了 15～30 天，出栏时间由次年出栏调整为当年出栏，养殖时长缩短至 5～6 个月，缩短了畜牧生产周期。

由于牧户生产经营中自我能动适应过程的存在，近几十年来，气候变化（主要是温度变化）带来的畜牧生产周期的改变，显著提高了饲草资源相对短缺背景下牧户生产经营系统的适应能力，这为通过牧户调控来适应气候变化背景下草原资源变化提供了重要启示。在以温度升高为主要特征的气候持续变化的背景下，根据气候资源的时空分配格局,为进一步提高对气候变化的适应能力,充分利用气候变化所带来的热量资源的积极变化,应引导牧户根据气候资源的变化调整接羔等生产经营关键节点的时间,进一步提高以一年为周期的草地畜牧生产效益。

在气候与草地资源变化的背景下,牲畜结构的这些调整,提高了牧户的生产效率,缩短了生产周期,增大了牧户年内收益,利于适应气候变化与草地退化。那么,近30年来,伴随气候变化下草原与牲畜物质、能量的失衡,牧户在牲畜结构、草料储备等方面表现出的适应策略,在一定程度上是长期适应形成的人类生态策略。同时,这为通过牧户行为调控来适应进一步的气候变化提供了重要的信息,特别是为制定气候变化适应政策提供了科学依据。

依据此,可以从以下几个方面改进牧户对气候变化的适应技术与手段,建立对牲畜结构的时间调节模式和草料储备的空间调配模式,从而丰富牧户的气候变化适应策略,进一步提高气候变化适应能力与策略的针对性。

第一,在不同草原地区,确立与当地气候环境、草地资源条件相适应的牲畜结构,建立牲畜结构的空间匹配格局与模式。热量、降水等气候资源的地带性梯度分异是中国北方草地的基本特征,通过牧民自适应形成与各地气候资源相匹配的牲畜结构,往往建立在不断"试错"的基础上,是低效的,应该通过科学研究,探索不同气候资源条件下牲畜结构等要素优化配置的技术模式,再通过政策引导牧户生产方式与技术的改进。

第二,针对气候变化特征及年际间气候波动情况,适应性地调整牲畜结构,探索牲畜结构的时间调节机制。尽管气候及草原资源变化尚在持续进行中,但在它们变化的时间序列上,牧户牲畜结构等变化却具有滞后性,并且难以达到最优状态,应该根据气候与草原资源变化的进程,通过科学研究探索牲畜结构的优化配置模式,再通过示范验证与推广,实现在气候变化进程下牲畜结构的时间序列的适应性调节。

第三,根据各地草地资源的状况,不同地区合理地储备草料,建立草料资源的空间调配模式。草原资源在中国覆被广泛,气候条件迥异,草地资源水平也呈现显著的差异,据此,基于草地资源空间格局,可试建跨区域的草料空间优化调配机制。

二、畜群结构优化调控模式——牧户畜群结构的自适应优化调控

1. 牧户牲畜结构适应性变化

绵羊、山羊、牛、马、骆驼等不同牲畜对气候条件、极端灾害、饲草资源具有不同的适应能力,在气候和草地资源变化的背景下,干旱等灾害频发,草原植

物出现"矮小化"现象（李西良等，2014；王炜等，2000），草原产量下降，对北方草原牧户经营造成冲击，牧户通过调整牲畜结构响应上述变化（图 3-23），与十几年前相比，81.58%的牧户牲畜结构有变化，典型草原区（91.38%）＞草甸草原区（83.78%）＞荒漠草原区（70.17%）。

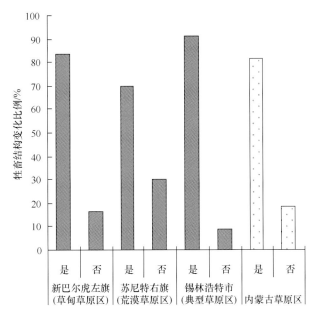

图 3-23 研究区家庭牧场牲畜结构变化与否（李西良，2013）

在 3 种草原类型区的牧户经营对气候与草地资源变化的响应中,牲畜结构的调整具有不同的方向（表 3-14），山羊不变（100%）、绵羊增加（≈100%）是共同的响应特征，但大牲畜的变化具有不同的方向，草甸草原（新巴尔虎左旗）有75%的牧户大牲畜明显增加，典型草原（锡林浩特市）、荒漠草原（苏尼特右旗）大牲畜在整个畜群中则呈减少（77.36%、95.12%）的响应特征（李西良，2013）。

表 3-14 不同草原类型牧户 1980～2011 年牲畜结构适应性变化（%）（李西良，2013）

牲畜种类	变化方向	苏尼特右旗	锡林浩特市	新巴尔虎左旗
绵羊	增加	97.56	100.00	100.00
	减少	0.00	0.00	0.00
	不变	2.44	0.00	0.00
山羊	增加	0.00	0.00	0.00
	减少	0.00	0.00	0.00
	不变	100.00	100.00	100.00
大牲畜	增加	4.88	3.77	75.00
	减少	95.12	77.36	14.29
	不变	0.00	18.87	10.71

　　牲畜结构的调整对于牧户适应气候与草地资源的变化具有正向效应（图3-23），表3-15分析了牧户经营中接羔率、出售率等生产效率指标与牲畜结构之间的关系（图3-24），大畜/小畜、小畜占总牲畜的比例两项指标与接羔率、出售率呈显著或极显著正相关关系（P<0.01），山羊/绵羊也与接羔率、出售率呈正向相关性，但不具有统计学意义（P>0.05）。

表3-15　牲畜结构对接羔率和出售率的影响（李西良，2013）

牲畜结构	山羊/绵羊	大畜/小畜	小畜占总牲畜的比例	接羔率	出售率
山羊/绵羊	1.00	−0.11	−0.25**	0.14	0.13
大畜/小畜	−0.11	1.00	−0.32**	−0.44**	−0.38**
小畜占总牲畜的比例	0.25**	−0.32**	1.00	0.19*	0.22**
接羔率	0.14	−0.44**	0.19*	1.00	0.65**
出售率	0.13	−0.38**	0.22**	0.65**	1.00

*表示在5%水平上显著；**表示在1%水平上显著

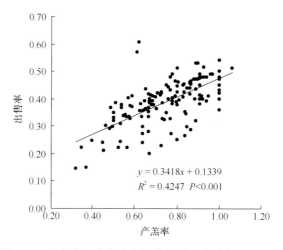

图3-24　产羔率与出售率之间的关系（李西良，2013）

　　因此，牧户通过增加绵羊等小畜比例来调整牲畜结构，有效地提高了牧户畜牧生产效率；而在草甸草原区，大畜比例增加，其原因可能在于湿润的气候与丰富的饲草资源比其他草地类型区更益于大畜的养殖，在市场利益驱动下，使牲畜结构在一定程度上偏向大畜的养殖。总之，在气候与草地资源变化的背景下，牲畜结构的这些调整，提高了牧户的生产效率，缩短了生产周期，增大了牧户年内收益，利于适应气候变化与草地退化。

2. 牧户接羔时间与出栏时间适应性调整

　　接羔时间与出栏时间的调整是牧户适应气候与草地资源变化的一种重要形

式，由表 3-16 可见，接羔时间、出栏时间与养殖时长均发生了适应性变化，在温度升高背景下，与几十年前比较，牧户通过人为分群管理，调控牲畜配种时间，在气候资源（温度显著升高）等的允许下，接羔时间提前了 15～30 天，出栏时间由翌年出栏调整为当年出栏，养殖时长由过去约 600 天缩短至 150～180 天，缩短了畜牧生产周期（李西良，2013）。

表 3-16　研究地区 1980～2011 年接羔时间与出栏时间的适应性变化（李西良，2013）

地区	接羔时间		出栏时间		养殖时长	
	几十年前	现在	几十年前	现在	几十年前	现在
苏尼特右旗	3 月 15 日	2 月 15 日	翌年 11 月	当年 8 月	600 天	180 天
锡林浩特市	4 月 1 日	3 月 1 日	翌年 11 月	当年 8～9 月	600 天	150 天
新巴尔虎左旗	4 月 10 日	3 月 20 日	翌年 11 月	当年 8～9 月	600 天	150 天

尽管棚圈设施的改善是促进牧户对接羔时间调整的内在动因，但气温的持续升高也为其提供了气候条件，是驱动接羔时间调整的关键驱动因子。利用多年平均数据（1980～2011 年），计算了苏尼特右旗、锡林浩特市、新巴尔虎左旗 3 地接羔集中期（2 月 1 日至 4 月 30 日）的气温日动态，由图 3-25 可以看出，气候变化背景下不同草原类型区气温的时空分异格局明显：同一时间点温度高低顺序为苏尼特右旗>锡林浩特市>新巴尔虎左旗 [图 3-25（a）]，这是驱动各地接羔时间差异的主要原因（表 3-16）；在气候变化背景下，1980～2011 年，接羔集中期（2 月 1 日至 4 月 30 日）各地温度均显著升高 [苏尼特右旗（+1.04℃/10a，n=32，R^2=0.27，P<0.01），锡林浩特市（+1.16℃/10a，n=32，R^2=0.27，P<0.01），新巴尔虎左旗（+0.96℃/10a，n=32，R^2=0.14，P<0.05）] [图 3-25（b）]，各地温度的变化导致了热量资源的变化，为牧民接羔时间的调整提供了重要条件。

图 3-25（c）、图 3-25（d）可以解释温度升高对接羔时间调整的作用，以 1996 年作为中间分界年份，1980～1996 年，各地平均接羔时间为苏尼特右旗 3 月 15 日、锡林浩特市 4 月 1 日、新巴尔虎左旗 4 月 10 日，气温大致均在-4℃线处 [图 3-25（c）]；气候变化下，1997～2011 年，接羔集中期温度升高约 2℃ [图 3-25（d）中的线 1]，-4℃线提前了 10～15 天 [图 3-25（d）中的线 2]，然而，1997～2011 年，各地平均接羔时间为苏尼特右旗 2 月 15 日、锡林浩特市 3 月 1 日、新巴尔虎左旗 3 月 20 日，气温位于-7℃线。因此，中国北方草原牧户接羔时间的提前 [从线 1 到线 3，图 3-25（d）] 为两种因素所驱动：一是气候变暖 [线 1 移动至线 2，图 3-25（d）]；二是棚圈等基础设施的改善 [线 2 移动至线 3，图 3-25（d）]。

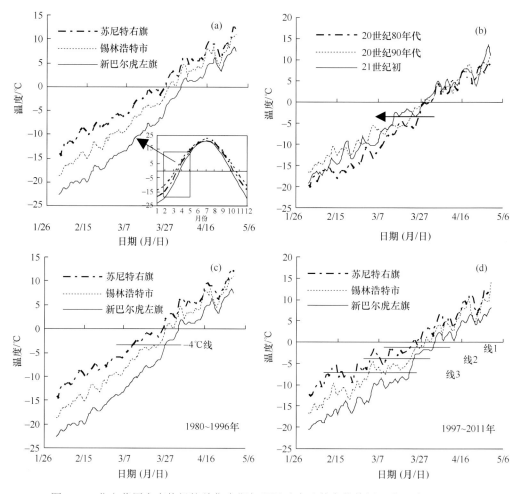

图 3-25　北方草原家庭牧场接羔集中期气温日动态及其变化特征（李西良，2013）

接羔时间和出栏时间的调整改变了牲畜养殖时长（表 3-16），在基础母畜一定的情况下，草地上承载的家畜数量发生了变化，假定基础母畜为 1，现在和过去的接羔率分别为 75% 和 50%，出栏率均为 48%，同时忽略牲畜损失的情况，在牧户年内生产周期中，随着接羔、出栏等生产活动的进行，一年中牲畜数量发生变化，调整接羔时间与出栏时间以后，整个畜群的数量低于调整期前的规模，而且一年内单位草地面积上的牧压也随之减轻，这种经营模式的转变缩短了生产周期，在基础母畜一定的情况下，减轻了放牧压力，有助于提高对气候与草地资源变化的适应能力。

3. 舍饲和放牧优化调控

饲粮类型影响羊肉品质，还会在一定范围内产生特殊的气味。有些放牧羊肉的特殊香味与放牧场含有具芳香族化合物质的野生牧草（多见药用植物）有关。

采食苜蓿或三叶草的绵羊，肉品味道比采食黑麦草的绵羊更强烈（Nixon et al.，1967）。对于消费者而言，评价肉品质主要靠的是嫩度、风味、多汁性等感官特征，其中嫩度和风味尤为重要。感官印象是消费者判定肉品质的初级准则，往往影响消费者的购买决策。肉品质中的嫩度、多汁性和风味在后期消费过程中才最终被验证。研究结果表明，放养猪肉的滴水损失较舍饲猪肉的要高（Stern et al.，2003），但 Keane 和 Allen（1998）认为牛肉的滴水损失与饲养方式没有关系。肉品的风味与其多不饱和脂肪酸（PUFA）、n-3 系列脂肪酸和共轭亚油酸（CLA）含量密切相关。这些不饱和脂肪酸不仅可以增加羊肉的抗氧化性和氧化还原性能（Descalzo and Sancho，2008），使其保持良好的外观特征；更重要的是，这些脂肪酸具有抗动脉硬化、防止肥胖、抗癌等重要生理生化功能，对维持消费者的身体机能与健康有着非常重要的作用（Gebauer et al.，2005）。

　　家畜肉组织中脂肪酸沉积也受饲粮类型的影响（Fisher et al.，2005；Priolo et al.，2002）。完全放牧饲养的反刍家畜和以谷物为主的精料饲养的反刍家畜，在肉品感官特性上存在显著差异（Melton，1990）。但是，饲粮影响羊肉感官特性的机制是复杂的，而且并不是完全清楚的（Resconi et al.，2009）。这些不同可能通过饲养体制对生长率、年龄、胴体重和脂肪厚度及肌肉脂肪组成的影响来调控（Calkins and Hodgen，2007）。精料饲养和放牧饲养的羔羊肉品质和胴体质量不同，主要表现在皮下脂肪的颜色、胴体肥瘦和肉的风味上（Rousset-Akrim et al.，1997）。另外，如果饲粮中的成分转移到肌肉组织中就可能直接影响肉品质（Vasta and Priolo，2006）。相对于以精料为主的舍饲家畜而言，放牧家畜肌肉中含有更多的 PUFA、瘤胃酸（RA）和 n-3 脂肪酸，而饱和脂肪酸（SFA）含量较低（Aurousseau et al.，2004；Silva，2001）；而且，其肉组织具有高水平的抗氧化性，肉品风味更优（莎丽娜，2009）。研究发现，饲粮中含有高比例的新鲜牧草，或在育肥期间饲喂天然牧草，能增加羔羊肌肉中 PUFA 和 CLA *cis*-9,*trans*-11 的沉积，降低 SFA 含量（García et al.，2005；French et al.，2003）。饲粮中添加 1%的杜仲，显著降低了鸡肉的滴水损失，提高了鸡肉的 pH 和肌苷酸含量，使胸肌纤维明显变细、胸肌肉色得到改善（胡忠泽等，2006）。添加甜菜碱可提高肥育猪胴体瘦肉率和增大眼肌面积，降低背膘厚度。添加新鲜苜蓿可以提高波尔山羊的屠宰性能，显著降低（$P<0.05$）硬脂酸（C18:0）含量和山羊肉的膻味，还能提高超氧化物歧化酶（SOD）含量，增加其抗氧化性能（刘圈炜等，2010）。添加沙葱和油料籽实显著降低了（$P<0.05$）绵羊肉的剪切力，提高了肉中 PUFA 和 CLA 的比例及蛋白质含量，显著降低了（$P<0.05$）C18:0 比例，使羊肉风味得到明显改善（武雅楠等，2012；赵国芬，2007）。最新研究发现，放牧羔羊肌肉中含有较高比例的 PUFA 和 n-3 脂肪酸（Vasta et al.，2012），是因为它们

摄入的 α-亚麻酸 C18:3n-3 含量较高。

牧草中 60%的脂肪酸是 n-3 系列脂肪酸。α-亚麻酸（C18:3n-3）是最主要的 n-3 系列脂肪酸，牧草是其天然来源。新生多年生黑麦草（*Lolium perenne*）和鸭茅（*Dactylis glomerata*）中含有高达 75%的 C18:3n-3（Sinclair，2007），开花期苜蓿含有 48%的 C18:3n-3（李志强等，2006）。C18:3n-3 是反刍家畜瘤胃合成 CLA 的前体物质之一，增加畜体 CLA 合成的底物，促进 CLA 合成，从而改善畜体 CLA 的沉积。同常规化学成分一样，牧草中的脂肪酸含量具有时间节律性变化。基于此，Avondo 等（2007，2008）对上午、下午分别限时放牧 4h 山羊乳中的脂肪酸组分进行了研究，结果发现，下午限时放牧 4h 组的 C18:3n-3 显著高于上午限时放牧 4h 组（1.02 vs 0.9；P=0.037）。

有关限时放牧的研究，国内外皆有报道。起初见于国外奶牛放牧管理中，近年见于改善羊肉品质的研究中。许旭（2010）试验结果表明，限时放牧 4～8h 加补饲显著提高了荒漠草原放牧苏尼特羔羊肉中 PUFA 的量，而减少了饱和脂肪酸（SFA）的量。Vasta 等（2012）进一步证实，下午限时放牧 4h 可以显著改善羔羊肉的脂肪酸组分，特别是 n-3 脂肪酸组分。这种放牧时间上的改变，为现代草地放牧管理制度的优化提供了新的思路和途径。

三、主要生产环节的调控模式

本部分仍然选择分别位于草甸草原、典型草原和荒漠草原的新巴尔虎左旗、锡林浩特市和苏尼特右旗为典型县（旗）进行牧户主要生产环节的优化调控模式探索。为实现这一目标，首先需要明确影响各个主要环节的主要因素，并在此基础上，提出有针对性的、有效的优化调控模式。

1. 接羔环节的影响因素

在接羔问题的决策上，根据已有的农牧户生产行为理论及实地调查，认为牧户接羔行为主要受牧户特征（文化、年龄、性别等）、牧户家庭与生产经营特征（劳动力、暖圈情况、存栏量、家庭纯收入等）、家庭环境特征（交通、政策和信息等便利程度）、过去行为（牧户自身、周围牧户、亲戚朋友等的接羔选择）影响，基于此，建立牧户接羔回归模型如下。

接羔=F（牧户特征、家庭与生产经营特征、家庭环境特征、过去行为影响）。

模型因变量：牧户实际的接羔时间。根据调研发现，牧户实际的接羔时间主要包括 3 种，分别是春羔、冬羔+春羔、冬羔，为便于模型分析，我们将其分别赋值为 1、2 和 3。

自变量详细解释见表 3-17。

表 3-17 牧户接羔行为影响因素分析结果

自变量	多元 logit 回归分析系数	
	苏尼特右旗	内蒙古草原区
草原类型	—	-1.702^{*}
交通便利程度	0.037	0.045
信息可获得性	-0.041^{**}	-0.037^{**}
户主性别	0.841	0.940
户主民族	-1.251	-1.133
干部	0.667	0.166
户主年龄	0.048	0.039
户主文化	0.777	0.336
劳动力	0.525	0.258
存栏量	-0.003	-0.003
邻居接羔决策	1.181^{**}	1.144^{**}
暖圈面积	-0.001	-0.001

*表示在 0.05 水平上显著；**表示在 0.01 水平上显著

在列出模型估计之前，首先需要指出，在对牧户接羔行为进行模型估计时，新巴尔虎左旗与锡林浩特市的牧户不计入在内。因为在新巴尔虎左旗受到低温和降雪的影响，累年冬季平均气温为–38℃，月降雪平均日数为 10.4 天，其中最低气温达–40.1℃，最长降雪日数超过 12 天，调研的 60 名牧户均接春羔；同时，在锡林浩特市调研的 60 名牧户中，接冬羔的牧户仅占调查总户数的 0.02%，如果直接进行多元 logit 回归，则仅有的一个因变量值 3（接冬羔）几乎被忽略，回归的结果都是根据因变量值 1（接春羔）得来的，不再具有现实意义，因此，也不会对锡林浩特市的牧户进行接羔行为模型分析。

由表 3-17 可知，不同草原类型区牧户的接羔时间显著不同，相比新巴尔虎左旗和锡林浩特市，苏尼特右旗的牧户更倾向于接冬羔，分析认为在 3 种草原区中，苏尼特右旗虽然可利用草原面积大（表 3-17），但生产力最低，且年均降水量最小，仅为 194.63mm，年均气温最高，达到 5.49℃，最适合接冬羔，而事实也是如此，我们调研发现，苏尼特右旗牧户更愿意通过接冬羔、舍饲来实现早出栏、提高经济效益，同时减缓草原压力，而新巴尔虎左旗和锡林浩特市两地的牧户则更依赖于草原，更坚持传统的畜牧业生产方式。

在苏尼特右旗和整个内蒙古草原区，牧户接羔行为与信息可获得性呈显著的负相关关系，距离县（旗）政府所在地越近，市场和政策信息越易获得，牧户越倾向于接冬羔，相反，距离县（旗）政府所在地越远，市场和政策信息越难获得，牧户越倾向于接春羔。分析认为，牧户距离县（旗）政府所在地越近，越容易掌握市场和政策信息，更容易接受新信息、新技术等新事物，如禁牧舍饲、出栏补贴等，也就更容易改变传统的畜牧业生产方式，通过接冬羔、舍饲等集约化养殖方式实现早出栏、缓解季节性草畜失衡，最终达到经济效益和生态效益的双赢。

此外，在苏尼特右旗和整个内蒙古草原区，邻居的接羔行为显著影响牧户自身的接羔决策，周围牧户接春羔，则牧户倾向于接春羔；周围牧户接冬羔；则牧户倾向于接冬羔。

2. 草原流转环节的影响因素

侯向阳课题组调研发现，流转后的草原多作为放牧场使用（草甸草原、典型草原和荒漠草原）或打草场使用（草甸草原和典型草原），冬春季接羔后，夏季牧户牲畜头数最多，因此，草原流转是关系到牧户自家草原放牧压力和草畜平衡的重要因素之一。牧户流转草原首先考虑是否有必要租入草原或是否可以出租草原，其次在决定发生流转草原行为后，牧户则需要选择租入或出租多大面积的草原，拟构建的模型如下。

流转草原= F（牧户特征、家庭与生产经营特征、家庭环境特征、过去行为影响）。

模型因变量：流转草原的面积，单位 hm^2；出租草原面积，用负值表示；租入草原面积，用正值表示；没有发生草原流转，则定义为0。

牧户草原流转行为模型估计的具体结果见表 3-18。可见，无论在新巴尔虎左旗、锡林浩特市，还是苏尼特右旗，家庭纯收入与牧户草原流转行为之间均存在显著的正相关关系，分析认为，家庭纯收入不仅代表家庭经济水平的高低，更与牧户家庭牲畜头数之间高度正相关，因此，可以推断，在牧户草原面积一定的情况下，牲畜头数越多，家庭经济水平越高，租借草原的可能性越大，而牲畜头数越少的牧户，其家庭纯收入越低，需要使用的草原越少，租借草原的可能性越小。流转草原的价格也显著影响牧户草原流转决策行为。

从整个内蒙古草原区来看，牧户所处的草地类型显著影响牧户草原流转决策行为，草原类型不同，单位面积的草地生产力不同，从草甸草原、典型草原到荒漠草原，草地生产力递减，尽管荒漠草原户均草原面积较大，但生产力低，且受生长季降雨量影响显著，并且年际间波动较大，为维持相对稳定的牲畜头数，尤其在降雨量少、草地生产力低的年份，牧户势必需要租借草原，这点从苏尼特右旗牧户草原流转行为模型估计中，放牧地面积与牧户草原流转行为呈负相关关系

表 3-18　　牧户草原流转行为的影响因素分析结果

自变量	多元回归分析系数			
	新巴尔虎左旗	锡林浩特市	苏尼特右旗	内蒙古草原区
草原类型	—	—	—	−4.034*
交通便利程度	−2.300	−0.878	−8.946**	−0.412*
信息可获得性	0.862	−1.205	1.241	−47.660
户主性别	24.280	22.178	−64.224**	−134.964
户主民族	−78.437	−94.595	−121.349*	−70.814***
干部	−90.128	100.404	−192.218	−2.147
户主年龄	2.293	0.807	−6.879*	35.733
户主文化	44.904	40.405	4.346	−4.152
劳动力	−73.026*	−35.133	81.165**	−0.115
放牧地面积	0.340*	−0.050	−0.184**	44.897**
流转草原价格	36.028*	46.286***	77.440**	0.001***
家庭纯收入	0.001***	0.002***	0.001*	−50.520***
常数项	−149.150	52.176	464.386	343.814

*表示在 0.05 水平上显著；**表示在 0.01 水平上显著；***表示在 0.001 水平上显著

可得到进一步证实；同时，虽然流转草原价格与牧户草原流转决策行为呈显著正相关关系，但系数极小，根据我们长期调研发现，很多牧户，尤其是那些牲畜头数多、家庭经济水平高的牧户，在租借草原时，相对于能否租到草原而言，其较少考虑流转草原价格问题，反而会千方百计寻找租借草原的机会。

在苏尼特右旗和整个内蒙古草原区，交通便利程度也显著影响牧户草原流转决策行为，在表 3-18 中，我们已指出，交通便利程度，即牧户家庭距最近公路的距离，在很大程度上代表了牧户能够获得附近牧户、亲戚朋友信息的难易程度，交通越便利，牧户与亲戚朋友之间接触越多，越便于获得流转草原信息，在调查如何获得租借草原信息时，有很多牧户表示是从亲戚朋友处获得信息，这也再次证实了我们的分析。

在苏尼特右旗和整个内蒙古草原区，牧户民族属性与牧户草原流转决策行为之间呈显著负相关关系，在新巴尔虎左旗和锡林浩特市，虽然两者之间关系不显著，但也呈负相关关系。分析认为，汉族牧户与蒙古族牧户整体相比，前者倾向于多养牲畜，以获得更高的经济收益，而蒙古族牧户则相对草原保护意识较强。在牧户草原面积不变的前提下，如果牧户欲持续扩大牲畜规模，势必需要通过租借草原来转移放牧压力，否则会加剧草原退化，影响经济收入的可持续性。

3. 牲畜出栏环节的影响因素

草畜平衡政策考察监督牧户的牲畜是否超载，也主要是指冬季的存栏量，因为出栏数直接关系到冬季牧户草原的承载力，一定数量牲畜下，秋季出栏多，则冬季草原压力小，秋季出栏少，则冬季草原压力大。所以分析牧户出售牲畜行为，主要是分析牧户出栏数的多少，以及有哪些因素影响出栏数。在分析牧户出售牲畜行为影响因素时，以牧户出栏的牛、羊、马等折合为羊单位作为总出栏数，并将其作为因变量。拟构建的模型如下。

出栏数=F（牧户特征、家庭与生产经营特征、家庭环境特征、过去行为影响）。

模型因变量：折合成羊单位后的出栏数。

牧户出售牲畜行为的影响因素分析结果见表 3-19。无论在新巴尔虎左旗、锡林浩特市，还是苏尼特右旗，或整个内蒙古草原区，存栏量均显著影响牧户出栏数的多少，牲畜存栏量是出栏数的最基本前提，只有冬季牲畜存栏量高，接羔数量才能提高，进而出栏数才有可能增加。此外，除新巴尔虎左旗外，在锡林浩特市、苏尼特右旗和整个内蒙古草原区，牲畜出栏数皆与实际放牧地面积呈显著正相关关系，实际放牧地面积是指发生草原流转后的牧户实际拥有的可使用的放牧场面积，发生出租或租入草原主要由牲畜数多少决定，因此可以说，流转后牧户实际放牧地面积越大，意味着其牲畜头数越多，而由于流转而来的草原一般作

表 3-19　牧户出售牲畜行为的影响因素分析

自变量	多元回归分析系数			
	新巴尔虎左旗	锡林浩特市	苏尼特右旗	内蒙古草原区
草原类型	—	—	—	-13.094
交通便利程度	0.318	-0.742	0.642	-0.495
信息可获得性	1.616***	0.313	0.106	0.860***
户主性别	21.817	-37.698	0.511	-23.011
户主民族	81.361	3.853	-39.830**	-4.014
干部	-1.647	-27.852	-12.001	1.620
户主年龄	3.634**	-0.640	0.295	0.786
户主文化	49.609	25.815	4.357*	21.500
劳动力	31.892	3.842	1.255	11.103
实际放牧地面积	0.092	0.148***	0.031*	0.039**
存栏量	0.395***	0.150*	0.697***	0.525***
常数项	-455.851	100.650	-0.721	-66.619

*表示在 0.05 水平上显著；**表示在 0.01 水平上显著；***表示在 0.001 水平上显著

为夏季放牧场使用，自家草原则作为冬季放牧使用，为缓解自家草原压力，牧户势必出栏较多数量的牲畜，以防止自家草原放牧压力过大，加剧退化，这也是牧户牲畜头数相对稳定的重要原因。

在新巴尔虎左旗及整个内蒙古草原区，信息可获得性显著影响牧户出售牲畜行为，分析认为，在内蒙古草原区，县（旗）政府所在地，一般是市场和政策信息最为集中的地方，而牧户居住分散，且距离政府所在地较远，交通不便，牧户决定何时出售牲畜及出栏数多少多参考往年经验和牲畜膘情、草原情况。同时，户主年龄也与出栏头数显著正相关，与年龄较大的牧户相比，年轻的牧户家庭一般劳动力较多、文化水平较高，有能力通过扩大牲畜规模来增加经济收益，因此出栏牲畜相对较少。

在苏尼特右旗，牧户牲畜出栏数与户主文化水平呈显著正相关关系，户主文化水平越高，越倾向于多出栏牲畜。分析认为，户主文化水平高，其市场意识、对政策的认知等相对较强，更容易多出栏，以获得较高的经济收益；同时，减少存栏量，可缓解冬季草原的放牧压力。

4. 购买饲草料环节的影响因素

购买饲草料行为直接关系到枯草期的草畜平衡问题。我们调研发现，牧户枯草期干草来源分为两类：打草和购买，在新巴尔虎左旗，平均每户约有 90hm² 的打草场，专门用于打草，而且几乎不另外购买饲料；苏尼特右旗牧户则全是放牧地，草地生产力低，所以牧户普遍购买饲料（主要是玉米和颗粒料），但由于干草都是外地运入，价格较高，因此牧户购买捆草较少，大多牧户购买 200 捆左右（35kg/捆），冬季主要依靠放牧解决牲畜喂养问题；而在锡林浩特市，草地生产力中等，约 25% 的牧户拥有打草场，平均每户 50hm²，其他牧户主要靠租借打草场和购买捆草（15kg/捆），为便于不同草原类型区的比较，在分析影响牧户购买饲草料行为时，主要考虑储备捆草的多少。拟建立的模型如下。

储备捆草量=F（牧户特征、家庭与生产经营特征、家庭环境特征、过去行为影响）。

模型因变量：储备干草量，单位 kg，其中新巴尔虎左旗牧户以打草获得冬季草料，根据《内蒙古资源人辞典》，新巴尔虎左旗干草产量按照 1176kg/hm² 计算。

由表 3-20 可知，草原类型显著影响牧户购买饲草料的行为，新巴尔虎左旗和锡林浩特市两地牧户储备捆草量较多，苏尼特右旗牧户捆草储备量较少。根据侯向阳课题组调研，新巴尔虎左旗每户约有 90hm² 的打草场，专门用于打草，锡林浩特市约 25% 的牧户拥有打草场，平均每户 50hm²，而苏尼特右旗牧户则只有放牧场，枯草期捆草则全部靠买入，受捆草成本影响，当地必然购买较少的捆草，

表 3-20　牧户购买饲草料行为的多元回归结果

自变量	多元回归分析系数			
	新巴尔虎左旗	锡林浩特市	苏尼特右旗	内蒙古草原区
草原类型	—	—	—	5 419.394[*]
交通便利程度	−84.318	−178.567	−14.159	−97.628
信息可获得性	−154.529	−186.856	85.425[**]	32.193
户主性别	−6 569.569	−18 835.260[***]	−632.259	−8 049.655[*]
户主民族	5 782.558	−5 645.243	−325.047	−2 467.643
干部	−7 902.259	21 152.860[*]	−811.684	−8 557.275
户主年龄	111.193	−395.947	−98.217	26.666
户主文化	−1 740.401	−2 168.947	1 329.976	1 443.801
劳动力	3 268.719	3 439.949	−1 088.306	2 193.615
存栏量	15.333	62.516[***]	15.631[**]	22.249[***]
打草场面积	1 114.393[***]	138.639	—	963.932[***]
常数项	25 184.61	57 789.99	7 317.673	−690.435

*表示在 0.05 水平上显著，**表示在 0.01 水平上显著，***表示在 0.001 水平上显著

根据调研数据统计，新巴尔虎左旗和锡林浩特市的牧户枯草期的平均干草储备量分别为 92 300kg 和 31 300kg,而苏尼特右旗的牧户平均干草储备量仅为 10 500kg，可见草地类型的巨大差异及影响；同时，这一点从打草场面积与新巴尔虎左旗、锡林浩特市及整个内蒙古草原区的影响系数可以看出，同一草原类型区下，牧户拥有打草场面积越大，枯草期储备的干草越多。

存栏量也是影响锡林浩特市、苏尼特右旗和整个内蒙古草原区牧户购买饲草料行为的重要因素，冬季牲畜存栏量越多，牧户越倾向于多储备饲草料。根据调研数据统计，在新巴尔虎左旗、锡林浩特市和苏尼特右旗，户均冬季存栏量分别为 460 羊单位、290 羊单位和 330 羊单位，由前段分析知，这与三县（旗）枯草期干草储备是明显相对应的[三县（旗）枯草期干草储备量分别为 92 300kg、31 300kg 和 10 500kg]，此处需要指出的是，苏尼特右旗受干草成本制约更明显，尽管冬季存栏量并非最低，但干草储备量相对较少，这也正是其更倾向于冬季放牧的重要原因。同时，在所有研究区域中，户主性别也与牧户枯草期干草储备量呈负相关关系，与男性相比，女性更多表现出风险规避，更倾向于多储备草料，这说明男性比女性更多地表现出风险偏好。

5. 主要生产环节的优化调控

（1）结合有限理性，抓住牧户行为特征，采取有针对性的调控措施和手段

心理载畜率指导下的牧户草畜平衡决策行为具有有限理性特征（侯向阳等，2013），这不同于诸多学者认为的属"理性经济人"的牧户，牧户在牲畜接羔、

草原流转、出栏、购买饲草料等草畜平衡关键行为节点方面表现出明显的风险规避和禀赋效应等行为经济学特征,其中风险规避是牧户生产决策行为的基本特征(尹燕亭,2013),如调研发现,当出现有损草原(如超载)和牲畜(如灾害、便宜处理牲畜)等情形出现时,牧户不惜通过高利息贷款,以租借草原、购买饲草料等高价行为来防止草原超载和保住牲畜。牧户在接羔方面表现出的框架效应则表明,牧户易受周围牧户、亲戚和其他可信任的宣传影响,从而调整或改变其具体生产环节的实践活动。

(2)鼓励牧户之间有效合作,相互学习,提高新思想、新技术的接受和采纳程度

由于牧民普遍文化水平偏低,其草畜平衡生产决策过程及其变化本质上是学习和变化速度较慢的反复博弈的过程,一步到位的减畜阻力已经不可能,根据进化博弈论,行为个体在相互博弈过程中,存在不同的平衡点,这为分步式减畜提供了理论基础。实地调研发现,牧户在实际畜牧业生产实践中,在可信任的人群之间(如邻居)存在普遍的缓慢的相互合作和学习的行为,这为优化畜牧业生产方式提供了现实基础,通过相互合作和学习,实现牧户自发优化主要生产环节的实践活动。

(3)扩大牧户宣传,建立以分步式、自适应式、合作式为特征的牧户草畜平衡适应性管理模式

结合牧户培训、座谈会等宣传形式,通过示范户的减畜模式示范,建立基于进化博弈的适应性减畜示范引导机制,引导周边牧户的减畜学习,提出牧户主动减少牲畜、增加收益、合理发展畜牧业的具体对策,建立以分步式、自适应式、合作式为特征的牧户草畜平衡适应性管理模式,为有效实施草原生态保护建设政策提供有力的理论依据和实践指导。

第三节　草原牧区牧户草畜耦合案例分析

一、草甸草原

(一)草甸草原区概况

草甸草原是内蒙古的主要草地类型之一,是我国最具有秀美风光的草原。植被方面,各种草本群落种类组成丰富、草群茂密,植物群落的高度可达到 40～50cm,主要是多年生丛生禾草及根茎性禾草占优势,群落草原以贝加尔针茅草原、羊草草原和线叶菊草原为主,所组成的草原植被生产力及营养价值较高,可产干草 1600～2400kg/hm²,是优良的打草场与放牧场,也是我国天然牧草出口

的唯一地区。土壤方面，地带性土壤为黑钙土、栗钙土，非地带性土壤为草甸土、沼泽土、风沙土，土壤为疏松的粒状结构，土层厚约 20cm，pH 6.5～7.5。气候方面，年降水量 250～400mm，海拔 600～1100m，海拔自东南向西北递减，年均温-3～0℃，年蒸发量是降水的 2～7 倍，光、热、风能资源丰富，年均风速 3.0～4.6m/s，无霜期 80～120 天。

（二）牧户草畜耦合

　　简单地说，草畜耦合就是利用天然草原放牧牲畜，解决植物营养供给与家畜营养需求之间的季节、年际、地区和种间的不平衡，对于过度退化的草原，要封育保护，使其休养生息，逐渐恢复，实行轮牧制度，合理配置畜种，实现牲畜由单一的数量增长型向质量效益型的转变，从实际上减少天然草地的承载负担，通过系统的耦合不断放大生态系统的生态效益和经济效益。由于饲草生产具有季节性，而牧业生产则要求一年四季均衡地供应各种饲草，因而饲草生产的季节性与饲草需求的连续性之间存在着不平衡性。牧户尺度的草畜耦合的实现是在天然草原枯草季内，除了适龄母畜外，其他家畜尽量淘汰、出栏，收获畜产品，保护天然草原，实现产业发展与生态建设有机结合，实现生态畜牧业的可持续发展。在放牧过程中，高强度的放牧会使植物群落中毒杂草的比例增加，禾本科和莎草科的牧草减少，草原生物量降低，从而影响牧草的生长，破坏生态系统的平衡。任继周先生曾指出草地农业系统当中含有两大系统，动物生产系统和植物生产系统，在自发的不完善的系统耦合过程中，发生系统相悖包括时间相悖、空间相悖和种间相悖。

　　对于草甸草原区来说，牧户的自然条件相对优越，为系统之间的耦合提供了很好的平台。近年来对草甸草原地区牧户的调查中发现，牧民中蒙古族和汉族的比例为 14∶1，人均拥有面积 2000 亩，有专门打草场牧户为 77%，有饲料地的牧户仅占 4%，有 7%的牧户没有水井，其余的都有井，机井的覆盖率达 85%，牧户都有自己的棚圈设施，砖棚圈的覆盖率达 90%以上，面积在 100～200m^2，草甸草原区保存了部分游牧特征，尽管草原牲畜已经承包到户，但是部分地区还存留了一些公共草原，这对于缓解牧户个体草原压力有帮助作用。自 2011 年以来，雨水较好，牧草生长旺盛，年终牧草都有余量，但是雨水过好，则会伤牧，由于雨水过于丰沛，针茅类的牧草生长茂盛，在放牧过程中对牲畜的毛皮造成损伤。牲畜并不喜欢太过茂盛的牧草，从草畜耦合的角度来看，牧草过度生长对牲畜其实是一种限制性作用，不仅损伤皮毛，使牲畜的身体不适，而且蚊虫数量增多，对牲畜是一种干扰，牲畜反而不去采食这类牧草，相当于耦合的反馈作用。对于牧户而言，牧草的浪费，牲畜出售的价格偏低，导致直接经济收入下降。草原承包责任制的实施实际上要落实在对草地资源的限制上，目的是实现区域草畜耦合的过程，但经过十余年的发展，草地的限制对牲畜的生产、繁殖等都有一系列负面影响，尽管调动了牧户的积极性，对草地的利用加强了，但是，对草地资源的过度利用，使得退化现象变得日益严重。在草甸草原区的牧户，为了能够更好地实现草地的利用，通过合作的方式解决草畜耦合的问题。草畜的合作方式主要体现在草原的资源整合，调研显示，草原面积较小的一部分牧户，草种类相对而言较少，但是牲畜对于营养的需求是多样性的，牧户可通过几个联合户合作的方式进行放牧。在新巴尔虎右旗一个牧户的调研中，有 5 联户是兄弟，自己单户一家面积不足 10 000 亩，联合 5 家面积为 35 000 亩，多年来一起合作放牧，目的是使牲畜的活动范围扩大，吃到的牧草种类增多，对牲畜的生长有促进作用，这是牧户认为的草畜耦合。在新巴尔虎左旗，有这样的牧户，自己家的草原面积较大，但有一部盐碱地，盐碱地对于羊的长膘有很好的作用。虽然一部分盐碱地不能生长牧草，但是对于牲畜获取盐分非常有利，这是牧民口中盐碱的好处，在牧户的眼里任何一块草地都有其价值所在。尽管牧户的草原中有不同的草地斑块，但是每一块草地都有其用途，过多过少都是不合理不科学的，这也是目前存在的问题。这一户是草原面积较大，对于盐碱地可以合理地利用，如果是草原面积较小的牧户拥有盐碱地，那么对于牲畜来说，牧草量就不够，获取过多盐分对于牲畜也无益处，因此联户使用草原对于实现草畜耦合有促进作用，不仅对于牲畜的营养均衡是有益的，对于草地资源的合理利用也是有益的。在小牧经济时代，只有通过合作才能进行资源的整合，合理地使用每一块草地，让每一块草地都实现其应有的价值，草畜耦合的程度才会更加合理，但可以说牧户才是实现草畜耦合的实践者，真正实现生态平衡和可持续发展，需要进一步地努力。

（三）牧户草畜耦合存在的问题及解决办法

目前，草甸草原区耦合面临的主要问题是饲草缺乏问题和草地资源利用问题。对于草甸草原来说，过长的冬季，对于牲畜的采食及营养补充，都是非常困难的，尤其是在孕期和哺乳期，草甸草原区的气温偏低，需要牲畜适应寒冷的能力较强。2008 年以后，该地区的棚圈设施陆续完善，这可以很好地帮助牲畜冬季保暖。但是，时至 4 月牧草才开始返青，枯草期过长，牧草极度匮乏，牲畜采食干草的营养根本不能满足需求。为了满足牲畜营养需要，为了能够保证动物遗传基因正常表达，实现天然牧草中微量矿物质作为保险值，通常需要少量的补饲精饲料。因此，在孕期、哺乳期等特殊时期，按照营养标准给予牲畜补充维生素A、维生素 D、维生素 E，同时盐也是不可或缺的营养素，通常以舔砖形式与微量营养元素一起补给，这不仅对于牲畜的营养补充有好处，而且对于增强牲畜体质也有较大的帮助。饲料的补饲在一定程度上解决了缺草期牲畜的采食问题。对于草地资源的利用问题，草甸草原区虽然草原划分到户，但是牧户间的放牧合作正在不断加强，真正实现对牧户实惠的草畜合作联户放牧，实现精准的放牧管理策略，是解决草地资源利用最有效的手段。实现草畜耦合的问题其实是一个管理问题，对于牧场的管理问题，牧户自己的牧场管理的好坏，直接影响草畜耦合的程度，澳大利亚 David 曾提出牧场的精准化管理，参考国外管理牧场的模式，要实现牧户的草畜耦合生态可持续发展，需要从牧户的教育问题着手，每一个牧户都是一名优秀的牧场管理师，因为他们对草原具有较高的掌握程度，了解牲畜的喜好，并且对于外界环境的变化都有很强的敏感性。因此，牧场的精细化管理是未来实现牧户草畜耦合的终极目标。

二、典型草原

（一）典型草原区概况

典型草原是天然草地的重要主体，而半干旱是发育形成典型草原的特定气候因素，在半干旱区，典型草原总面积为 2767.35 万 hm²。植被方面，典型草原主要由旱生多年生丛生禾草、根茎禾草、旱生半灌木和旱生灌木构成，主要是大针茅草原、羊草草原、克氏针茅草原，一般的草层高度为 10～30cm，草群盖度为 10%～40%，地上生物量为 450～1950kg/hm²。牧草地上生物量及营养物质含量在不同时间尺度和空间尺度上都有很大的变化，而牧草地上生物量时空变化及营养物质动态规律，是草畜耦合的关键。土壤方面，地带性土壤为栗钙土，在典型草原的东部地区湿润度相对较高，为暗栗钙土分布区，偏西部地区气候趋于干旱，为典型栗钙土分布区。气候方面，该地区年平均气温–2～8℃，年平均降水量 250～450mm，海拔 600～1500m，气候变化对于牧草动态规律变化有很重要的影响。

（二）牧户尺度草畜耦合分析

牧户尺度草畜的耦合是微观层面的系统耦合，自 1980 年开始实行草畜承包责任制以来，进入了小农牧户生产的时代，在大范围的草畜游牧的背景下，草原固定小范围的草畜耦合开始形成，为了更好地实现牧户个体的草畜耦合，在大尺度的草畜耦合模式下，牧户这一微型小尺度草畜耦合对于畜牧业生产更为重要，牧户草畜耦合面临的问题是草量的限制性、草种类的单一性、牲畜数量的固定性、牲畜结构的不合理性。通过以上 4 个方面可以得出两个不平衡，造成了牧户的草畜系统相悖。其一，草产量随着气候的波动而波动，不同年际的草量波动构成了牧户草原面积上草量年际波动变化，这一变化与牧户牲畜数量构成了不平衡，即量的不平衡，如果牧户按照草量波动进行牲畜的调整，则难以保证收入，而且牲畜也有自己的生命周期、生产周期，若想调整周期则有很大的困难，尤其是遇到灾害时更难以构成平衡，这就出现了系统相悖的特征。其二，由于牧户草原的划分，牲畜只能在相同的范围内活动，草原面积内的牧草种类比较单一，对于不同牲畜的生长及其获得所需要的营养都有很大的限制性，牲畜的品质与草品质的营养循环出现问题，对于草原的生态保护和恢复无促进作用，即质的不平衡性。根据多年来赴典型草原区进行的调研，牧区的蒙古族和汉族牧民人口比例约为 3.5∶1，人均拥有草场面积约 2000 亩，划定专门打草场的牧户占 25%，划定饲料地的牧户占 6%，在调研区域范围内基本每户都有水井，而且机井的占有率在 90% 以上，2008 年以后，牧户基本都有砖棚圈，面积在 80～200m²，由此可知，牧户在牧业生产中的基础设施建设在不断完善，为草畜系统的更好耦合提供了必要的帮助。

根据典型草原区牧户的调研可知，就整体情况而言，典型草原区假定牧户人均 2000 亩的面积，按一个三口之家进行核算可以得出一个牧户有 6000 亩的草原面积，一年四季对于 6000 亩的草原面积，按照 20 亩养一只羊的标准，可以近似养 300 只羊，假定这 300 只羊所带来的收入为每只 600 元，那么这户家庭一年的收入为 18 万元。这是正常年份的草畜耦合，如果出现灾害，以 2012 年的雪灾为例，根据锡林郭勒盟的雪灾调研，牧户牲畜的损失率在 50%，造成直接经济损失 9 万元，但是草料的花费是平常购买草料花费的三四倍，间接损失为母畜怀孕率低和掉羔损失。在这种情况下，牧户个体的草畜耦合需要重新恢复，根据调研可知，需要以后的 1～2 年为非灾年牲畜才能恢复，这样损失又增加了 1 倍。从质的角度进行分析，在典型草原区调研的过程中，据统计，每平方米的样方内有 20 多种植物，与草甸草原相比植物种类相差近 2 倍，典型草原所含有的微量元素与营养素远远不足。牲畜的品质由牧草品质决定，因此，不仅要对牲畜保膘，对牲畜品质也要衡量。牧户的草畜耦合过程受量与质的控制，量与质不平衡就出现了系统相悖，为了能够更好地实现草畜耦合，牧户也在寻求自己的方式，如购买饲料，但是饲料不能代替天然牧草的营养价值，尽管进行补充，但是还存在缺陷。对于量的扩展，牧户寻找的方法是走场、租赁草原和合作放牧，从根本上促进系统的进一步耦合，牧户层面上的小尺度耦合过程已经慢慢地渗透，牧户也认识到了草畜耦合的重要性。

（三）牧户草畜耦合的策略及建议

牧户的草畜耦合是通过放牧来实现的，如果不存在放牧也就不存在耦合，而且对于植物来说，通过放牧可以促进植物的补偿性生长，从而增加产量，对于草畜系统的耦合有促进作用。许晴等（2011）对不同禁牧对净初级生产力的影响研究表明，禁牧对草原的生产力有促进作用，但是并不是禁牧时间越长越好。在牧区的调研过程中，针对这一现象，牧户表示并不主张禁牧，首先，禁牧后收入没有保障，其次，禁牧对于草地资源是一种浪费，禁牧地的土壤变化，营养含量降低。草畜系统的耦合是一个循环的过程，因此，小尺度的系统耦合必然存在一些弊端，同时也会面临一些问题，如资源的稀缺性、限制性，不得不让我们提出适度规模放牧牲畜的策略，在适度规模的基础上提升牲畜的品质。对典型草原区牧户提出的第一个策略是远距离走场合作放牧，这一放牧利用方式，对于草畜系统的耦合具有很好的促进作用，是一举多益，对于草原的恢复、牲畜的运动及营养的补充都是非常有益的。第二个策略是放牧的路径规划，在资源限制的情况下，放牧路径对草与畜产生直接影响，所以做好路径规划很重要，对于牲畜获取营养和形成健康体魄都很有益。

三、荒漠草原

（一）荒漠草原概况

荒漠草原是草原向荒漠过渡的旱生化草原生态系统，发育于温带半干旱区，在典型草原和草原化荒漠之间呈狭长带状由东北向西南方向分布，是亚洲中部特有的一种草原类型，同时也是最干旱的草原类型。在我国，温性荒漠草原广泛分布于内蒙古高原中部、阴山山脉以北的乌兰察布高原地区，以锡林郭勒高平原西北部、乌兰察布高平原和鄂尔多斯高平原西部为主体，主要包括内蒙古苏尼特左旗、苏尼特右旗，达茂旗、乌拉特前旗、鄂托克旗一线以西的蒙古高原、鄂尔多斯高原西部地区。

不同于草甸草原和典型草原的草地生态系统，荒漠草原的生态环境更为严酷，生态系统更为脆弱，相应形成的牧民微观放牧活动与生产行为也与前者有所不同。在此作用下形成的荒漠草原地区的牧户草畜耦合和界面过程，既有同其他草原类型的相似之处，又有其自身特点。下面以侯向阳课题组多年来持续跟踪调研的苏尼特右旗牧户为例，探讨荒漠草原牧户草畜耦合的现状和特点。

（二）牧户草畜耦合分析

在饲草料方面：调查中，牧户户均承包草原面积为 11 070m^2，其中 17% 的牧户承包的草原面积大于 15 001m^2，12% 的牧户的草原面积为 10 001~15 000m^2，22% 为 5000~10 000m^2，另有 11% 牧户的草原承包面积不到 5000m^2。但是由于荒漠草原草地生产力有限，加之天然草地系统生产的季节性与家畜全年需草的连续性之间的矛盾，牧户常年缺草缺料。牧户每年都要投入少则几千元、多则上万元的草料成本，这一成本占牧户全年总支出的 20%~80%，而且这一比例在很大程度上取决于干旱状况。另有 30%的牧户常年租用他人草原用以放牧或打草。

在畜群结构方面：自 20 世纪 80 年代以来，苏尼特右旗牧户的家畜构成趋向单一，骆驼、马、牛等大畜在养殖进程中逐步被淘汰，饲养结构逐渐由大小畜兼养转变为小畜养殖。究其原因主要有两方面：一是受草原家庭承包制影响，畜牧业经营单位被缩小，家庭成为畜牧业的独立经营主体。牧户根据市场作出决策，政府也通过市场手段引导他们，在这样的结构下，牧户逐渐成为追逐利润的家庭牧场。在市场推动下，牧民的牲畜结构趋于单一。这是在草畜-经营界面，通过经营因素（市场、政策）反作用于草畜的例子。二是受干旱胁迫下草地生产力下降的影响，近年来，干旱胁迫加剧，牧户常常要面对缺少草料、家庭畜牧业生产开支增大的情况，因此牧民逐渐淘汰了对草料需求量大、抗灾能力差的骆驼、马等大畜，转而经营适应性更强的小畜（实际上，小畜尤其是山羊因啃食草根，对草原的破坏更大）。这是草畜-经营界面中，由草主导和决定的畜群结构，同时也是草畜-经营界面中，牧户通过经营行为适应草地系统的实例。

在应对气候方面：荒漠草原的气候胁迫主要源自干旱，在 1979~2007 年，苏尼特右旗有 12 年经历了干旱。气候在变化，草原的产草量在降低，如何在有限的牧场中维持稳定的牲畜数量是关系牧民家庭生存和发展的重大问题。调研结果表明，干旱胁迫下，92%的牧户选择处理牲畜，70%的牧户选择购买草料，77%的牧户寻求走场，可见，减少牲畜是对抗自然灾害的有效方法，这可能是世界各国畜牧业应对干旱的共同方式。在一般的干旱胁迫下，干旱只是增加了大牧户的成本，通过购买草料和走场，大牧户尚可在保膘和保畜中权衡；但对于收入和支出只能保持简单平衡的处于生存经济状态的牧户而言，干旱打破了其脆弱平衡。由于缺少抵抗风险的能力，一旦出现新的风险，小牧户的生存状态就从收支平衡转为收不抵支。此时，牧户关注的已经不是理性的经济计算，而是如何应对危机，维持生存。所以，小牧户除了处理牲畜，还有 8%依靠外出打工，通过将自己的劳动力变成商品来应对干旱所带来的困难。

（三）牧户草畜耦合小结

在荒漠草原牧户草畜系统中，草（草地生产系统、草地生态系统）是草畜-经营界面的主导因子，同时也是草畜-经营界面的重要影响因子。受限于草地生产周期、生产力和草原生态条件，牧户只能通过购买草料来维持一定规模的家畜，并选择特定畜种（淘汰大畜，养殖小畜）；在严重的干旱胁迫下，牲畜的保有量基本由草的供应条件决定。即在荒漠草原牧户草畜系统中,饲草匮乏是常态化的,应在尊重草的主导作用下,通过各种途径(建植栽培草地、轮牧、购买储备草料)弥补、缓解饲草匮乏。

在荒漠草原牧户草畜系统中,牧户是草畜-经营界面的主导因子,同时也是草-畜界面的重要能动因子,牧户应成为草畜的各界面过程和系统耦合的实践者和受益者。一方面,牧户在草—畜—经营链环节上具有正向调控作用,即根据草的因素来调控畜及牧户自身的经营行为,牧区实行的以草定畜就是佐证。虽然牧户的畜牧业生产追求利润,但由于畜牧业生产受限于自然条件(饲草等)这一特点,牧户无法单方面追求利润最大化,还要在很大程度上根据草原的承受能力来决定家畜规模和生产安排,并在草量波动与家畜规模之间进行调整、协调二者的比配关系。另一方面,牧户在草—畜—经营链环节上具有逆向反馈作用,即牧户根据市场行情,在草料允许的条件下,可自行调整草畜-经营,包括改变家畜结构、品种、规模和自身的经营行为。当然,政府政策也必然通过牧户传递作用于牧户草畜系统。

当前,荒漠草原牧户草畜耦合系统相悖主要体现在以下5方面:草地生产力低;天然草地生产周期与家畜需草周期不一致;单一的牲畜构成与草地保护和利用之间的矛盾;外围基础建设措施(建棚圈、围栏、建植栽培草地)效果不明显;脆弱的牧户家庭经济系统与脆弱的草地生态系统相伴而行。

为缓解荒漠草原牧户草畜系统相悖,加快实现系统耦合,急需探索适宜荒漠草原生态系统和牧户家庭畜牧业生产特征的,能兼顾牧户生存、畜牧业发展与草原保护的新模式。在保护草原的基础上,改变牧民是政策被动接受者的角色,最大限度地发挥牧户的能动性,使之成为理性的、维护自身长远利益的行动者。

四、草畜耦合的增产潜力

草地载畜量是评定草地生产能力的一项重要指标,也是影响放牧家畜生产性能的一项临界指标。载畜量过低使草原利用效率降低,不仅浪费牧草,还会减少单位草地面积上家畜的产值;载畜量过高则使牧草利用过度,物种多样性降低,土壤养分及其保水能力下降,家畜生产性能降低,从而造成草地生态系统生产力下降,严重影响不同时空尺度上生态系统物质循环和利用,甚至导致植被系统的完全破坏。据估计,内蒙古草原退化损失的畜牧业价值每年为49.2亿元。如果把草原投入、灾害直接损失和救灾投入计算在内,则每产生1万元的草原产值,需要消耗1.7万元(孝斌和张新时,2005)。

我国对放牧生态系统中草畜之间的相互关系研究较晚。20世纪80年代,由于草畜矛盾日益凸显、草地沙化退化加剧，国内对放牧系统中草与畜的研究日益增多（韩国栋等，2007；汪诗平等，1999；李永宏，1993）。这些研究侧重于植被和土壤，而对放牧系统中草与畜之间耦合关系的研究相对较少。

（一）草畜关系

草原畜牧业已经在我国践行了上千年，放牧是最直接、最经济的草地利用方式。过去不合理的放牧管理造成草原严重退化、沙化，20世纪80年代初开始关于草畜关系的论述多见于"草畜矛盾"的提法。但这一提法只强调了草原与家畜间关系的一个方面——"矛盾"的一面，而忽视了两者之间相互依存的"统一"的另一面；国内有关草原生态系统的论著，也多把草食性动物描述为"消费者"。事实上，家畜对植被，既有"取"，又有"予"。

在放牧过程中家畜通过采食运动，可以促进新陈代谢、提高疾病抵抗力，从而提高自身生命力和生产力。放牧家畜通过采食、踩踏和排泄可使草地生态系统的群落组成发生变化。当放牧适度时，牧草的地上生物量虽然随着放牧率的增大而线性下降，但地下净初级生产力并不是线性下降，而是存在补偿生长的现象，使得群落的净初级生产力反而增加；当放牧过度时，牧草叶面积不断减小，光合效率降低，使植物生长发育受阻，严重时导致植物死亡（德科加和周青平，2009）。因此，2014年启动的国家重点基础研究发展计划（973计划）项目中，有课题试图探求草原适度放牧的标志和阈值，以恢复草原生态系统功能，提高其支持服务能力。

（二）草畜耦合效应

草地农业系统所含有的两大系统——动物生产系统和植物生产系统，在自发的、不完善的系统耦合过程中，发生系统相悖。这两大系统发生相悖主要反映在系统的时间相悖、空间相悖和种间相悖3个方面，其中时间相悖是最根本的相悖。这是因为动植物生产系统间的节律相差悬殊。但三者之间可以相互影响，相激相荡，加重相悖群的不利后果，如空间相悖（如牧草的地域性缺乏）与种间相悖（如畜种生态位的过分重叠）通常集中反映在时间相悖上（家畜冷季体重卜降，甚至死亡），造成重大灾情。草地农业系统既含有系统相悖的负面因素，又含有系统耦合的正面因素，应尽可能减少系统耦合时不同系统之间的不协调扰动。因势利导，利用和把握好系统耦合的大趋势，大幅度提高动物生产水平，同时增加植物生产系统的经济效益。

草畜耦合的实现途径是在牧草生长旺盛的暖季，多养家畜，挖掘天然草原的生产潜力，最大限度地提高畜产品数量和质量，提高羔羊、犊牛出栏率，收获畜产品；进入牧草枯黄的冷季，只保留适龄母畜，淘汰老弱病残，减少过冬家畜数量；同时，加大栽培草地建植，生产优质饲草，减轻天然草地载畜压力。这样既可提高草地畜牧业生产水平，又可确保草地畜牧业生产系统可持续发展，实现草畜耦合，提高生产系统效率。

　　内蒙古太仆寺旗是生态环境脆弱区，也是锡林郭勒盟重要的畜牧业生产基地。随着牧区人口、资源、环境矛盾的出现，传统的生产经营方式造成草地生态环境恶化，草地生产力下降，其主要原因是动物生产系统和植物生产系统之间发生系统相悖。应用草畜耦合技术，推行夏季放牧、冬春季暖棚舍饲技术，虽然母羊体重损失与放牧无显著差别，但暖棚舍饲提高了羔羊生产效率，羔羊的体增重（$P=0.067$）和期末体重得到了提高（$P=0.080$），母羊产羔总数、母羊产双羔数和产羔率均高于放牧组。通过系统耦合，不断放大系统的生态效益和经济效益，可促进产业发展与生态建设有机结合，实现生态畜牧业的可持续发展。

参 考 文 献

白可喻, 徐斌, 邱建军. 2007. 基于 GIS 的中国苜蓿资源分布和生产力分析. 中国草地学报, 29(4): 15-20.

德科加, 周青平. 2009. 草畜耦合技术在三江源地区生态畜牧业可持续发展中的应用分析. 草业与畜牧, (09): 32-34.

丁勇, 牛建明, 陈立荣, 等. 2008. 家庭牧场复合生态系统可持续发展评价. 水土保持通报, 28(2): 173-179.

韩国栋, 焦树英, 毕力格图, 等. 2007. 短花针茅草原不同载畜率对植物多样性和草地生产力的影响. 生态学报, 27 (1): 182-188.

侯向阳. 2013. 中国草原科学. 北京: 科学出版社.

侯向阳, 尹燕亭, 运向军, 等. 2013. 北方草原牧户心理载畜率与草畜平衡模式转移研究. 中国草地学报, (1): 1-11.

胡忠泽, 王立克, 周正奎, 等. 2006. 杜仲对鸡肉品质的影响及作用机理探讨. 动物营养学报, 18(1): 49-54.

李金亚. 2014. 中国草原肉羊产业可持续发展政策研究. 北京: 中国农业大学博士学位论文.

李文军, 张倩. 2009. 解读草原困境: 对于干旱半干旱草原利用和管理若干问题的认识. 北京: 经济科学出版社.

李西良. 2013. 北方草原牧户对气候变化及气象灾害的感知与适应研究. 北京: 中国农业科学院博士学位论文.

李西良, 侯向阳, 丁勇, 等. 2012. 北方草原牧民对极端干旱感知的季节敏感性研究. 农学学报, 2(10): 26-31.

李西良, 侯向阳, 丁勇, 等. 2013a. 气候变化对家庭牧场复合系统的影响及其牧民适应. 草业学报, 148: 156.

李西良, 侯向阳, 丁勇, 等. 2013b. 牧户尺度草畜系统的相悖特征及其耦合机制. 中国草地学报, (5): 139-145.

李西良, 侯向阳, 丁勇, 等. 2013c. 天山北坡家庭牧场复合系统对极端气候的响应过程. 生态学报, 33(17): 5353-5362.

李西良, 侯向阳, 丁勇, 等. 2014. 天山北坡家庭牧场尺度气候变化感知与响应策略. 干旱区研究, 31(2): 285-293.

李永宏. 1993. 放牧影响下羊草草原和大针茅草原植物多样性的变化. 植物学报, 35(11): 877-884.

李志强, 刘凤珍, 卢鹏, 等. 2006. 几种重要饲草的脂肪酸成分分析. 中国奶牛, (10): 3-6.

廖国藩, 贾幼陵. 1996. 中国草地资源. 北京: 中国科学技术出版社.

刘圈炜, 王成章, 严学兵, 等. 2010. 苜蓿青饲对波尔山羊屠宰性状及肉品质的影响. 草业学报, 19(1): 58-165.

马世骏, 王如松. 1984. 社会-经济-自然复合生态系统. 生态学报, 4(1): 1-9.

朴世龙, 方精云, 贺金生, 等. 2004. 中国草地植被生物量及其空间分布格局. 植物生态学报, 28(4): 491-498.

任继周. 2004. 草地农业生态系统通论. 合肥: 安徽教育出版社.

任继周. 2012. 放牧, 草原生态系统存在的基本方式——兼论放牧的转型. 自然资源学报, 27(8): 1259-1275.

任继周, 侯扶江. 2010. 草业科学的多维结构. 草业学报, 19(3): 1-5.

任继周, 南志标, 郝敦元. 2000. 草业系统中的界面论. 草业学报, 9(1): 1-8.

莎丽娜. 2009. 自然放牧苏尼特羊肉品质特性的研究. 呼和浩特: 内蒙古农业大学博士学位论文.

石岳, 马殷雷, 马文红, 等. 2013. 中国草地的产草量和牧草品质: 格局及其与环境因子之间的关系. 科学通报, (03): 226-239.

汪诗平, 陈佐忠, 王艳芬, 等. 1999. 绵羊生产系统对不同放牧制度的响应. 中国草地, (3): 42-50.

王建革. 2006. 农牧生态与传统蒙古社会. 济南: 山东人民出版社.

王如松, 欧阳志云. 2012. 社会-经济-自然复合生态系统与可持续发展. 中国科学院院刊, 27(3): 337-345.

王炜, 梁存柱, 刘钟龄, 等. 2000. 草原群落退化与恢复演替中的植物个体行为分析. 植物生态学报, 24(3): 268-274.

邬建国. 2001. 景观生态学. 北京: 高等教育出版社.

武雅楠, 曹玉凤, 高艳霞, 等. 2012. 日粮中添加亚麻籽对羔羊产肉性能和肉品质的影响. 畜牧兽医学报, 43(9): 1392-1400.

孝斌, 张新时. 2005. 内蒙古草原不堪重负, 生产方式亟须变革. 资源科学, 27(4): 175-179.

徐斌, 杨秀春, 金云翔, 等. 2012. 中国草原牧区和半牧区草畜平衡状况监测与评价. 地理研究, 31(011): 1998-2006.

许晴, 王英舜, 许中旗, 等. 2011. 不同禁牧时间对典型草原净初级生产力的影响. 中国草地学报, 33(6): 30-34.

许旭. 2010. 限时放牧对苏尼特羔羊生长性能及肉品质的影响. 北京: 中国农业大学硕士学位论文.

杨庭硕. 2007. 生态人类学导论. 北京: 民族出版社.

杨婷婷, 吴新宏, 王加亭, 等. 2012. 中国草地生态系统碳储量估算. 干旱区资源与环境, 26(3): 127-130.

尹燕亭. 2013. 内蒙古草原区牧户草畜平衡决策行为的研究. 兰州: 兰州大学博士学位论文.

赵国芬. 2005. 沙葱和油料籽实对绵羊瘤胃发酵、营养物质消化流通及胴体品质影响的研究. 呼和浩特: 内蒙古农业大学博士学位论文.

周伟, 刚成诚, 李建龙, 等. 2014. 1982-2010年中国草地覆盖度的时空动态及其对气候变化的响应. 地理学报, 69(1): 15-30.

Aurousseau B, Bauchart D, Calichon E, et al. 2004. Effect of grass or concentrate feeding systems and rate of growth on triglyceride and phospholipid and their fatty acids in the M. longissimus thoracis of lambs. Meat Science, 66(3): 531-541.

Avondo M. 2007. Goat intake, diet selection and milk quality as affected by grazing time of day. Options Méditerranéennes Série A Séminaires Méditerranéens, 74(SA): 67-71.

Avondo M, Bonanno M, Pagano R I, et al. 2008. Milk quality as affected by grazing time of day in Mediterranean goats. The Journal of Dairy Research, 75(1): 48-54.

Calkins C R, Hodgen J M. 2007. A fresh look at meat flavor. Meat Science, 77(1): 63-80.

Craine J M, Ocheltree T W, Nippert J B, et al. 2012. Global diversity of drought tolerance and grassland climate-change resilience. Nature Climate Change, 3(1): 63-67.

Descalzo A M, Sancho A M. 2008. A review of natural antioxidants and their effects on oxidative status, odor and quality of fresh beef produced in argentina. Meat Science, 79(3): 423-436.

Fisher A V, Enser M, Richardson R I, et al. 2005. Fatty acid composition and eating quality of lamb types derived from four diverse breed production systems. Meat Science, 5(2): 141-147.

French P, O'Riordan E G, Monahan F J, et al. 2003. Fatty acid composition of intra-muscular triacylglycerols of steers fed autumn grass and concentrates. Livestock Production Science, 81(2-3): 307-317.

García P T, Pensel N A, Latimori N J, et al. 2005. Intramuscular lipids in steers under different grass and grain regimen. Fleischwirtschaft International, 1: 27-31.

Gebauer S, Harries W S, Kris-Etherton P M, et al. 2005. Dietary n-6: n-3 fatty acid ratio and health. *In*: Akoh C C, Lai O M. Healthful Lipids. Champaign: AOCS Press: 221-248.

Hou X Y, Han Y, Li F Y. 2013. The perception and adaptation of herdsmen to climate change and climate variability in the desert steppe region of northern China. The Rangeland Journal, 34(4): 349-357.

Kates R W, Travis W R, Wilbanks T J. 2012. Transformational adaptation when incremental adaptations to climate change are insufficient. Proceedings of the National Academy of Sciences, 109(19): 7156-7161.

Keane M G, Allen P. 1998. Effects of production system intensity on performance, carcass composition and meat quality of beef cattle. Livestock Production Science, 56: 203-214.

Melton S L. 1990. Effects of feeds on flavour of red meat: a review. Journal of Animal Science, 68(12): 4421-4435.

Nixon L N, Wong E, Ohnson C B, et al. 1967. Nonacid constituents of volatiles of white clover (*Trifolium repens*) and of perennial ryegrass (*Lolium perenne*) on fat composition and flavour of lamb. Journal of Agricultural Science, 69: 367-373.

Priolo A, Micol D, Agabriel J, et al. 2002. Effect of grass or concentrate feeding systems on lamb carcass and meat quality. Meat Science, 62(2): 179-185.

Resconi V C, Campo M M, Fonti Furnols M, et al. 2009. Sensory evaluation of castrated lambs finished on different proportions of pasture and concentrate feeding systems. Meat Science, 83: 31-37.

Rousset-Akrim S, Young O A, Berdague J L. 1997. Diet and growth effects in panel assessment of sheepmeat odour and flavour. Meat Science, 45(2): 169-181.

Silva S. 2001. The effect of weight on carcass and meat quality of serra da estrela and merino branco lambs fattened with dehydrated lucerne. Animal Research, 50(4): 289-298.

Sinclair L A. 2007. Nutritional manipulation of the fatty acid composition of sheep meat: a review. Journal of Agricultural Science, (5)145: 419-434.

Stern S, Heyer A, Andersson H K, et al. 2003. Production results and technological meat quality for pigs in indoor and outdoor rearing systems. Acta Agriculturae Scandinavica Section A-Animal Science, 53(4): 166-174.

Vasta V, Pagano R I, Luciano G, et al. 2012. Effect of morning vs. afternoon grazing on intramuscular fatty acid composition in lamb. Meat Science, 90(1): 93-98.

Vasta V, Priolo A. 2006. Ruminant fat volatiles as affected by diet. A review. Meat Science, 73(2): 218-228.

Wu Z T, Zhang H J, Krause C M, et al. 2010. Climate change and human activities: a case study in Xinjiang, China. Climatic Change, 99(3): 457-472.

第四章 我国草原生产与畜产品安全

第一节 草原生产面临的风险和不确定性

一、草原生产主要环节面临的问题

（一）气候、市场等风险

北方草原气候恶劣且不稳定，草原对气候变化敏感，因此灾害多发。内蒙古以温带大陆性季风气候为主，冬季严寒漫长，夏季温凉短促，春季冷暖交替剧烈，且多大风天气，雨热同季，降水变率大、保证率低，干旱发生的频率高。据不完全统计，从公元前244年至1949年的近2200年间，内蒙古地区发生各类灾害1133次，其中82.17%是气候灾害，包括旱灾469次、水灾163次、风灾77次、雪灾59次、霜灾75次、雹灾88次。气候变化加剧了草原气候的不稳定性，增加了灾害天气发生次数。近年来，有关气候变化的研究表明，内蒙古草原地区出现了明显的气温升高。降水也发生了变化，尽管不同地区变化的趋势有所不同。宫德吉和李彰俊（2001）的研究表明，中国气候特点之一是水热同步，即每年高温时期也是降水比较多的时期，而低温时期也是降水比较少的时期，但是近年来，这种状况正在被打破，特别是最近40年，在气温升高的同时，降水明显减少。也有研究表明，近年来，随着气温升高，内蒙古的气候正在变得暖湿，或者说经过变动，降水正在逐渐稳定。科技部发布的《适应气候变化国家战略研究》指出，草原牧区在过去50年中温度有明显升高，积温总体呈增加趋势且波动增大，年降水有减少趋势。气候变化已经是不争的事实。但是气候变化对草原生态环境的影响是复杂的，有正面的促进，也有负面的抑制。冬春季温度普遍升高，使得春季木本植物萌动和草本植物返青日期提前，秋季木本植物落叶和草本植物黄枯期推后，整个生长季延长，有利于当年牧草生长，对放牧抓膘的牲畜有利。不过，由于温度升高，降水的格局发生改变，从近年来夏季降水的距平分布来看，夏季干旱时间明显增多，影响牧草的生长，也影响放牧牲畜的采食和抓膘。草原的退化和沙化现象，究其原因，除了和人类社会的很多活动分不开以外，气候变化也是一个重要的影响因素。气候变化的加剧使牧户面对越来越高的气候风险，牧户如何应对不断加剧的气候风险；面对包括极端气候事件在内的气候变化，牧户如何调整畜牧业生产方式和发展畜牧业生产；这些调整和发展的方式又将对牧户的生计产生哪些影响；等等。气候变化已经给牧户的生产生活带来了极大的自然不确定性。

牧区实施的"双权一制"和市场经济极大地促进了草原畜牧业的发展，草原畜牧业运行机制和经营方式发生了深刻变化，市场配置资源的基础性作用明显增强，专业化、组织化和一体化趋势加快，牧区畜牧业经济连年增产，但草原牧区的畜牧业生产依然面临极大的市场风险。牧户自己的合作组织数量较少，有些地方甚至一个也没有。而大多数牧民对市场信息的掌握不够，只等着"二道贩子"上门收购，对于收购价格牧民只能处于被动接受的地位，面对较低的收购价格，牧民采取的是持畜待售的消极方法，而没有能力积极主动地争取一个公平的价格，这就使得牧民在市场交易中处于劣势。畜产品市场发育不健全，秩序混乱，无法适应市场化的要求。另外，龙头企业的数量少之又少。近几年，政府虽然对龙头企业的发展给予一定的支持，但龙头企业的数量仍相对不足，对牧户的带动作用也不稳定。企业与牧民的经济关系主要以短期交易为主，二者的市场关系不紧密，没有形成稳定的生产基地和销售渠道。

气候和市场的双重不确定性相互影响，大大增加了牧户畜牧生产的风险。例如，有研究指出，市场不但没有促进资源的合理流动，反而加大了牧民抗灾的成本，牧民抵御气候灾害的策略选择空间因此缩小。通常，牧民可以通过移动、储藏、多样化、社区共同分担和市场交换等多种策略的选择，来适应气候风险，但是现在可供选择的空间越来越小，市场往往导致牧草价格的上升和牲畜价格的下降，进而加大牧民应对气候灾害的风险。

（二）生产方式落后，效率低下

草原牧区正在积极调整畜牧业生产结构，大力发展畜牧业，目前，我国草原畜牧业生产尽管已经出现了反季节销售、发展羔羊经济等一些有别于传统生产方式的经营模式，但多数还停留在粗放经营、靠天养畜阶段，投入低、产出低、效率低的"三低"现象仍然普遍存在，低效的畜牧业导致牧民贫困、生态恶化，使牧区经济面临严峻挑战。例如，单户经营仍然是草原畜牧业生产经营的主体，生产经营规模普遍较小，造成基础设备、生产设备、生产资料、劳动力成本的小规模重复投入，以及每家每户在购置生产资料、出售畜产品时所产生的交易成本增加，使得生产成本居高不下；同时，牧户经营以放牧为主，舍饲、半舍饲等集约型的管理方式较少被牧户采取，除非冬季遇到雪灾等，牧户才会被动选择不放牧，由于舍饲经验不足和棚圈等基础设施差，一旦遇到雪灾，往往出现饲草料不足、牲畜拥挤患病等情况，大大降低了草原畜牧业生产效率，加大了牧民增收难度，调查中这种事例随处可见，随时发生，而很多牧民对此已司空见惯，不以为是。

　　牧户个体经营的这种小规模生产、分散决策方式不利于畜产品加工，以及生产资料加工企业的规模化或现代化发展。而且从整体上看，畜牧业产业化水平不高，企业与牧民的利益联结机制不够紧密，对草原生产及牧民增收致富的带动作用还不明显。以羊肉加工企业为例，牧民一般每年秋冬季节（主要集中在秋季）出栏牲畜较多，届时收购企业门口车满为患，牧民排着队卖牲畜，随处可见拉着满车牲畜的车，从牧区深处开往各个牲畜收购点。加工企业则开足了马力去屠宰、加工、分装、冷藏。而过了这段时期，出栏数量明显减少，即使有也是零散的不成规模的出栏，加工企业开工不足。于是，很多羊肉加工企业在集中出栏时期雇佣大量临时工，没日没夜地开工；而其他时期则进入半停业状态，这使得企业无法引进规模生产线，也很少进行新产品研发或延伸产业链，只停留在屠宰、分装、销售等初级加工销售阶段。

　　生产方式落后另外一个重要的方面体现为管理者对从传统畜牧业经济向现代化畜牧业的过渡和转变有错误的认识，如大搞栽培草地，大面积围封草牧场，建立永久性的打草场，很少采取相应的技术手段和管理措施。实际上，合理有效地利用天然草原、发展栽培草地，一方面需要与当地特殊自然条件相适应的经验性知识和技能，另一方面需要先进的现代科学技术和明智灵活的经营管理。当前，许多牧区由于对放牧场的利用、管理不当，对栽培草地种植和管理缺乏经验，加剧了草原的退化、沙化。这些问题的出现，与普遍忽视研究和推广依据草原畜牧业自身特点，制定相应的法律、法规、经济政策、生态政策、放牧技术、放牧制度密切相关。

（三）牧户对现有生产方式的坚持

　　目前，我国草原畜牧业是以放牧为主要手段，以依靠天然草原为主的畜牧业生产方式。学界和政府普遍认为牧户当前的传统生产经营方式较为落后，管理方式粗放，超载过牧现象严重，但实际上，牧户对现有的生产方式持坚持态度。这首先体现在对以传统放牧为主的粗放型生产方式的坚持上，牧户普遍对舍饲、半舍饲、休牧、禁牧、划区轮牧等集约化生产方式持有消极甚至反对的态度，而传统的以放牧为主的畜牧业生产方式被认为是引起我国草原超载过牧、草地退化严重、草原畜牧业质量和效益低下的原因，这进一步导致包括草畜平衡在内的草原生态保护和建设政策在牧区得不到有效的实施。对此，侯向阳课题组研究发现，"心理载畜率"（desirable stocking rate，DSR）实际上指导着牧户畜牧业生产经营行为，它是牧户对草地载畜率的自我判断，且牧户固守"心理载畜率"，导致牧户整体减畜困难，或者表面减畜但实际上少减或不减（侯向阳等，2013；尹燕亭等，2011），甚至一些地区表面上实行全区或全县（旗）禁牧，但实际是全区或全县（旗）偷牧或夜牧（黄涛等，2010）。而且研究发现，在不同草原类型区，牧户心理载畜率都具有稳定性，这使得在畜牧业生产中牲畜存栏量、出栏数、基础母畜数等都具有了一定的稳定性，即牧户的牲畜数量在正常年份不会在短期内出现大幅波动，而从长期来看，牲畜数量呈现"稳中有升"的趋势，这正是牧户对现有生产方式坚持的最好证明。

牧户对现有生产方式的坚持另外一个重要方面还体现在对以减少载畜量为目的的禁牧、休牧、季节性休牧、草畜平衡、草原生态奖补机制等草原生态保护和建设政策的消极态度甚至抵制上。对此，有研究指出，牧民认为只是"适度超载"，而不是任意地过度超载，许多牧户一方面坚持执行"自己的草畜平衡标准"和生产方式（达林太和郑易生，2012；周圣坤，2008），另一方面在自我认知的驱动下，通过租赁草原、走场等方式实现牧户的"草畜平衡"（周圣坤，2008）。以在牧区实施的草畜平衡政策为例，侯向阳课题组调研发现，在草甸草原、典型草原和荒漠草原区的典型县（旗），分别有62.74%、53.45%和50.12%的牧户认为目前的草畜平衡不合理，不符合当地的实际，没有必要实施草畜平衡，而且牧户表示他们有自己的"草畜平衡标准"。之所以出现上述看法，牧户表示，是因为草原地区气候变化波动较大，尤其是降水，不同年份间差异很大，因此草地生产力随降水量波动而波动，草畜平衡政策则保持不变，如果牧户遵守政策，必然出现资源的浪费；同时，如果冬季遇到大雪或者第二年遇到旱灾，可能有大量牲畜死亡或被低价处理，牧户的生产生活必然受到影响；相反，如果牧户在降水量大的"好年份"充分利用草原资源多养牲畜，即使遇到雪灾或旱灾，也能够在短时期内较快恢复生产。因此，牧户会选择不遵守国家的草畜平衡政策，而继续饲养他们认为合理的牲畜数量，坚持自己的放牧、牲畜饲养等方式。

牧户对现有生产方式的坚持还体现在对牲畜改良品种的消极态度上。例如，政府和技术推广部分认为西门塔尔牛、夏洛莱牛、荷斯坦牛、安格斯牛等引进品种好，效益相对高于土种牛。诸多牧户却认为，引进品种不仅肉质不好，而且不适合当地气候，一旦遇到灾害，损失往往较为严重；并且在牲畜出栏时，有时甚至出现当地市场不收购引进品种的尴尬局面，即使出栏，有的牧户也反映"如果按肉用成年牛出售的话，都一样，商贩只看膘情，基本不在意什么品种"，"如果按育肥牛小牛出售的话，引进品种和改良品种牛的价钱相对高些，因为它们更适合圈养育肥，但问题是，现有生产和技术条件下许多高价钱引进的品种不能高产出"，与引进种相比，牧户认为本地种如土种牛（蒙古牛）、草原红牛、苏尼特肉用羊、乌珠穆沁肉用羊等"肉质好，适应性强，耐粗放管理，易于饲养"，但本土品种往往面临强制被淘汰的命运，牲畜改良工作又进展缓慢，面对多样化的市场需求，牧民很难抉择。这也成为牧区草原畜牧业生产中数量与质量矛盾难以解决的根源之一。

二、草原畜产品的安全隐患

草原是牧区经济发展的重要基础，草原畜牧业是其经济发展的支柱产业。加强草原保护建设，转变草原畜牧业生产方式，可以有效扩大农牧民就业，增加农牧民收入，繁荣牧区经济（沈立杰，2009）。畜牧业发达程度是一个国家现代农业发展水平的重要标志，草原畜牧业产品在全国畜产品中具有独特的地位。草原畜牧业产品包括活畜和肉、奶、毛、绒、皮和内脏等，主要产品是肉、毛和绒，特别是牛羊肉和羊毛绒，在全国同类产品中占有重要地位（修长柏，2002）。随着国民经济不断增长和人们健康意识日益增强，我国消费观念和饮食需求已经发生了很大转变。由于草食畜产品具有高蛋白、低脂肪，营养全面，易于消化吸收，绿色低污染等特点，备受消费者的青睐，销售价格稳中有升，消费群体不断增长。目前，世界正在兴起自然畜牧业的浪潮，出现了生态畜牧业农场增多、绿色畜产品产量增多、自然畜产品销售收入增多的"三多"现象（侯向阳，2013）。但近年来，我国相继发生牲畜口蹄疫、高致病性禽流感、高致病性猪蓝耳病等恶性传染病，以及"瘦肉精"、"苏丹红"、"三聚氰胺"等食品安全事件，对人们的身体健康和生命财产安全造成不估量的损失。这些问题的发生已对畜产品的消费需求产生了很大的负面影响，并由此引发了整个畜牧行业的连锁反应。畜产品质量安全问题影响的不仅仅是居民的消费需求，还影响到农业产业结构的战略性调整、农民增收及整个社会经济的发展。正确认识畜产品安全生产在畜牧业发展中的作用和地位，才能使畜牧业稳定、健康、持续发展（申高菊和蒋吉昌，2012）。因此，加强畜产品质量安全体系建设是各级政府及职能部门当前所面临的一项紧迫任务。

党的十六大报告提出在 21 世纪头 20 年全面建设小康社会的奋斗目标，这就要求我们既要促进牧业丰产丰收，又要着力抓好农畜产品质量安全。在加快草原畜牧业发展中，草原畜牧业作为牧区经济发展的支柱产业，做好草原畜产品的安全隐患分析，对进一步提高全社会的草原畜产品安全观念和安全水平，自觉生产、销售、消费无公害的草原畜产品、绿色畜产品和有机畜产品具有重要的意义。

（一）动物疫病因素

动物疫病是影响动物性食品安全卫生的重大隐患。做好牧区动物防疫工作，是提升草原畜牧业转型跨越发展和促进牧民收入快速增长的重要保障。当动物患有疾病时，不仅会使畜产品质量降低，而且通过肉、乳、蛋及其制品将疾病传染给人，引起食物中毒、人畜共患传染病或寄生虫病发生，影响食用者的身体健康和生命安全，甚至危及国家安全和社会稳定（罗建学和苏波，2010）。许多畜禽传染病和寄生虫病不仅造成畜禽死亡和畜产品损失，影响畜牧业发展和流通贸易，而且危及人类健康。在目前已知的 200 多种动物传染病和 150 多种寄生虫病中，至少有 160 多种可以通过畜产品传染给人，病源涉及病毒、细菌、支原体、寄生虫等（吴宗权，2000），如炭疽、结核、布氏杆菌病、口蹄疫、疯牛病、狂犬病、旋毛虫、囊尾蚴、禽流感等，除人畜共患病外，还有一些仅在畜禽间传播的传染病，如猪瘟、鸡新城疫等，这些疾病虽然不感染人，但由于病原体在畜禽体内的致病作用，动物体内蓄积了某些毒性物质，从而引起人们的食物中毒。另外，一些新的传染病的潜在危险性更大，如疯牛病[又称为牛海绵状脑病（BSE）]，是近年来出现的最严重的牛源性食品能感染人类的人畜共患性传染病。自 1986 年在英国发现首例疯牛病以来，世界上已有 20 多个国家发生了疯牛病，给世界养牛业带来了沉重的打击，同时人食用感染了 BSE 的牛肉会引发新型克雅氏病，死亡率达 100%（于维军，2005）。其传播途径主要是人类食用了被疯牛病因子污染的牛肉后，通过消化道感染，致病因子进入人肠道淋巴组织后，在其中繁殖，随后经循环系统到脾、扁桃体，最终宿于中枢神经系统，通过改变中枢神经系统蛋白右旋结构，造成海绵状脑病（董庆平，2002）。

动物疫病的发生，一方面，影响动物的健康状况，一些烈性的人畜共患病还会危害人的健康，对整个社会的公共卫生安全带来负面影响；另一方面，也是广大业界人士更为关注的，动物疫病会影响畜禽产品的国际贸易。2001 年英国暴发的口蹄疫给英国造成的间接经济损失达 200 亿英镑，相当于英国国内生产总值的 2.5%；2003 年 5 月 20 日加拿大发现第一例疯牛病后，使阿尔伯特省每年产值 40 亿加元（相当于 30 亿美元）的养牛业遭受灭顶之灾；2003 年年底到 2004 年年初高致病性禽流感席卷亚洲大部分国家和地区，使得全球几十亿美元的鸡产品市场和贸易受到严重冲击。据联合国粮食及农业组织统计，2004 年由于动物疫病的暴发，影响了全球约 1/3 肉类产品（600 万 t）的贸易，相对于全球 330 亿美元的肉类和活畜贸易而言，贸易额损失量保守估计将达 100 亿美元。我国是世界上畜禽产品生产和消费大国，2004 年，全国肉类总产量达到 7244.8 万 t，占世界肉类总产量的 28.1%。在国际畜产品贸易中，我国的畜产品具有价格竞争优势，如我国的猪肉价格低于国际市场 40%、牛肉低 50%、羊肉低 80%、禽肉低 30%、禽蛋低 30%，按说这种价格竞争优势可使我国畜产品在国际贸易中占有一席之地。然而，事实并非如此，近年来我国畜产品出口步履维艰，屡屡受阻，肉类出口仅占国内肉类总产量的 1.3%，占世界肉类出口总量的 3.6%，其主要原因就是动物疫病问题没有解决（于维军，2005）。

（二）环境污染因素

　　环境污染是生态系统被污染物质破坏，致使人、畜环境恶化或是污染物质进入生态系统，沿着食物链转移、循环和富集，最后进入畜体或人体危害健康。环境污染物种类多，数量大，主要来自工业"三废"、农药化肥和生活污水垃圾等。按其属性分为化学性的（汞、氟、铅、砷等，农药，有害气体等）、物理性的（噪声、电磁辐射、电离辐射等）和生物性的（病原微生物和寄生虫卵等）三大类。环境污染物对家畜的危害极为复杂，有各自不同的生物学效应。既可能有局部刺激作用，又可能有全身毒害作用；既可能有特异性作用，又可能有非特异性作用，甚至产生远期效应（遗传性影响）（姚崇旦，1989）。环境污染物对人和动物健康的危害，日益受到国际组织、各国政府及人民的极大关注。有的动物对某种疾病的病原体具有易感性，成为某种疾病的传染源，有的虽然无易感性但机械地传播疾病，使家畜疾病的发生和分布局限于一定地区，成为自然地方性疾病和自然疫源性疾病。家畜流行病的分布以自然疫源性疾病为主。家畜寄生虫病的流行必须有适于当地寄生虫生存的病原体、必要的中间宿主或媒介和易感动物（宿主），因此具有明显的地方性。在特定的地理环境（如森林、沼泽、沙漠）中，一些病原体和传染媒介，作为自然生物群落的成员，传染和传播疾病。

　　由于工业生产排放的废水、废气和废渣数量日益增多，以及农牧业生产大量使用农药、化肥、兽药和饲料添加剂，环境污染物和有毒有害物质对畜禽生产性能和畜产品品质的影响日益严重。环境污染对家畜危害的特性主要体现在以下几个方面（汪植三和吴银宝，2001）。①环境污染对家畜的危害范围较广。一个地区（或一个区域）的环境若受到污染，则该地区（区域）的畜禽都会受到不同程度的危害。无论是肉用畜禽、蛋用禽、乳用家畜，还是毛皮用家畜，环境污染都会对其产生不同程度的危害。②环境污染物对家畜危害作用时间长且作用机制较复杂。家畜长时间生活在受到污染的环境中，不断接触环境污染物，环境污染物就会持续地对家畜进行危害。有些环境污染地区的污染物来源较广、种类较多、成分也较复杂；有的环境污染物是一次污染物，有的环境污染物是二次污染物；有些是单因子作用，有些是多因子联合毒害，多因子污染物之间会产生复杂的拮抗作用或产生协同作用。环境污染物作用和危害的部位也不完全相同，产生的后果也因动物种类的不同而不同。③环境污染物对家畜危害后，治疗难度较大。环境污染物通过饮水和饲料进入畜禽体内，在体内沉积，对动物神经系统和内分泌系统产生危害，并损害肝、肾、心脏及胃肠等机能。由于污染物性质稳定，所以一旦进入体内，就很难被排出体外。因而污染物对畜禽的危害难以消除。

1. 重金属对畜产品安全的危害

　　随着金属矿山的开采和金属冶炼工业的发展，重金属引起的环境污染已成为突出的问题之一。特别是 Hg、Cd、Pb、Cr 及类金属 As 等随工业"三废"进入动物的食物链，造成生态系统恶化，导致动物发生明显的病变或死亡，进而威胁人的健康（李文范等，1995）。大量的研究证明，矿区的开采对畜产品有重要的影响和危害。对甘肃省白银市矿区周围农田土壤、灌溉用水、牧草、农作物、粮食和动物血毛共 415 份样品中 Fe、Cu、Zn、Pb、Cd、As、F、Mo、Se、Mn、Al、Ca、P 13 种矿质元素含量的分析表明，工厂在冶炼过程中排放的工业废气和废水，引起周围环境和农田不同程度的污染，对人和动物健康造成危害（李文范等，1995；刘宗平等，1994），当地绵羊、马和鸡组织中 Pb、Cd 含量极显著高于健康动物，主要蓄积在肝脏、肾脏和骨骼中（刘宗平，2005）。以贵州省铜仁市万山某汞矿附近环境与畜禽为研究对象，抽样分析，调查环境汞污染状况及畜禽组织中汞含量发现，家畜肌肉、肾脏、肝脏中汞蓄积量严重超过国家限量值，汞矿周围饲养的家畜存在严重的食品安全问题（施云刚等，2014）。

　　重金属广泛存在于自然界大气、土壤和生物体中，其中 Mn、Cu、Fe、Zn 等重金属是生命活动所需要的微量元素，但是大部分重金属如 Hg、Pb、Cd 等并非生命活动所必需。所有重金属超过一定浓度都对人体和动物具有毒害作用。重金属污染是指由重金属或其化合物造成的水、土壤等环境因素的污染，主要是指 Hg、Cd、Pb、Cr 等生物毒性显著的重金属及类金属 As，也指具有一定毒性的一般重金属，如 Zn、Cu、Co、Ni、Sn 等（肖安东和匡光伟，2011）。重金属元素污染与其他有机化合物对环境的污染不同，很多有机化合物能通过自然界净化、降解或转化，使其有害性降低或解除。但重金属元素具有富集性，其很难在自然环境中降解。目前，我国在重金属矿产的开采、冶炼及加工过程中，很多重金属元素如 Pb、Fe、Hg、Zn、Cd、Cu 和 Co 等进入自然环境，引起严重的大气、水和土壤污染。例如，随工业废水排出的重金属元素，即使其浓度很小，也可在水体中的藻类和底泥中积累，被水生动植物吸收，通过食物链在生物体内富集，从而造成公害。水体中重金属元素的危害不仅取决于重金属元素的种类和理化性质，还取决于重金属元素的浓度及其存在的化学形态，即使有益的重金属元素浓度超过某一数值也会有剧烈的毒性，造成动植物中毒和死亡（苑荣，2012）。

　　重金属污染对畜产品安全的影响和危害主要有两个方面。一方面是对动物生产的影响。当这些重金属在动物体内积累到一定程度时，会直接影响动物的生长发育、生理生化机能，引起动物生长缓慢、行走站立困难、皮肤溃疡等症状，其至引起动物的死亡，其影响和危害的程度随着动物种类、重金属性质及环境条件的不同而不同，同时与重金属的浓度、化学形态及侵入途径有关。另一方面是对畜产品安全的危害。畜产品是人类动物源性食品的来源，畜产品安全关系到人类健康。重金属通过空气、水、植物性食物等渠道进入动物体内，再通过食物链进入人体，此时重金属不再以离子形式存在，而是与体内有机成分结合成盐或金属螯合物，从而对人体产生危害。重金属盐如乙酸铅、氯化汞、硫酸铜、硝酸银等都是蛋白质的沉淀剂，而蛋白质是组成人体细胞的重要物质，人若吸收了重金属盐类，就会因蛋白质变性而中毒（吴宗权，2000）。机体内的蛋白质、核糖、维生素、激素等都能与重金属反应，机体因丧失或改变了原来的生理化学功能而发生病变。另外，重金属还可能通过与酶的活性部位结合而改变其活性部位的构象，或与起辅酶作用的金属发生置换反应，致使酶的活性减弱甚至丧失，从而表现出毒性（肖安东和匡光伟，2011）。随着社会经济的快速发展，农产品重金属污染问题日益严重，其对人体产生的危害越来越受到重视。关于畜产品中重金属限量标准的规定，我国也制定了国家标准，尤其是 2013 年 6 月 1 日出台了《食品中污染物限量》（GB 2762—2012，表 4-1），这有利于相关管理部门有针对性地进行监督管理，更有效地提高我国食品质量安全。

表 4-1　不同畜产品各重金属的限量标准　　　　　（单位：mg/kg）

分类	畜产品名称	Pb	Cd	Hg	As	Cr
肉及肉制品	畜禽肝脏及肝脏制品	0.5	0.5			
	畜禽肾脏及肾脏制品	0.5	1.0			
	肉类（畜禽内脏除外）	0.2	0.1	0.05	0.5	1.0
	肉制品	0.5	0.1		0.5	1.0
乳及乳制品	生乳、巴氏杀菌乳、灭菌乳、发酵乳、调制乳	0.05		0.01	0.1	0.3
	乳粉、非脱盐乳清粉	0.5			0.5	2.0
	其他乳制品	0.3				
蛋类及制品	皮蛋、皮蛋肠	0.5	0.05	0.05		
	蛋类及制品（皮蛋、皮蛋肠除外）	0.2	0.05			

注：数据来源于赵凤霞等，2014

2. 持久性有机污染物对畜产品安全的危害

持久性有机污染物（persistent organic pollutant，POP），指的是持久存在于环境中，具有很长的半衰期，且能通过食物网积聚，对人和动物健康造成不利影响的一类化学物质。POP 给人类和环境带来的危害成为全球性问题。为了解决这一问题，2011 年 5 月 23 日，127 个国家的代表通过了《关于持久性有机污染物的斯德哥尔摩公约》（以下简称《公约》）。《公约》于 2004 年对中国生效。《公约》规定首批消除的最具有危害性的 POP 是：滴滴涕、氯丹、灭蚁灵、六氯苯、毒杀芬、艾氏剂、异狄氏剂、七氯、多氯联苯、二噁英、呋喃。之后，联合国环境规划署 2009 年 5 月 9 日宣布，160 多个国家和地区的代表当日在日内瓦达成共识，同意减少并最终禁止使用 9 种 POP，它们分别是：杀虫剂副产物 α-六氯环己烷、β-六氯环己烷；阻燃剂六溴联苯、六溴联苯醚和七溴联苯醚、四溴联苯醚和五溴联苯醚；杀虫剂十氯酮、林丹、五氯苯、全氟辛磺酸盐和全氟辛磺酸氟。这也使《公约》禁止生产和使用的 POP 增至 21 种（李光辉，2012）。

持久性有机污染物对畜产品安全影响的例子不胜枚举，如二噁英在国内外历史上所引起的畜产品安全问题（表 4-2）（刘敬先等，2011）。世界闻名的比利时"污染鸡"事件的罪魁祸首是饲料受到二噁英（dioxin）污染。二噁英是多氯甲苯、多氯乙苯等有毒化学品的俗称，属氯代环三芳烃类化合物，它在人体和动物体内不能降解和排出。美国国家环境保护局 1995 年公布的结果显示，二噁英不仅具有致癌性，而且具有生殖毒性、免疫毒性和内分泌毒性，被作为新的环境污染物而列入全球环境监测计划食品部分的监测对象之一。它主要来自城市垃圾焚烧、含氯化学品的杂质、纸浆漂白和汽车尾气。它附着在植物表面或进入水体，不可避免地进入食物链。被污染的畜禽被人们食用后，二噁英进入人体。人体内的二噁英沉积到一定数量时，会导致沉积组织发生癌变。它对正在发育中的胎儿及出生不久的婴儿来说，会阻碍人体雄激素和黄体酮等激素的分泌和吸收，从而造成未成年人营养不良和学习功能障碍。此外，它还会导致精子数量急剧减少和精子活性大大减弱，毒害神经系统造成动作失控，对主要沉积处肝脏造成严重破坏和加大患糖尿病的概率。可见其对人体健康的危害极大（赵方齐，2012）。

表 4-2　历史上二噁英引发的畜产品安全事件

	时间	事件	溯源地
国外	2011 年 1 月	在德国北部发现动物饲料的原料脂肪酸中含二噁英等工业残渣	德国
	2008 年 12 月	葡萄牙检疫部门在从爱尔兰进口的 30t 猪肉中检测出二噁英	爱尔兰
	2007 年 8 月	法国西部两个奶制品厂发现部分鲜奶二噁英含量严重超标	法国
	2007 年 7 月	印度的食品添加剂——瓜尔胶中发现含有高浓度的二噁英。印度 2006 年在从荷兰进口的动物饲料中发现二噁英	印度、荷兰
	2004 年 12 月	乌克兰总统候选人尤先科二噁英急性中毒，出现氯痤疮症状	乌克兰
	2004 年	荷兰牛奶中发现二噁英	荷兰
	2000 年	哈特菲尔德咨询公司发表调查报告，越南战争期间美国对越南投放的"橙剂"中含有大量二噁英	美国
	1999 年 3 月	比利时的家禽和蛋类中发现高浓度的二噁英	比利时
	1998 年 3 月	德国销售的牛奶中出现高浓度的二噁英，溯源来自巴西出口的动物饲料	巴西
	1997 年	在鸡肉、蛋类和鲶中发现二噁英。美国 1976 年在意大利萨浮索的一座化工厂发生大量二噁英泄漏，污染了方圆 $15km^2$	意大利
	1968 年	日本西部管道泄漏，多氯联苯（含二噁英）进入米糠油中，发生米糠油中毒	日本

续表

时间	事件	溯源地
2009 年 12 月	深圳市部分禽肉、禽蛋中发现二噁英，含量超过欧盟限量标准	深圳
2009 年 11 月	在台湾高雄县大寮乡，约 9000 只体内含二噁英的鸭子被集体扑杀后，又被焚烧销毁	台湾
2009 年	2005 年广州永兴村附近建成垃圾焚烧厂后，该村癌症发病率超过全国平均值，疑为二噁英污染所致	广州
2008 年 3 月	长沙的莫扎里奶酪中检测出二噁英	意大利
1997 年	深圳海湾产的蚝（牡蛎）因二噁英含量严重超标，被香港环境保护署全面禁止	深圳
1979 年	台湾因管道泄漏造成多氯联苯（含二噁英）污染米糠油，中毒人数多达 2000 人	日本

注：参考《浅谈"二噁英"》一文（刘敬先等，2011）

3. 环境放射性核素污染对畜产品安全的危害

环境放射性核素污染是指由于现代原子能源逐渐增多，核试验、核爆炸的沉降物，核工业放射性核素废物的排放，和平利用原子能和同位素试验装置的排放，以及意外事故造成的环境污染等（李光辉，2008）。在核爆炸及其他重大核事故导致的核泄露过程中可以产生几百种放射性核素，但其中多数不是产量很少就是在很短的时间内已全部衰变，对世界居民的有效剂量当量贡献大于 1%的只有 7 种。按对人体照射水平的递减顺序，它们是 ^{14}C、^{137}Cs、^{95}Zr、^{90}Sr、^{105}Ru、^{144}Ce 和 ^3H。放射性核素进入环境，并通过各种途径最终对人体造成辐射危害。废气在食物链中的转移途径有：废气→植物→人；废气沉降→土壤→植物→人或动物→人。废水在食物链中的转移途径有：废水→水生植物或鱼→人；废水→土壤→植物→人或动物→人，同时放射性物质并非单纯在各生物中转移，而是在某些生物中表现出明显的浓集作用（史建君，2011）。

环境放射性污染物主要通过消化道进入家畜体内，也可通过呼吸道、皮肤侵入体内。进入畜体的放射性物质在体内继续发射多种射线引起内照射。当放射性物质达到一定浓度时，就能引起放射病。家畜患病程度与放射性物质的种类、摄入量、浓集量及家畜种类等有关。通常，大剂量照射，可引发急性放射病，并引起死亡。高强度射线会烧伤皮肤，引发白血病和各种癌症。例如，摄入一般剂量或小剂量的放射性物质，放射性物质会在体内蓄积引起慢性放射病，使造血器官、心血管系统、内分泌系统、神经系统及生殖系统等受到损害。环境中放射性物质的存在，最终将通过食物链进入人体。1986 年，苏联发生的切尔诺贝利核泄漏事故，导致约几十平方千米范围内的地面生物全部灭绝，即使在距核电站 30km 以外的地区，也发现畸形家畜急剧增加。欧洲许多国家当时生产的牛奶、肉、动物肝脏中，都因发现有超量的 I、Cs、Ag 等放射性核素而被废弃。日本牛乳中所含的 I 也超出正常值的 4～5 倍。这次事故虽然已过去 30 余年，但其对人和动物健康的影响至今仍未消除。因此，放射性核素污染对动物性食品安全的影响已成为当前急需开展研究的一项重要课题。放射性核素物质对动物性食品污染的特点是：种类较多，半衰期一般较长，影响范围广，远期危害时间长，被人摄取的机会多，有的在人体内可长期蓄积，影响或危害程度大，消除影响的时间长。为此，我国已制定并颁布了食品中放射性物质限制浓度标准（表 4-3）（李光辉，2008）。

表 4-3　动物性食品中放射性核素限制浓度标准　　　　（单位：Bq/kg）

放射性元素	肉、鱼、虾类	鲜奶
^{210}Po	$1.5×10$	1.3
^{226}Ra	$3.8×10$	3.7
^{223}Ra	$2.1×10$	2.8
^{3}H	$6.5×10^5$	$8.8×10^4$
^{89}Sr	$2.9×10^3$	$2.4×10^2$
^{90}Sr	$2.9×10^2$	$4.0×10$
^{131}I	$4.7×10^2$	$3.3×10$
^{137}Cs	$8.0×10^2$	$3.3×10^2$
^{147}Pm	$2.4×10^4$	$2.2×10^3$
^{239}Pu	2.6	

注：数据来源于 GB 14882—1994

（三）畜产品加工过程污染

　　畜产品加工过程中的安全卫生事关食品安全与人们身体健康。畜产品在加工、运输、销售过程中由于卫生条件不合标准、操作不合规范导致的二次污染也非常严重，成为畜产品质量安全的又一隐患。畜产品加工企业是肉用畜禽的集散地，其将屠宰后的畜禽肉品和副产品运至各地消费市场。在运入和运出的过程中，如果没有严格执行兽医卫生检验和严格的卫生管理，就可成为多种疫病的污染源和散播地（朱德修，2007）。在屠宰加工中，污染来自于染疫动物、不洁水源及加工设备、加工人员，超标的防腐剂、着色剂、消毒剂，传统的加工工艺等也可影响畜产品的卫生安全性（刘燕和王静慧，2003）。为保障畜产品消费安全，政府对畜产品屠宰、加工企业的加工条件、从业资格和卫生防疫都有严格的限制，但由于畜产品加工企业数量较多、布局分散，监管困难，大部分企业的卫生条件无法达到规定标准，引起畜产品污染。较多个体屠宰点都是污水横流、臭气熏天，猪肉胴体沾上粪水、扑上苍蝇等现象十分普遍，畜产品污染严重；同时，屠宰加工设备简陋，无法实现自动化作业，加工过程产生的血污水与畜产品不能实现分离，技术落后进一步加重了畜产品被污染的程度。生产过程不规范，生产加工人员卫生、身体条件不合格也进一步造成污染。

家畜在生活期间，可受到周围环境土壤、空气、水、饲料及排泄物、分泌物的污染，体表往往沾染大量的微生物，菌量可达 $10^8 \sim 10^9$ 个/cm²，肠道内的菌量则更高，附着于体表的菌类虽然不能侵入正常皮肤，但在动物屠宰解体时就有可能沾污胴体。当割破或拉断肠管时，污染将更为严重，微生物可扩散到畜体的各个部分。屠宰技术的正确与否也是造成细菌性污染的原因之一，若屠宰技术不正确、不得当或不熟练，则肉类极易受到胃内容物、毛皮、奶汁、胆汁、粪便、渗出物和其他污染物的污染，如对牛羊施用断颈法，可使胃内容物上逆而污染血液和胴体；又如，当放血刀受到污染时，微生物可进入血液，经由大静脉而侵入屠体深部（彭梅仙和黄裕，2005；刘占杰和王惠霖，1992）。而微生物污染是影响肉产品安全卫生的重要因素。在正常条件下，健康牲畜的肌肉、脂肪、心、肝、脾、肾组织内是无菌的。但有些组织如体表、消化道、上呼吸道是带菌的，甚至还可能带有某些致病菌。在畜禽的生产、加工和流通环节，病毒、细菌、寄生虫等病源微生物都有可能污染畜产品并危及人类健康。在生产环节，近年来因畜禽染疫间接引起人类感染的事件时有发生，如日本的大肠杆菌 O_{157} 事件、欧洲的疯牛病事件，以及我国香港、台湾的禽流感事件等（刘燕和王静慧，2003）。

畜产品的安全卫生，直接关系到消费者的健康与安全，畜产品从来源、生产到销售，最终到人类食用，是一个系统过程，每个环节都要减少和杜绝在食品系统中可能出现的各种污染，控制食品中微生物的污染。任何一个环节不注意，都会造成储运条件不合格，污染都将是不可避免的。畜产品绝大部分是生鲜食品，对储运条件要求高，储运设备简单落后会造成大量畜产品在储运过程中被污染，有以下几种典型表现。①缺乏冷藏设备导致畜产品变质。据调研人员在农贸市场和超市的观察，大量的畜禽产品经销户都无冷藏和其他专用设备，畜禽产品在运输和销售过程中始终暴露在外部环境之中，与其他的物品接触，有的贩运户甚至将畜产品堆装在货运车上任太阳暴晒。②储运设备清洁不彻底造成畜产品污染。一些长期贩运畜产品的储运业主未按规定每一次都对储运工具进行消毒处理，引起畜产品连环污染。③畜产品包装容器破损引起污染。根据英国和德国不来梅蜂蜜分析研究所最新测定的结果，中国蜂蜜的锌、铁超标。而铁等金属污染的重要来源是盛装蜂蜜的铁制容器，由于长期在密封酸性环境的腐蚀下，一些容器发生锈蚀，铁、锌等元素溶入蜂蜜造成污染。④加工方法对畜产品产生污染。例如，我国西南地区有熏制腌腊制品的习惯，在熏制过程中，会产生亚硝基化合物和多环芳香族化合物，从而污染畜产品（刘璇等，2011；朱德修，2007；彭梅仙和黄裕，2005）。

第二节　草原生产的稳定性及畜产品安全

一、影响草原生产稳定性的因素

（一）自然风险

气候变化已经是全社会普遍关注的重点问题之一。根据气候资料统计，20世纪50～80年代我国的平均气温一直在上升，全国平均温度升高0.2℃，冬季升温较夏季显著，我国近40年降水量呈现下降趋势。CO_2倍增，气候变暖，使草原干旱出现概率增大，持续时间延长，草地土壤侵蚀危害严重，土地肥力降低；草地在干旱气候与荒漠化盐化的作用下，初级生产力下降，草地景观呈荒漠化趋势。

气候变化，加之我国草原面积广大且类型众多，不同类型区间年均气温和年降水量差异较大，尤其是降水量从东南向西北递减，且年际波动较大，这直接引起草地生产力出现时间和空间上的异质性和波动性，而平衡性范式下的以载畜量为主的放牧管理并未对降水量的年际波动所带来的不确定性及草原资源的异质性加以充分考虑，在实际运用进行生态保护与畜牧业发展政策设计时导致出现了严重的社会和生态问题（Scoones，1994）。非平衡范式正是在此背景下被提出来的，并开始对干旱草原的研究和管理产生深刻影响。目前，非平衡范式对全球范围内的草原管理的影响在扩大，并有学者尝试将其运用到中国的草原上（李艳波和李文军，2012；李昌凌，2009；李文军和张倩，2009）。在我国草原牧区，这种非平衡性主要表现在家畜对牧草营养需求的稳定性与天然牧草供给过程中的季节波动性。俗话说"夏壮、秋肥、冬瘦、春死"，这是对草原畜牧业家畜营养非平衡性的生动描述。

气候风险的另外一个主要表现是极端气候事件的频发性，气候变化使得我国草原地区气候变动幅度更大，从而使灾害天气频繁出现，主要表现为旱灾、雪灾、风灾频繁出现。其中旱灾是草原最为常见的重要灾害之一，我国草原由于降水量少、外来水缺和地下水深，草地生产经常处于一种受干旱威胁的不利状态。以内蒙古为例，近500年旱涝资料表明，全区出现干旱的年份占70%～75%，即3年有2年为干旱年，7年中出现2次全区性大旱。雨水集中在夏季，多雨月及最大雨日的减少，导致冬春连旱日多数长达30～160天，降水的相对变率大多数在60%以上，其极端年变率常有数倍之差，内蒙古鄂托克旗为5倍，河西走廊西部为6倍。2000年我国西部草地大面积发生旱灾，内蒙古锡林郭勒盟和赤峰市遭受新中国成立以来最为严重的旱灾，产草量下降90%。有1800万头（只）牲畜缺草 12.5 亿 kg，赤峰市人工半人工草地产草量下降 55%，24 万 hm² 栽培草地旱死，7.4 万 hm² 饲料基地绝收，214 万头（只）牲畜饮水困难，293 万头（只）牲畜瘦弱不堪，250 万头（只）缺草，越冬度春牧草缺口达 12 亿 kg。这种缺水严重的状况给牧草生长带来了极为不利的影响，使草地畜牧业发展常常受挫。

"白灾"也是草原地区常见的危害性极大的气候灾害，俗称"白毛风"，是指由于降雪过多，积雪过深（草原被深度超过 15cm 的积雪覆盖）而影响家畜正常放牧的自然灾害。"白灾"是我国牧区常发生的一种畜牧气象灾害。当年的 10 月到第二年的 4 月，是我国北部和西部牧区白灾的高发期。如果积雪疏松，马、羊尚有可能扒开雪层吃到牧草；如果积雪由于乍暖后又降温，雪表面结成冰壳，则牧畜不仅吃不到草，而且易受冰壳刮伤。每当发生白灾时，积雪掩盖了牧草，牲畜无法觅食，在饥饿和寒冷的双重折磨下，牲畜开始掉膘，体质变弱，严重时会造成大量牲畜死亡。从表面看，白灾就是雪灾，但实际上它是一种因为牲畜无法觅食而形成的饿灾。20 世纪 50 年代以来我国北方草原区共发生大雪灾近 70 次，直接经济损失达 100 亿元。以青海为例，1956～1995 年省内发生大范围雪灾有 18 个年份，其中，严重雪灾有 11 次，特大雪灾有 4 次，基本上形成 3 年 1 小灾，5 年 1 中灾，10 年 1 大灾的灾害规律，在 1956～1995 年发生的 11 次严重雪灾中，受害牲畜占总数的 37%，直接经济损失达 12 亿元。1995 年春，西藏大部分牧区发生雪灾，因缺乏棚圈和饲草储备，造成 150 万头（只）牲畜死亡，牲畜成活率只有 70%，直接经济损失 2.1 亿元；1996 年 3 月下旬至 4 月中旬，新疆突降大雪，出现较严重的雪灾，受灾涉及 24 县，死亡大家畜 20 万头（只）。2002 年 1 月内蒙古呼伦贝尔草原遇雪即成灾，呼伦贝尔市牧区受灾面积达 524.4 万 hm²，受灾牧民达 2.7 万人，被白灾围困的牲畜达到 195 万头。2002 年大雪灾害比历年同期偏多 72%，其中 1 月更为频繁，比历年同期偏多 3 倍，是有史以来从未有过的，"遇雪即成灾"已成为困扰呼伦贝尔草原的重要问题。气候变化已经严重加剧了干旱半干旱草原地区牧户畜牧业生产的风险和不确定性。

（二）市场风险

市场对草原牧区牧户畜牧业经营稳定性的最大影响因素在于畜产品价格降低的波动性，由于畜牧业收入是牧户主导收入，收入来源单一，而传统畜牧业经营方式抗拒和抵御市场风险的能力较弱，牧民在经营中处于弱势地位，在遭受畜产品价格降低的市场波动时，牧民显得非常茫然，只能被动地承受损失。加之牧民组织化程度低，其进入市场的交易势力较弱，但面临的市场交易成本较高，具体表现为，牧民在交易过程中，经常受到"二道贩子"的盘剥；牧民搜寻市场交易信息的成本高，如 20 世纪 90 年代的羊毛大战，1988 年、1994 年和 2000 年的羊毛价格跌破成本价格，牧民损失惨重。因此，实现牧民持续稳定增收，发展现代畜牧业，迫切需要提升牧民组织化程度。

市场价格的高低波动，除受政府宏观调控外，消费者需求和畜产品供给在很大程度上也影响了牧户出售畜产品价格的高低。草原牧区牧户以个体经营为主，牧民小生产与大市场之间的矛盾日益突出。一方面，随着我国市场经济的发展，人们物质生活水平不断提高，消费者对畜产品的需求层次也在提高，从单纯地追求畜产品数量转变为追求畜产品品质。瞬息万变的市场需求，对于草原畜产品的生产要求也在提高，尤其对畜产品生产工艺、风味、包装、规格及环保等方面提出了更高的要求。牧民单户生产经营，难以捕捉市场的需求动态，生产的产品缺乏稳定性，产品品质较低，保鲜技术落后，包装款式过时，因此，牧民生产活动难以适应市场发展的要求。另一方面，随着国内统一市场的形成，草原畜牧业面临着来自国内、国外的竞争。一些国内外的企业，技术实力雄厚，根据市场变化进行产品研发的能力强，产品的品质相对来说较高，与牧民分散生产相比，具有较强的竞争优势。此外，由于牧区普遍存在超载现象，如果按禁牧区、草畜平衡区下达减畜任务，则会导致市场畜产品供应量短期内增量较大，可能导致畜产品难卖、价格走低或不法商人趁机压价的现象，造成牧户利益受损。

总体上来看，我国经济市场化的程度还不高，而农牧业市场化的程度又滞后于经济总体市场化的程度。地处偏远的牧区市场化程度更为低下，土地、资金、劳动力、技术等大部分生产要素的流动还处于一种自发状态，缺乏优化组合，严重影响着农牧业产业化的进程。以内蒙古为例，作为我国牧区农牧业产业化进程相对比较快的地区，目前，内蒙古农牧业产业化龙头企业销售额过亿元的有 38 家，过 10 亿元的仅有 5 家。产业化辐射带动面还很小，农畜产品的加工转化率不足 40%，产业化经营所带动的农牧户也不到 40%，在产品加工中，初加工、粗加工产品多，缺乏精深加工。产业化的重要环节不紧密，龙头企业、基地建设、中介组织和牧户这 4 个环节之间缺乏有机的联系，产业化、组织化和市场化程度不高。不仅如此，从全国牧区来看，产业化发展不平衡的状况更是明显。例如，在西部牧区，很多地区至今没有明确的社会分工，仍然停留在原始的自然经济状态。西藏土地面积 120.223 万 km²，其中草原面积近 83 万 km²，约占总面积的2/3，约占全国草原面积的 26%，畜牧业虽然是西藏地区经济的支柱产业，但目前基本上仍处于粗放式经营阶段，大部分地区的草原利用率很差，劳动生产率极低，牧业生产在很大程度上还是为了满足牧民自身生活的需要，在这种状况下发展产业化、建设现代化畜牧业，其难度可想而知，而这种状况在我国广大牧区绝不是个别案例。这势必造成牧户在生产经营过程中，向市场提供的畜产品也多以初级产品为主，产品附加值低，抵御市场风险的能力仍然较弱。

（三）其他因素

除以气候为主的自然风险和市场风险外，牧户畜牧业生产经营还面临草地退化严重、增收难、牧户文化水平低、牧区基础设施投入不足、生产技术落后、基层干部素质不高等问题，这些都严重影响了牧户畜牧业生产经营的稳定性。

第一，草原退化严重。长期以来，在传统畜牧业经营方式的约束下，靠天养畜、超载放牧、过度打草、滥采乱挖和乱开垦等不合理利用，只利用不建设，以及受近年来气候持续干旱、鼠虫害频繁发生等自然因素的影响，据统计，我国荒漠化土地面积 2.6 亿 hm^2，近 80%发生于天然草原。我国是世界上草原退化最为严重的国家之一，90%以上的天然草原不同程度地退化，每年还以 200 万 hm^2 的速度增加。牧区人口增长，以及长期以来对草原重利用、轻保护，重索取、轻投入，过分强调草原的经济功能，单纯追求牲畜数量的增加，导致对草原的掠夺性经营，牲畜数量不断增加，草原负荷越来越重。目前，我国北方草原平均超载 36%以上，草原得不到休养生息，生产能力下降，超载过牧日趋严重，导致草地退化严重。以内蒙古为例，内蒙古呼伦贝尔草原、锡林郭勒草原和荒漠草原退化面积分别达到 23%、41%和 68%，虽然现在草地退化的势头得到了遏制，但草地仍然严重退化是不争的事实。草地退化引发了一系列生态环境与社会问题，如草地生产力下降、生物多样性丧失、畜牧业生产效率与畜产品质量下降、荒漠化加剧、生态系统功能严重失调、生态屏障功能减弱甚至丧失、环境恶化引发生态难民、草原文化不断受到冲击等，已经给该地区的社会经济发展带来了巨大冲击，草原的退化沙化成为制约草原畜牧业发展的最主要因素，影响了新牧区建设的可持续发展。

第二，牧民增收难。一是牧户生产方式单一，抵御自然风险和市场风险能力较弱，在遭遇自然灾害或畜产品价格降低的市场波动时，牧户只能被动地承受损失，因灾返贫等现象时有发生。二是牧户工资性收入增收难。由于草原牧区偏远、信息不畅通、牧区劳动力综合素质不高等，劳动力外出务工比例很低，在本地区打工的大多数人仍然从事低收入工作，工资性收入增长受到抑制。三是政策性增收难。虽然国家取消了牧业税，良种补贴、农机购买补贴等政策提高了牧民的养殖积极性，草原生态奖补机制等政策提高了牧民收入，但牧民依靠政策进一步增收的空间缩小。

第三，牧民整体文化水平低，劳动力整体素质较差，难以及时接受一些先进技术和方法，限制了牧区发展。在交通不便、居住分散的牧区，牧民受教育的条件受到了极大限制，根据侯向阳课题组在内蒙古草甸草原、典型草原和荒漠草原的调研，30～50 岁青壮年劳动力中，分别有 24%、53% 和 46% 的牧民仅为小学学历，49%、31% 和 49% 的牧民也仅为初中学历，受高中教育、大专教育的牧民少之又少。牧民的文化程度普遍较低，接受新生事物缓慢、学习新知识的能力很弱。在技能方面具有一技之长的人还很少，只能是经营传统畜牧业。牧区科普和优良品种的推广力度不够，一些先进的经营管理理念和环保技术无法得到应用；牧民坚持现有的传统的畜牧业生产方式，与牧民文化素质低，接受新技术、新生产方式难是分不开的。此外，很多文化水平低的牧民环境和生态保护意识较弱，对生态建设存在着等、靠、要的思想较为严重，在生产生活受到较大影响的情况下，短期内对草畜平衡、草原生态奖补机制等草原生态保护和建设政策的认同度较低，相当一部分牧民对上述政策仍持观望态度，这直接影响到政策的实施效果。

第四，牧区基础设施投入不足。基础设施落后严重制约着草原牧区的建设和发展。近年来，各级政府虽然加大了对"三农三牧"投入力度，生产生活条件逐步改善，但牧区的供水、通电、道路、交通等基础设施非常落后。由于受牧区基础设施投入不足瓶颈制约，很多地区的草原农田水利建设和畜牧业基础设施建设根本无法开展，导致畜牧业抗风险能力非常薄弱，牧户生活处于低水平状态。

第五，基层干部素质亟待提高。一是创新意识不强。多数牧民党员、干部沿袭于传统工作思路，习惯于行政命令式的工作方法，缺乏闯劲儿和冲劲儿，思想僵化，工作被动，疲于应付。二是带领群众致富本领不高。目前，一些基层干部科技文化素质偏低，对新时期畜牧业发展出现的新情况、新问题束手无策，环境建设的创新意识差，发展牧区经济的能力不强，发展的路子不宽，工作方法不多，在群众"盼富"面前力不从心。

二、草原畜产品安全的比较优势

（一）农区畜产品安全简述

关于食品安全，至今尚缺乏一个明确的、统一的、权威的定义。有学者认为食品安全应该是指食品在生产、储存、流通和使用过程中的一切处理，并在正常食用量的情况下，采用合理的食用方式，不会对消费者健康造成损害的一种性状（梅方权，2006）。也有学者认为食品安全应该是：食品中不应含有可能损害或威胁人体健康的有毒有害物质或因素，从而导致消费者急性或慢性毒害或感染疾病，或产生危及消费者及其后代健康的隐患（温涛，2004）。目前，理论界对食品安全研究更多关注的是食品质量的安全性，因此有时也将食品安全翻译成食品质量安全。

畜产品主要是指畜禽生产过程中能够多次为人类提供可食用的肉、奶、蛋等动物产品,有时也指活畜禽产品,是人类赖以生存和发展的物质基础。目前,学者对畜产品安全的界定常表述为,可食用畜产品应当无毒无害,不能对人体造成任何伤害,必须保证不致人患急、慢性疾病或者危害(郑凤田和程郁,2005)。该解释似乎更多地从食品安全角度出发,没有体现出畜产品本身的特点;也有学者认为可食用畜产品安全就是反映可食用畜产品满足明确需要和隐含需要能力特征的总和。而畜产品安全的内涵是指畜产品以其所具有的卫生、营养状况,在满足不同的消费需求时,不会对消费者和动物的健康安全造成危害的一种性状。同时要求节约、高效利用畜牧业生产资源,保证畜牧业生产的可持续发展(潘春玲,2004)。畜产品安全,概括地即指"无疫病、无残留、无污染"的畜产品。要求在符合无公害畜产品产地环境评价要求的前提下,其有毒有害物质含量在国家法律、法规及有关强制标准规定的安全允许范围内。从养殖到餐桌实行全程质量监控,做到无重大动物疫病、药物残留不超标、对人类生活环境不造成影响(魏凤仙等,2004)。

畜产品的安全生产是一个系统工程,需要全社会共同努力,当务之急是通过多方面、多形式的广泛宣传,提高全社会的畜产品安全观念和知识水平。让消费者充分感知绿色畜产品"无污染、安全优质、营养"的内在价值,培养稳定有效的需求欲望,增强绿色畜产品的认识能力,自觉抵制不安全、不卫生、假冒伪劣畜产品。

自20世纪80年代以来,我国相继颁布实施了一些有关畜牧业的农业行业标准和国家标准,包括产品标准、生产规程标准、测定方法标准、饲养标准、饲料原料标准、饲料卫生标准、饲料加工标准,为指导和加强畜牧业生产,保证畜产品安全生产起到了一定作用。但是,畜牧业生产包括产前、产中、产后多个过程,产地环境、饲料、饲养管理和产品加工都会影响畜产品品质,这几年由饲料质量引发的问题依然存在,要保证畜产品安全仅依靠以前的标准还远远不够。因而,加强完善标准的制、修、订是非常迫切的。为进一步保证畜产品的安全,农业部组织实施无公害食品生产计划,即从农田到餐桌进行无公害生产。制定了一系列无公害畜产品标准,包括畜禽饮用水、畜禽饲养饲料使用、畜禽兽药使用、畜禽饲养管理、畜禽兽医防疫及产品加工规程、产品加工用水等。后来国家质量监督检验检疫总局批准发布了《无公害畜禽肉安全要求》、《无公害畜禽肉产地环境要求》,以此来加强我国畜产品的安全(袁建敏和马红兵,2002)。

制定无公害食品生产标准对提高我国畜产品安全起着非常重要的作用,但是我们也应看到无公害食品标准多以原有的标准、法规为基准进行综合。随着科学技术的进步及新产品、新技术的不断出现,不少原有的标准显然不能适应生产迅速发展的要求,需要进一步完善和提高以确保我国农区畜产品安全,未来应借鉴国外的先进经验来加强标准的制、修、订和畜产品生产管理，确保我国农区畜产品安全。

（二）草原畜产品安全的比较优势

草原畜牧业是草原区各族人民赖以生产和生活的物质基础，是区域经济、社会发展的载体，是将巨大而丰富的植物资源转化为人类食物资源的中介和媒体，是我国养殖业的重要组成部分（侯向阳，2013）。我国有草地（天然草原、栽培草地、草山、草坡）4 亿 hm^2，为世界第二草原大国，可利用面积 3.33 亿 hm^2。世界第一草原大国澳大利亚（4.5 亿 hm^2）的肉食中 90% 是由草转化而来的，新西兰则是 100%，美国为 73%，而我国的肉食中仅 6%~8% 由草转化而来，90% 由粮食转化而来。因此，加速草地建设，充分发挥 4 亿 hm^2 草地的生产潜力，使草地畜牧业生产出更多的安全草原畜产品，是亟待解决的问题（杜青林，2006）。随着草业的开拓与壮大，牧区的草地生产潜力将不断地被挖掘出来，促进草地畜牧业的进一步发展，充分利用草原各种自然资源，有助于家畜增强体质和抗病力，有利于生产安全、营养、保健的畜产品。因此，在大力发展草原畜产品的同时，净化生产环境，为人类提供高品质、安全的畜产品，保障人类的身体健康具有重要意义。下面通过对草原畜产品安全的论述和分析，探讨草原畜产品在畜牧业可持续发展中的重要性。

1. 草原畜产品安全有利于促进我国粮食安全和农民增收问题的解决

粮食安全就是保证每一个人都能获得足够的食品，以满足营养需要，保证身体健康。畜产品在人们膳食结构中的比重迅速增加，畜产品的安全供给是食物安全的重要内容（董传河，2005）。粮食安全是全球关注的问题，在我国尤其突出，长期"以粮为纲"导致"粮-猪模式"，造成人畜共粮的状态至今仍没有改变（任继周和林惠龙，2004）。发展草业可以解放出大量的耕地，推动种植业由传统的二元结构向"粮食作物-经济作物-饲料作物"三元种植结构转变，以获得效益产出最大化。我国将实现对有限耕地资源的自然利用向科学分配利用的转变过程，发展草地农业将成为推动我国农业经济发展的阳光产业和建设质量效益型农业的必由之路。

以肉羊产业为代表的草食畜牧业的发展对促进节粮型畜牧业发展，缓解粮食安全压力意义深远。由于国民消费偏好，长期以来猪、鸡等耗粮型家畜占我国畜牧业生产的绝大部分。目前，饲料原料短缺已成为我国畜牧业可持续发展的重要瓶颈。任继周院士指出，凡是农业结构比较合理的国家，畜牧业产值都在 60% 左右，而且以反刍动物为主，如果我国养猪数量压缩 1/3，则能节约 1.15 亿 t

谷物，折合耕地当量亿亩。只有增加牛羊肉供给替代猪肉，通过食物环境的改变逐渐改变国人的食性和偏好，才能从根本上缓解过度依赖猪肉导致的饲料用粮压力。因此，逐步提高节粮型的牛羊产业在畜牧业中的比例，减小耗粮型的生猪产业的比例，有利于优化农牧结构，缓解粮食安全压力，促进我国居民食物消费结构升级（李金亚，2014）。

近年来，全国有 20%的可利用草原实施禁牧、休牧、轮牧等一系列保护与恢复草原的措施，取得了显著效果；采取松土、施肥、补播优良牧草及建立栽培草地等草原改良措施，也大大提高了草原生产力。2000 年以来，全国建成栽培草地 69.93 万 hm²，到 2005 年年底，全国累计种草面积 1300 万 hm²，改良退化草原 1400 万 hm²，草原围栏 3300 万 hm²（杜青林，2006）。相对于草产业，畜牧业收入则稳步增加。特别是当前国家实施一系列草原生态补偿和建设项目后，草原生态得到进一步恢复，草产量大幅度提高，但农牧民的收入受到限制。在目前种植业收入徘徊不前、畜牧业收入持续增长的形势下，仅依靠草产业的初级转化在现有技术条件下提高农牧民收入很难有大的突破。因此，要增加农牧民收入，除了提高草产品的价格外，最根本的是要进行草产品的深加工，其中最主要的是发展畜牧业。通过发展畜牧业，把价值较低的草产品转变为价值较高的畜产品，增加农民收入。

2. 草原畜产品安全有利于在较高需求层次上维护我国食物安全

随着社会的进步及收入增加，人们对具有草原特色风味的高端生态畜产品、生态旅游产品、生态文化产品的需求不断提高。草原生态畜牧业将保护地方特色草原植被和物种、保护地方特色畜种与特色畜产品标准化生产结合，在优质优价市场机制的调控下，既满足人们的消费需求，又转变草原畜牧业初级附加值的生产方式，保护草原生态系统，提高农民收入，在一个较高层次维护国家食物安全（侯向阳，2013）。在更高需求的层次上，草原畜产品的安全是生态、安全、高效、优质、高产食物安全的重要防线，围绕畜产品质量和安全抓好新技术、新成果、新产品的推广和技术服务。推广高效低残留的兽药、饲料和添加剂；按照标准和技术规范指导养殖户生产无公害、绿色畜禽；积极推行动物疫病综合防治技术。全面推行科学、安全饲养方式，努力提高畜产品质量，确保产品低药残、无激素、无公害，尽快适应国际、国内市场需求（魏凤仙等，2004）。提高草原畜产品的安全，需要转变畜牧业发展方式，走精细化、集约化、产业化的道路，需要构建六大体系，即畜禽标准化、牧草种业、现代饲料产业、饲料和畜禽产品质量安全、现代畜牧业服务、草原生态保护。只有实行良种、良法、良料相结合，才能使畜产品的生产水平提高，质量安全改善。各界要全面正确看待食品安全，并为之出力，充当好安全食品的卫士，在更高需求层次上维护我国食物安全。

3. 草原畜产品安全有利于保护优良品种与特色畜产品

草原牧区畜牧业经过上千年的发展，不仅具有天然的、无污染的绿色生态优势，还培育出了肉、毛、绒等许多生态畜产品品牌。例如，苏尼特羊、乌珠穆沁羊、藏羊、草原红牛、藏牦牛等名优种肉产品，白牦牛、新疆细毛羊、阿尔巴斯绒山羊等名优品种的特色毛、绒产品等，均是驰名中外的品牌。这些为草原生态畜牧业的发展提供了丰富的生态资源和广阔的市场资源。将优良地方品种保护与生态养殖结合，开展特色畜产品的无公害、有机、绿色认证，建立特色畜产品原产地保护制度，开展特色畜产品的生产基地建设，保证质量和特色，提高附加值，以标准化推动优质化、规模化、产业化、市场化（侯向阳，2013）。

4. 草原畜产品安全是促进牧区繁荣和边疆稳定与安全的迫切需要

我国天然草原资源的集中分布地区，也是我国少数民族集中居住的地区，蒙古族、藏族、哈萨克族、柯尔克孜族、塔吉克族、裕固族、鄂温克族等多个少数民族人民聚居在这里。长期以来，草原一直是我国一些少数民族赖以生存和发展的物质基础。食草家畜及其肉、奶、皮、毛等畜产品，不仅是少数民族人民的主要生活资料，还是他们生产经营的重要对象。北方主要牧区畜牧业在农业中占有较高的比例，既是当地经济中的一个独立产业部门，又是当地经济的重要支柱。但由于单一经营、靠天养畜的状况没有根本扭转，以及生产责任制还不够完善、畜牧业服务体系不健全，畜产品的安全仍存在很大问题，依赖天然草原为第一性植物资源，大力发展食草家畜，提供安全可靠的畜产品，是促进牧区繁荣及边疆稳定与安全的迫切需要。发展草地畜牧业这一牧区的传统产业和基本产业，完成牧区经济、文化发展和少数民族牧民的兴旺这一光荣历史使命，能够充分显示出我国社会主义制度的优越性，对巩固祖国边防、捍卫国家统一都有着重要的意义（袁春梅，2002）。同时，牧区也是生态环境脆弱区，是贫困人口集中分布区，更是全面建设小康社会的重点和难点地区。加强草地资源建设和保护，发展草原生态畜牧业，促进牧区经济的可持续发展，不断提高农牧民收入，实现各民族的共同富裕，对繁荣民族地区经济和维护边疆地区的长治久安具有非常深远的政治意义。

5. 草原畜产品安全有利于提高和保证畜产品的品质优势

随着人们物质生活水平的不断提高，人们的膳食结构发生了很大变化，越来越多的人青睐于营养价值相对较高、绿色安全的牛羊肉。放牧是草原最简单、最经济的利用方式，草原畜产品具有许多重要优越品质，如牧区饲养的牛羊肉具有鲜嫩、多汁、精肉多、脂肪少、味美、易消化及膻味轻等优点，深受欢迎。近年来，作为一种功能性的不饱和脂肪酸，人们对共轭亚油酸的研究越来越多。共轭亚油酸（conjugated linoleic acid，CLA）是一类具有共轭双键的十八碳二烯酸的多种位置和几何异构体的混合物，它具有抗癌、抗动脉粥样硬化、抑制脂肪累积和增强机体免疫能力等生理功能。研究表明，在草地上放牧饲养奶牛，可以显著提高牛奶中共轭亚油酸的含量。喂饲新鲜牧草或放牧可增加泌乳牛牛乳中 CLA 的含量，因为青草中含有较高含量的不饱和脂肪酸，随着奶牛日粮中青草含量的增加，乳汁中 CLA 含量呈线性增加。有分析指出，天然放牧奶牛比饲喂储存饲料和谷物的对照组奶牛多产 500%的 CLA（塔娜等，2009；晏荣等，2006）。

草原畜产品还有较独特的肉品质和风味。研究表明，苜蓿青饲替代切碎花生秧作为波尔山羊的饲料，对肉品质具有显著影响，苜蓿青饲的饲喂，可以提高脂肪、油酸、亚油酸及亚麻酸的含量，降低骨肉比、pH 和硬脂酸的含量，同时，屠宰率、净肉率、蛋白质及超氧化物歧化酶（superoxide dismutase，SOD）含量也有所提高，而剪切力值、肌纤维直径及丙二醛（maleic dialdehyde，MDA）含量则有所下降，从而改善了波尔山羊肉的品质（刘圈炜等，2010）。草原上还具有丰富的中草药植物，主要是甘草、沙葱、百里香、黄芪、锦鸡儿、薄荷、麻黄、沙棘等，野生药材达 150 多种，这些植物不但可以作药材使用，同时，因其含有较高的粗蛋白、粗脂肪和丰富的氨基酸、矿质元素等营养物质，还能作为家畜优良的饲用植物和羊肉风味植物（李艳等，2010）。因此，发展草原畜牧业，可以生产出更加安全，品质更加优越的畜产品。

6. 草原畜产品安全是建设生态畜牧业的重要措施

现代生态畜牧业的发展，是为了解决当今世界面临的诸多问题，如人口剧增、粮食短缺、能源危机、资源枯竭、环境恶化等，是在农业生产的可持续发展基础上产生的。现代生态畜牧业是现代畜牧业发展到一定阶段的必然要求，是有机畜产品生产的需要，它以生态农业为基础，以畜牧业生产向规模化、标准化、现代化、生态化转变为特征，以抓好牧草饲料的生态建设，种植和饲养平衡，并充分合理利用畜牧业生产的各种自然和经济资源，利用科学技术节约资源，保护生态为手段，以消费者的生态消费理念为引导，实现畜牧生态资源的科学开发利用和有效利用，实现畜牧业的可持续发展，达到畜牧业生态经济的最优目标（孟凡东，2012）。现代生态畜牧业既不是传统农业时代以低循环、低效益和低产出为基本特征的畜牧业，也不是石油农业时代以高消耗和高产出为基本特点的畜牧业，而是一种在可持续发展农业时代所追求的更加关注生态环境、关注资源循环利用和高效转化、关注居民卫生健康的畜牧业。这种畜牧业无疑是畜牧业发展过程中必须追求的更高层次（颜景辰，2007）。

推广和普及畜产品质量安全生产技术是发展生态畜牧业的一项战略任务，是提高畜产品质量和满足广大人民群众生活的现实需要，也是畜产品参与国内外市场竞争的战略选择。畜产品安全生产涉及产前、产中、产后多个过程，解决畜产品安全问题应从产地环境、饲料、饲养管理和畜产品加工、储藏、流通等多个环节予以全程的质量监测、监控（颜景辰，2007）。例如，日本、丹麦、澳大利亚等国，将养殖业中的生态保护列入最基本的质量标准控制之中，对养殖场地、禽畜粪便的处理、畜产品废品、病死畜禽的无公害化处理都制定了严格的环保标准，从而大大降低了各种畜禽病菌的滋生与传播，保证了生态畜牧业的安全生产。因此，草原畜产品安全是建设生态畜牧业的重要组成之一。

第三节　增强草原生产稳定性与畜产品安全的政策建议

一、草原生产的稳定性和效率

（一）草原生产的稳定性和效率的重要性

草原畜牧业生产的稳定性，首先是指畜产品生产数量的稳定性，这是向市场提供稳定数量畜产品的基本前提。改革开放以来，随着经济的快速发展和城乡居民生活水平的提高，人们的食物消费模式发生了很大变化，消费结构不断升级，主要表现为粮食消费减少，畜产品消费逐年上升。畜产品消费量的增长，不仅表现在居民家庭消费上，社会餐饮消费也占了相当大的比例。由于 1978 年开始的农村改革所带来的经济增长，特别是 1984～1985 年的畜产品流通体制改革，我国畜牧业快速发展，城乡居民获得了越来越多的动物性食品。1978 年全国人均肉类占有量按胴体重量计算仅 8.86kg，2000 年全国人均肉类占有量已达到49.10kg，然而值得注意的是，奶类消费自 1998 年起急剧增加，并超过了蛋类消费所占比例；21 世纪之初，对我国城乡居民对畜产品的消费特点及走势调查研究后发现，收入的增长，带动居民畜产品消费增长，畜产品消费以奶制品增长最为明显，紧随其后的是牛羊肉。居民对畜产品需求的增长，不仅要求草原生产的稳定性，以确保畜产品的稳定供给，还要求草原生产能够不断提高效率，以满足不断增长的市场需求。

但草原畜牧业生产的稳定性受自然因素影响严重。我国草原畜牧业以天然草原为载体，气候决定的草地生产力是草原稳定性生产和草原畜产品供给的关键影响因素。然而，由于天然草原生态系统的非平衡性，在不同的年际间、不同季节中单位面积内生物产量的波动性极大，草地生产力极不稳定。以内蒙古草原为例，该地区天然草地暖季青草生长期较短，一般只有 4～6 个月，冷季枯草期较长，一般长达 6～8 个月。例如，草甸草原产草量年际间的波动一般为 30%～40%，丰年、歉年产草量相差 1.2 倍以上；典型草原年际间生产力波动平均为 50% 左右，丰年、歉年产草量相差 2 倍以上；荒漠草原及草原化荒漠产草量年际间的生产力波动可达 60%～70%，丰年、歉年相差可达 3 倍以上。气候变化带来的草地生产力波动，直接影响到草原生产的稳定性和草原畜产品的稳定供给。

草原畜牧业生产的效率则受到生产方式、技术等人为因素的很大影响，但是由于我国草原畜牧业生产方式落后，牧户以单个个体经营为主，且多以传统生产方式为主，规模小，生产技术落后，加之牧区技术推广人员有限和牧户文化水平低，以及牧户对现有畜牧业生产方式的坚持，大大增加了先进畜牧业生产技术的推广难度，从而影响了草原畜牧业生产效率的稳步提高，进而影响到畜产品的稳定供给，不能满足日益增长的市场需求。

综上可以看出，随着经济的发展和居民生活水平的提高，人们对奶类、牛羊肉等优质草原畜产品的需求日益增加，草原生产的稳定性及生产效率的不断提高，对保证畜产品的稳定性供给提出了越来越高的要求，面对影响草原生产稳定性和效率的自然和人为因素，需要因地制宜，采取有效措施，克服草原畜牧业生产面临的自然风险和人为因素影响，确保草原生产的稳定性和效率的不断提高，满足日益增长的市场需求。

（二）增强草原生产稳定性和效率的政策建议

当前，我国草原畜牧业生产已经取得了很大的发展，生产方式和生产技术不断改进，畜牧业产业结构不断优化和升级，草原生产的稳定性日益增强，生产效率大幅提高，草畜产品产量稳步提升，但受到气候、市场、技术等自然因素和人为因素限制和影响，草原生产的稳定性有待加强，生产效率亟待提高。为满足我国居民日益增长的畜产品需求，恢复草原生态环境，提高牧户收入，建议采取以下措施。

1）完善防灾减灾机制，提高防灾减灾救灾工作能力。长期以来，受自然环境、生产基础和传统畜牧业生产方式等因素制约，我国草原牧区防灾减灾体系建设比较滞后，抵御中强度持续性灾害能力极其薄弱，其突出表现在应对畜牧业重大自然灾害的应急机制不完善，畜牧业灾害监测预警评估体系不健全，草原牧区防灾基础设施建设滞后。因此，在畜牧业生产管理实践中，研究气象条件与畜牧业生产之间的关系及其变化规律，是构筑畜牧业重大自然灾害防控体系建设和制订畜牧业发展规划的重要依据。为此，首先，加强灾害监测预警。加强与气象等部门的沟通联系，通过手机平台、电视、广播等渠道，及时向牧户发布灾害预警信息。积极协调运输、电力等相关部门，建立高效的多部门联动机制，一旦出现灾情，抓紧核实受灾情况，确保畜牧业的正常生产条件，助推畜牧业健康发展。其次，建立牧区饲草储备制度，强化灾前防范准备，强化牧户饲草储备和防灾减灾意识。广大牧民在合理利用草原资源，尽可能地减少超过草原承载力的畜牧数量的同时，要加大饲草储备力度，特别是偏远地区牧户，不论从科学饲养还是预防灾情角度出发，都应该养成储备饲草的习惯，以积极应对"青黄不接"或自然灾害的影响。最后，加强灾后饲养管理。灾害发生后，要积极协调，做好仔畜禽、饲料等物资的调配调运工作，尽快恢复畜牧业生产能力。针对不同畜禽品种、不同饲养模式，指导牧户做好灾后的科学饲养管理，防止灾后并发疫情。

2）重视发展草原科技，改变草原研究与畜牧、饲料等学科研究分割的局面，从草原畜牧业产业体系的角度，组织开展跨学科、跨部门、跨行业的研究攻关，提升草原生产和畜牧业转化的科技水平。推动科技创新，在草原生态保护、牧草及家畜新品种培育、牧草饲养技术等方面力争取得新的突破。建立并完善草原畜牧业技术推广服务体系，推动技术成果的转化应用，增强牧区发展的后劲。

加快畜牧业科技进步，继续推进畜牧业结构调整，要适应市场需要，大力优化畜禽品种结构，加速畜禽品种改良，提高畜产品品质和市场竞争力。继续加快奶业和草食家畜的发展。充分发挥我国地方畜禽品种资源丰富的优势，加大开发利用的力度，培育新品种、新品系，满足市场对优质畜产品的需求。

3）大力推进畜产品优势区域建设，提高畜产品竞争力。农业部已经制定和实施了全国奶业、肉牛肉羊优势区域发展规划，各省（自治区、直辖市）也制定了相应的发展规划，对推动我国畜产品优势区域建设、提高畜产品市场竞争力都起到了积极的作用。今后要进一步加大对优势区域的扶持，围绕畜禽良种繁育、技术推广、疫病防治等重点环节，不断完善基础设施建设，健全支撑服务体系，提高优势产区产品竞争力，扩大出口，带动全国畜牧业生产的发展。

4）提高畜牧业生产的组织化程度，推进畜禽产业化经营。针对我国畜禽养殖以农户分散为主体的实际情况，不断提高农户的组织化程度，密切产销关系。加大对畜产品加工龙头企业的扶持，充分发挥龙头企业的带动作用，开展精深加工，提高附加值。落实支持畜牧业产业化发展的专项资金，对龙头企业的技术改造贷款，给予财政贴息。围绕龙头企业建设生产基地，为农户提供培训，实行标准化生产，提高畜禽产品质量，积极推动现代化畜禽养殖方式的转变。

5）加大扶持力度，充分发挥畜牧业在农业和农村经济中的作用。要增加畜牧业基础设施建设的投入，加大对农民发展畜牧业的扶持力度，增强畜禽良种繁育、疫病防治和技术推广体系的服务功能，出台更直接、更有效、更有力的政策，加快我国畜禽良种的繁育推广，提高畜牧业生产水平和畜产品质量，促进粮食生产与畜牧业的同步发展，进一步发挥畜牧业在促进农民增收致富中的作用。

6）大力发展牧区教育，提高牧民文化水平。目前，牧民文化程度较低，在生产生活受到较大影响的情况下，短期内对国家草原生态保护和建设政策，休牧、禁牧、舍饲、半舍饲等政策和集约化技术认同度较低，相当一部分牧民仍持观望态度。这就亟须发展牧区教育，尤其是适合牧区实际的先进技术培训，要针对牧区就业劳动力文化程度低、年龄大、牧业任务重等特点，做到集中培训、印发资料与现场示范相结合，派出相关技术干部积极对技术、素质、能力较高的牧民开展技术培训，有效整合人力资源，建立稳定、有效、灵活的职业培训基地，着力培育一大批牧区科学养畜的人才。通过不断壮大人才队伍，加大对牧民的培育，增强牧民草原保护意识，提高其对集约化技术的接纳程度，为草原生态环境恢复，草原畜牧业生产的稳定发展和效率的不断提高，牧区牧户收入的不断增加和生活的不断改善提供强有力的人力资本支持。

7）建立草原补偿的长效机制。由于我国天然草原生态脆弱，破坏容易恢复难，从根本上得到治理和恢复需要很长的过程，而且短期内大多数牧民对草原生态奖补政策持观望态度，担心政策结束后的生产生活不能得到保障，因此影响了政策实施的效果。形成健全稳定的长效机制，切实地从牧户层次出发，重视提高牧民保护和建设草原的积极性、创造性，以实现提高牧户收入、改善牧户生计和保护草原环境为目标，最终构建奖补政策落实的长效机制。

二、溯源控制

草原畜牧业不仅作为一种产业及自然景观而存在，而且在国土资源保护、边疆经济繁荣、产业结构调整、牧区人民增收、相关产业拉动、生态环境安全、遗传资源开发、民族团结稳定、循环经济发展等方面占据重要的地位，草原是以草本植物和草食家畜为主体的生物群落及其环境构成的我国最大陆地生态系统，其在生态、经济和社会发展的历史长河中作出了重要贡献。

草原畜牧业的发展不仅是经济问题，还是政治问题。国家已经将草原畜牧业发展、增加牧民收入问题上升到国家战略，加大了补贴等政策性扶持力度，以推动牧区生态、生产、生活协调发展。

传统牛羊养殖、屠宰、加工、冷链运输到批发零售，缺乏信息跟踪和有效监管，导致天然草原养殖的羊肉价格没有优势，牧民收入得不到保障，草原过度放养，食品安全事故频发。

如何应对禁牧、草畜平衡可能带来的畜产品供应减少、牧民收入下降的挑战，在保护草原生态的同时，继续为国家提供优质安全的畜产品供应，保障牧区牧民收入稳定增长,牧区社会事业长足进步。如何解决传统畜牧业生产暴露出的小生产与大市场、分散饲养与规模经营的矛盾,畜产品的养殖与产品加工、流通环节相脱节,缺乏自我发展能力等突出问题,实现畜牧业经济体制和增长方式的根本转变,发展现代畜牧业是首要的选择。

信息化管理是实现现代畜牧业高效可持续发展的关键手段,是在畜牧业生产、加工、流通、消费等各个环节各个层面,全面运用现代信息技术和智能工具,实现畜牧业生产、畜产品营销、畜产品消费的科学化、智能化。

第一,通过信息技术对畜牧业生产的各个要素进行数字化设计、智能化控制、精准化生产和科学化管理,可提高畜牧业生产管理过程的科技水平,提高生产效率和效益,促进畜牧业生产方式的转变,促进畜牧产业化结构优化和畜产品竞争力的增强,实现畜牧业的可持续发展。

第二,畜牧业信息化应用于畜牧业生产的监督管理、生产统计分析、疫病防控、草原生态保护、专家资源调度、价格监测、灾害预警等领域,可极大地提高主管部门的管理效能和科学决策。

第三,对于解决畜产品安全溯源、地理标志产品识别保护问题,为政府实时监管提供手段,保障草原生态保护建设各项政策顺利实施具有现实及深远的意义。

研究食品的可追溯性,建立相应的食品追溯体系是确保食品安全的一个重要手段。具体来讲就是,对草原畜产品进行溯源控制,建设基于物联网的草原畜牧业生产监控及产品安全溯源平台,对于解决草原家畜动态监测、畜产品安全溯源、地理标志产品识别保护问题,为政府实时监管提供手段,对保障草原生态保护建设各项政策顺利实施具有现实及深远的意义。

(一)畜产品溯源控制的内涵及意义

1. 基本概念

食品追溯是食品质量安全体系建设的一个重要内容,畜产品的溯源控制也就是产品的可追溯性。关于"可追溯",国际食品法典委员会(CAC)与国际标准化组织(ISO)定义为"通过登记的识别码,对商品或行为的历史和使用或位置予以追踪的能力"。"食品(农产品)可追溯系统",最初是由法国等部分欧盟国家在国际食品法典委员会生物技术食品政府间特别工作组会议上提出的,旨在将其作为一种风险管理的措施。

可追溯性是利用已记录的标记(这种标识对每一批产品都是唯一的,即标记和被追溯对象有一一对应关系,同时,这类标识已作为记录保存)追溯产品的历史（包括用于该产品的原材料、零部件的来历）、应用情况、所处场所或类似产品或活动的能力。欧盟颁布的 178/2002 号法令中就有关食品的可追溯性、防止有害食品进入市场、食品从业者的义务及进出口商的要求进行了规范。其中，把食品的可追溯性定义为"对一种食品在生产、加工、销售等各阶段的踪迹均可追溯查寻"，即食品在整个生产和流通过程都可以找到踪迹。

2．国内外食品追溯体系现状

法规政策

欧盟：自 2005 年起规定，凡在欧洲销售的食品上必须有可追溯标签，否则拒绝进入。并相应制定了鱼类、蛋类和禽类、水果和蔬菜及转基因产品等相应的追溯法规。美国：在《生物性恐怖主义法案》（2002 年）的指导下，FDA 新近制定了 3 个重要的法规，这些规定为企业和执法者提供了实施食品追溯的技术和执法依据。要求食品生产者、加工者、分包商、零售商、进口商需要保持（纸的或电子的）记录，以便迅速识别食品的供给方和接受方。加拿大：在加拿大农业政策框架（The Agricultural Policy Framework，APF）的指导下，一个由政府启动、企业推动的国家食品溯源体系于 2004 年在加拿大开始建立。加拿大政府承诺在该体系下，将保证 80% 的国产食品从农产品原料到零售均可得到溯源。目前，在 25 个食品行业和贸易协会及加拿大政府的共同参与下，已经对食品溯源展开了实质性的研究，以 EAN-UCC 为基础制定了两个重要的标准和导则——《食品溯源数据标准》（第一版）和《食品溯源良好规范》，并在这两个标准的指导下，制定了牛肉、新鲜农产品和水产品的操作指南。日本：于 2001 年立法实施建立国产牛肉的追溯体系，在 2005 年年底以前建立粮油农产品认证制度，开发国家食品溯源数据库系统。2006 年实施的"肯定列表制度"对我国农产品出口产生了影响。

国际物品编码协会（GS1）：GS1 开发和制定了全球统一标识系统（EAN-UCC），并制定了包括基于 XML 的数据传输标准在内的食品溯源相关全球标准。国际食品法典委员会（CAC）：CAC 食品进出口检验和认证体系委员会会议（2004 年）同意建立进出口和认证系统食品可溯源的基本原则。国际标准化组织食品技术委员会（ISO/TC 34）：启动和研究标准项目提案"食品和饲料链可追溯系统的设计和开发指南"。

我国相关法律法规提出建立食品（农产品）溯源的要求，制定了一些相关的标准和指南；2007 年中共中央国务院出台《中共中央国务院关于积极发展现代农业扎实推进社会主义新农村建设的若干意见》，2007 年 7 月温家宝签署第 503 号国务院令，公布《国务院关于加强食品等产品安全监督管理的特别规定》；2006

年《奥运食品安全行动纲要》中规定奥运食品将全部加贴电子标签,实现全程追溯。《畜禽标识和养殖档案管理办法》,对畜禽等肉食品源的标识代码和信息管理做了明确要求。《中华人民共和国农产品质量安全法》于2006年11月1日施行,要求农产品生产企业和农民专业合作经济组织应当建立农产品生产记录。《全国食品放心工程三年规划(2005年—2007年)》明确规定:积极推进农产品质量安全追溯,探索农产品质量安全追溯有效途径。

2010年农业部提出:力争用5年时间建立"动物标识及疫病可追溯体系信息网"。2011年12月,农业部《农业科技发展"十二五"规划》提出,把完善农产品质量安全标准体系和溯源技术体系作为农业科技创新的重大关键技术。

2011年12月,国务院《关于加强鲜活农产品流通体系建设的意见》中指出,把鲜活农产品流通体系建设作为重要的民生工程加以推进,加快鲜活农产品质量安全追溯体系建设,发展电子商务,扩大网上交易规模。

2011年年底,商务部在"'十二五'商务发展主要任务"中提出,以肉类、蔬菜和酒类为重点,建立食品流通追溯体系,力争"十二五"末覆盖城区人口超百万的城市。

2011年年底,内蒙古制定的"十二五"期间战略性新兴产业发展目标中提出,针对自治区优势产品,实现基于嵌入式技术的智能物联网技术开发的乳品、肉类生产、加工销售过程的物联网项目示范应用。

2013年2月国发〔2013〕7号《国务院关于推进物联网有序健康发展的指导意见》中指出,到2015年,实现物联网在经济社会重要领域的规模示范应用,突破一批核心技术,初步形成物联网产业体系,安全保障能力明显提高。

2013年中央一号文件提出,鼓励和支持承包土地向专业大户、家庭农场(牧场)、农民合作社流转。发展家庭农场(牧场)是提高牧区集约化经营水平的重要途径。

党的十八届三中全会通过的《中共中央关于全面深化改革若干重大问题的决定》指出,完善统一权威的食品药品安全监管机构,建立最严格的覆盖全过程的监管制度,建立食品原产地可追溯制度和质量标识制度,保障食品药品安全。

"溯源性"生产系统

最早在欧洲肉类生产企业中产生了"溯源性"生产系统,能够确保肉类食品安全、优质和环保,生产企业也将这些特点作为他们市场营销的策略,用于区分市场上的同类肉食品。

2002年美国犹他州立大学的两位学者对消费者对于"溯源性"产品的可接受性进行了研究。结果表明,消费者愿意以额外的花费获得"溯源性"产品,研究者认为,"溯源性"生产系统将给公众带来巨大的利益,不仅能够限制食品污染的发生，甚至能够防止美国国内潜在的威胁食品安全的恐怖行径。

"溯源性"系统已经在英国、法国、德国、意大利、比利时等许多欧洲国家及阿根廷、加拿大等美洲国家的肉类生产中应用。丹麦每天1000头生猪按照该系统的要求进行生猪的屠宰和生产。瑞典的消费者可以通过扫描印刷在肉食品包装上的条形码在国际互联网找到生猪生产者及农场的相关图片。澳大利亚则在肉食品的生产和销售中建立了一套可供同时向上游及下游生产者追溯的生产链，确保肉食品在澳大利亚生产中的规范管理及安全。

"溯源性"生产系统不仅能够控制动物疾病，生产安全的肉食品，更能提高消费者对产品的可接受性。

我国部分省份初步搭建了食品追溯信息系统和网络交换平台，一些企业建立了内部食品追溯系统，但缺乏完整的标准体系。

内蒙古率先探索了基于物联网的现代草原畜牧业监管模式，其核心为基于物联网的草原畜牧业生产监控及产品安全溯源平台，以射频识别（radio frequency identification，RFID）电子耳标为载体，以物联网、卫星定位、无线网络等信息技术为手段，通过身份识别、跟踪定位、信息采集、数据分析与管理，实现草原放牧监管、牲畜生长周期监测、防疫监管、标准化屠宰加工、储运物流、消费查询、科技共享等各环节的信息溯源于一体的公共服务平台。

这个公共服务平台主要解决牲畜在养殖过程中身份识别、生长信息的定期监测，以及放养草原监控、放养地理标志、活动距离、生长周期的实时监测等问题。通过管理平台对养殖牲畜的疾病用药、防疫预警、饲料、环境、生产经营等信息进行实时记录，经过数据统计分析为牲畜养殖和畜产品生产、销售等提供整套的远程指导、服务的现代草原畜牧业物联网公共服务平台。

这个公共服务平台主要为内蒙古畜牧业生产链上的牧户（企业）养殖、企业屠宰加工、畜产品流通销售、消费者溯源查询、政府监管等环节提供真实、有效的数据支持与决策依据。

内蒙古模式探索的意义如下。

1）加快建设现代草原畜牧业物联网平台的必要性和紧迫性。

建设能够覆盖畜牧业整个产业链的综合性物联网信息平台是发展现代草原畜牧业急需具备的基础条件。

畜牧业涉及草原资源、牧草种植、良种繁育、牲畜养殖、疾病防治、屠宰加工、流通消费、执法监管等多个环节，这些环节之间相互依存、密切关联、连续性强。畜牧业的管理和发展是依靠多个主体共同实现和完成的，每个主体信息是分散的。只有通过一个共同的平台实现信息及时共享，才能最大限度地实施科学管理、动态管理，提高产业的整体效益。

2010 年农业部提出"力争用 5 年左右时间，逐步建立既适合我国国情又与国际通行做法接轨的动物标识及疫病可追溯体系，实现动物及动物产品可追溯管理，切实提高重大动物疫病防控能力，保障动物产品质量安全，促进畜牧业持续健康发展"。

商务部、财政部 2012 年先后开始在上海、杭州、大连、石家庄、银川、哈尔滨、乌鲁木齐、呼和浩特等 30 个大中城市开展肉菜流通追溯体系建设试点，探索利用现代信息技术，打造连接生产、流通、消费等环节的信息链条和责任追溯链条，争取在"十二五"末基本覆盖国内百万人口以上城市。

以建立可追溯体系为重点内容的物联网系统是现代畜牧业的必然发展趋势。将这些分段实施的可追溯体系的信息在统一的物联网平台上实现共享和连接，为企业、社会、政府、个人提供透明的公共信息服务，就是建立现代畜牧业 RFID 物联网平台的核心所在。

牛羊肉是内蒙古草原畜牧业主导产品和传统优势产品，特别是内蒙古羊肉产量多年居全国第一，占全国羊肉总产量的 22%。以牛羊为切入点，建立起能够覆盖整个牛羊产业链的综合性 RFID 物联网信息服务平台，并作为实施草原畜牧业产业提质增效的龙头示范工程，对于加快建设内蒙古现代草原畜牧业作用十分巨大，影响深远。

2）运用覆盖畜牧业整个产业链的综合性 RFID 物联网信息平台能够快速地提升内蒙古畜牧产品的价值，实现草原增绿与牧民增收相统一。

贯彻草原生态优先、草畜平衡方针政策，在大面积实施禁牧、休牧、轮牧制度条件下，靠增加牛羊数量增加牧民收入已经不再可能，规模化发展畜牧业难度很大。如何解决好草原增绿与牧民增收相统一的问题是一个非常大的难题。出路只有一条，即依靠提升内蒙古畜牧产品的价值提高牛羊肉产品的市场销售价格，从而提高牧民的收入。

市场销售的经验表明，消费者对肉类的口感、肉质、肉色等感观价值的追求是购买牛羊肉产品最主要的动机。消费者在长期的饮食中形成的对牛羊肉的口感、肉质、肉色等感官记忆往往是与产地密切联系在一起的。牛羊肉里包含着蒙古族文化和内蒙古大草原地域文化独有的价值。小肥羊、蒙牛和伊利牛奶、科尔沁牛肉等产品在市场上热销就是最好的印证。

运用 RFID 物联网识别技术和可追溯体系可以非常简单、及时地将牛羊肉的草原产地和加工、运输、储藏情况呈现在消费者眼前。消费者通过手机短信、互联网、电话可以迅速查到草原绿色牛羊肉产品的产地、养殖、加工等相关信息。通过 RFID 物联网让草原的牛羊有了"身份证"，经过屠宰加工的牛羊肉也有了"护照"。在当前食品安全隐患严重的情况下，可信就是最好的价值，内蒙古牛羊肉的销售价格就能够高于其他内陆省份的牛羊肉。RFID 物联网识别技术对于培育保护品牌和识别保护地理标志产品具有无可比拟的优势。

3）建设现代草原畜牧业 RFID 物联网平台能够转变传统畜牧业分散经营的格局，畜牧业的物联网单位——牧场成为经营的主角。

在物联网识别技术和可追溯体系条件下，草原牛羊的产地会被准确识别，它们有机、绿色的价值将会被放大，销售价格会大大提高。草原牛羊回报率高，社会资金就会进来，投入不足的问题将会大大缓解。在物联网条件下经营信息是透明的，有多少草原，可以承载多少牛羊，牛羊的成长疫情等将被及时监控，什么时间出栏将一目了然。

依据物联网识别技术，可以很容易对牛羊进行计量秤重，改变过去牧民靠经验估测牛羊体重的习惯，准确计算收入。草原畜牧业 RFID 物联网平台本身就是一个交易平台。订购和期货的交易方式容易成行，减少中间环节，交易成本将大幅度下降。物联网单位——牧场将会逐步取代传统的嘎查和牧户，能够独立承担法律责任的牧场将成为经营的主角。每个牧场都将会拥有自己的品牌。牧场为了扩大牛羊数量必然会不断扩大草原面积，社会资金会大量涌入，种草兴畜将成为热潮。

可实现牧户家庭牧场经营管理现代化，主动按照市场需求和资源状况安排生产活动，转变生产经营方式，在保护生态的前提下将现有牧草资源最大限度转换成畜产品，满足以草定畜的要求，使草畜平衡具有可操作性，加快牧区经济繁荣和草原恢复。

4）基于物联网平台可以实现牛羊的精准饲养，提高生产率。

通过牲畜识别定期监测，可实现对牲畜身份识别与体重称重记录，根据体重变化，对放牧家畜进行精准饲养、科学补饲、科学配种、合理放牧、适时出栏，加快畜群周转，实现集约化养殖，提高经济效益。

通过电子围栏、放养跟踪定位系统的监测，系统可以准确地告诉消费者这种自然放牧养殖羊只的出栏数、饲养环境、生长周期、运动距离等可靠信息。使自然畜牧业产品实现优质优价，达到牧民增收不增畜、保护草原生态环境的目的。

5）满足草原牧区生产监管、服务和食品安全监管的需求

近年来，中国畜产品生产事故频发，现状不容乐观，这体现在畜产品从养殖、屠宰、加工到最终消费的整个产业链中。从"口蹄疫"、"禽流感"、"垃圾猪"、"猪链球菌病"、"蓝耳病"、"瘦肉精"到"老鼠肉"事件，从加工生产病死畜禽，到"注水猪"和"毒火腿"事件，以及三聚氰胺感染的"毒奶牛"事件，畜产品的质量安全问题时有发生，导致消费者对畜产品信心明显不足。

通过基于物联网的现代草原畜牧业生产监控及产品安全溯源平台可实现以

下目标。

1）对牲畜体重、生长个体信息采用感应式数据采集，操作更简单、更便捷，获得的数据和信息不能被破坏或修改，提高了工作效率，降低了管理成本，确保了数据的真实性和完整性，提高了统计监测信息的时效性、准确性。

2）可实现生产环节的针对性指导与服务，提高疾病防控与防灾减灾能力和灾后评估的准确性，提高科技对畜牧业生产的贡献。

3）与现有监管和科技服务体系结合，可提升体系功能，完善体系建设，为农牧民产前、产中、产后提供及时便捷的服务。

4）监管部门可以对辖区生产情况进行监督管理，实现灾害预警、疾病防控、防疫、灾害评估、草畜平衡、草原利用、统计监测等适时监督指导。

5）消费者可以通过手机短信、互联网、电话迅速查询到自己所购动物或动物产品的生产、屠宰、销售等方面的相关信息。

（1）畜产品溯源控制的技术体系

从可追溯的概念可以看出，只有建立畜产品生产链各个环节上信息的标识、采集、传递和关联管理，实现信息的整合、共享，才能在整个供应链中实现可追溯能力，包括身份标识、信息采集、信息交换等内容。主要涉及以下几个方面的技术。

RFID 技术：

射频识别即 RFID（radio frequency identification）技术，又称为电子标签、无线射频识别，是一种通信技术，可通过无线电讯号识别特定目标并读写相关数据，而无需识别系统与特定目标之间建立机械或光学接触。目前，RFID 技术应用很广，如图书馆、门禁系统、食品安全溯源等。本项目中用于羊的身份识别。

物联网技术：

物联网技术的核心和基础仍然是"互联网技术"，是在互联网技术基础上延伸和扩展的一种网络技术；其用户端延伸和扩展到了任何物品和物品之间，进行信息交换和通信。物联网技术的定义是：通过射频识别（RFID）、红外感应器、全球定位系统、激光扫描器等信息传感设备，按约定的协议，将任何物品与互联网相连接，进行信息交换和通信，以实现智能化识别、定位、追踪、监控和管理的一种网络技术。本项目中，物联网技术用于畜产品溯源中牲畜养殖及防疫数据采集、草原生态数据采集、屠宰数据采集及转码等，通过这些技术将形成完整的畜产品溯源数据链。

云计算技术：

云计算（cloud computing）是基于互联网的相关服务的增加、使用和交付模式，通常涉及通过互联网来提供动态易扩展且经常是虚拟化的资源。云是网络、互联网的一种比喻说法。狭义云计算是指 IT 基础设施的交付和使用模式，是指通过网络以按需、易扩展的方式获得所需资源；广义云计算是指服务的交付和使用模式，是指通过网络以按需、易扩展的方式获得所需服务。这种服务可以和 IT、软件、互联网相关，也可以是其他服务。它意味着计算能力也可作为一种商品通过互联网进行流通。云计算可以认为包括以下几个层次的服务：基础设施即服务（IaaS）、平台即服务（PaaS）和软件即服务（SaaS）。这里所谓的层次，是分层体系架构意义上的"层次"。IaaS、PaaS、SaaS 分别在基础设施层、软件开放运行平台层，应用软件层实现。本项目涉及的云计算技术为 SaaS，通过在云端为政府、牧户、屠宰企业、电子商务提供商、消费者提供软件服务，降低其 IT 业务成本。

机电一体化技术：

机电一体化技术，是机械和微电子技术紧密集合的一门技术，使机器更加智能化。机械技术是机电一体化的基础，计算机技术为机电一体化提供信息交换、存取、运算、判断与决策、人工智能技术等支撑。系统技术以整体的概念组织应用各种相关技术，从全局角度和系统目标出发，将总体分解成相互关联的若干功能单元。自动化技术在控制理论指导下，进行系统设计，系统仿真，现场调试，包括高精度定位控制、速度控制、自适应控制等。

（2）畜产品溯源控制的管理体系

基于物联网的现代畜牧业监管追溯平台构成如图 4-1 所示。

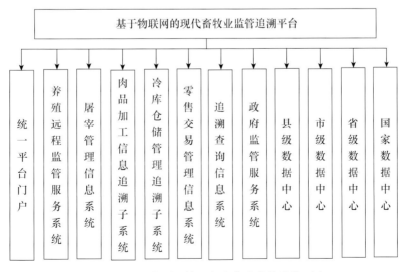

图 4-1　基于物联网的现代畜牧业监管追溯平台

溯源基本流程如图 4-2 所示。

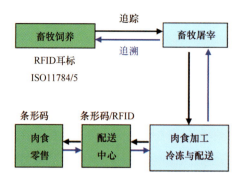

图 4-2　溯源基本流程

基于物联网的现代草原畜牧业生产监控与产品安全监管平台管理模式如图 4-3 所示。

图 4-3　基于物联网的现代草原畜牧业生产监控与产品安全监管平台管理模式

系统中有关监管子系统属于政府管理内容，根据需要授权发布，实现公益功能。系统中初级生产系统、屠宰加工、仓储管理、零售交易、溯源查询环节在政府监管下向系统支撑公司提供服务费用，系统中产生的信息内容属于政府监管范围，数据内容由政府管理部门掌握，根据权限公开产生公益性服务。

3. 实现溯源控制的政策建议

1）加强战略研究和做好规划，加强组织领导，建立统筹协调机制。

2）完善相关的标准体系建设，提供实施可追溯的技术基础。

一方面，要建立既符合我国草原畜牧业发展现状，又与国际标准接轨的畜产品生产、加工标准体系，为食品生产、加工提供指导，为食品监管提供依据；另一方面，要完善相关的编码、信息技术、物流技术标准，为实施可追溯提供技术基础。

3）加强可追溯技术的研究，提供更为便利、成本更低的技术。

虽然已开发了不少系统，建立了不少数据库，但关键是应用。目前，用于生产经营一线的系统偏少，要重点加强开发与应用。例如，基于物联网的现代草原畜牧业生产监控及产品安全溯源平台，目前处于试验性使用阶段，要根据实际需求及吻合情况进一步完善，在一个地方试验成功后，注意在其他地方推广。正在开发调试中的软件或信息系统，要紧密围绕需求进行完善。关键是开发者要到生产经营一线加强调研，捕捉需求，同时注意考虑满足生产经营主体的使用能力。

4）建立健全投入机制，统筹规划提高资金利用效率。争取增加基础设施投入，设立专项经费。重视系统运行维护、应用系统升级换代及培训等年度专项投资。同时，注意引导更多资本市场的力量进入建设。

5）加强人才培训。

面对畜牧业用户信息意识淡薄、既掌握畜牧业知识又掌握信息技术的人才缺乏、畜牧业信息资源共享利用率低下的现实，必须加强畜牧业信息化人才的培训，加强畜牧业信息化人才建设。

6）加强统一标准的制定。

有关标准体系不健全，标准的推广应用不够普及。当前，我国有关食品安全的相关标准主要存在两方面的问题。一是标准滞后、缺失、交叉重复，甚至相互矛盾等，这既不利于有关部门的监管，也不利于食品企业的生产经营。在商品、物流、信息化的软硬件设施等方面，也存在相关标准不统一、形式多样等问题。二是我国的相关标准与国际标准的对接问题，主要是我国的相关标准与国际标准不一致，或者是对于国际标准有规定的，我国尚未建立相关标准。

7）建设畜产品安全可追溯示范项目，带动可追溯的推广应用。

建设可追溯示范项目，为企业提供实施可追溯的参考，向民众展示可追溯在保障食品安全上发挥的功用，以示范效应带动可追溯的推广应用。

4. 草原畜产品安全供给预测

随着人民生活水平的不断提高和人民群众膳食结构的变化，据有关资料分析，我国肉类消费量将不断提高，2016～2020年、2021～2025年和2026～2030年3个阶段中，我国城镇居民和农村居民家庭肉类需求将以年均1.2%、0.3%和

0.1%的速度递增。2020 年和 2030 年肉类需求将分别达到 9129 万 t、10 293 万 t，人均需求分别为 63.0kg、68.6kg。肉类结构比例将进一步优化，2020 年猪肉、牛羊肉与禽肉结构将调整为 60%、16% 和 24%；2030 年猪肉、牛羊肉与禽肉结构将调整为 57%、18% 和 25%。上述数据预测分析结果显示，在居民膳食结构不断优化的过程中，牛羊肉在肉类产品中的地位将越来越重要。

目前，我国已成为牛羊生产消费大国，羊肉产量稳居世界第一位，牛肉产量仅次于巴西和美国，居第三位。我国牛羊生产持续稳定增长。2013 年，全国牛出栏 4828.2 万头、羊出栏 2.8 亿只，与 2000 年相比分别增长了 26.8%、34.7%，年均增长 1.8%、2.3%；牛肉和羊肉产量分别为 673.2 万 t 和 408.1 万 t，分别增长 31.2% 和 54.5%，年均增长 2.1% 和 3.4%。近些年，牛羊肉在肉类消费结构中一直保持在 13% 左右，2013 年牛肉和羊肉分别占肉类总产量的 7.9% 和 4.8%。从这些数据可以看出，未来时段，我国牛羊肉的需求与供给的缺口还非常大，要满足 2030 年 1852 万 t 牛羊肉的需求，还差约 770 万 t，以 2013 年的生产量为基数，年均增长率应不低于 3.2%。

草原多年来承载着重要的牛羊肉生产任务。我国肉牛、肉羊生产主要集中在西部 8 省（自治区），河北、山东、河南 3 省，以及东北 3 省，2011 年 3 个区域牛肉产量分别为 190.2 万 t、202.7 万 t 和 124.7 万 t，占全国的 29.4%、31.3%、19.2%，西部 8 省（自治区）羊肉产量 212.3 万 t，占全国 393.0 万 t 的一半以上。所以，草原畜产品在保障城镇居民粮食安全和食品安全等方面具有重要且不可替代的作用。但是，由于种种原因，我国草原区畜牧业生产遇到一系列问题，这些问题将极大地限制草原畜牧业的发展，影响草原畜产品的供给能力。例如，草原大面积退化，导致草原第一性生产力大幅衰减，草地承载能力大幅下降，直接影响到畜产品的供给。另外，为了保护生态，维护草原的生态屏障功能，国家每年投入大量资金，拟通过生态保护补助奖励机制实现减畜目标。根据落实草原生态保护补助奖励政策要求，各省（自治区）要大幅度降低天然草原上放牧牲畜数量。据初步统计，大部分省（自治区）减畜比例要达到 19%~31%，才能初步实现草畜平衡，其中，新疆、内蒙古、西藏等主要牧区省（自治区）要分别减畜 870 万羊单位、2600 万羊单位和 1100 万羊单位左右。从短期（2~3 年）来看，落实政策导致牲畜集中出栏，应该不会减少牛羊肉的供应。但从长期（3 年以后）来看，天然草原上基础母畜的减少，必然会导致放牧牛羊出栏量的减少。以新疆、内蒙古、西藏 3 自治区为例，减畜后，每年出栏量总数将会减少 1300 万~3200 万羊单位（出栏率分别按 30%、50%、70% 计算），占 2010 年全国牧区半牧区县出栏总量的 17.6%~43.5%。

我国草原畜牧业发展前景广阔，发展潜能巨大。从草原第一性生产力来看，据估算，目前草原退化导致第一性生产力衰减 40%～70%，如果能够实现草原生产力的恢复和提高，将能够缓解草畜矛盾，并为发展畜牧业、增加产品供给提供广阔空间。另外，我国牧区的畜牧业生产仍然以传统的牧户生产为基本单元，生产方式落后，科技贡献率较低，这也是制约畜牧业向现代畜牧业转型的重要原因之一。通过不断完善草原经营管理模式和提高草原畜牧业的科技水平，也将有望极大地提高草原畜产品的生产能力。因此，重视恢复退化草原生产力，发展草原绿色畜产品生产基地，是实现草原畜产品保障供给能力的重要手段。以内蒙古为例，通过发展绿色畜牧业基地，目标是到 2020 年，牛肉产量超 90 万 t；到 2020 年，羊存栏突破 10 000 万只，羊肉产量超 100 万 t。按照这一速度发展，到 2030 年，内蒙古牛羊肉产量有望达到 400 万 t，较 2011 年内蒙古牛羊肉产量 145 万 t 翻一番。按照此比例，到 2030 年草原区供给的牛羊肉将实现较 2011 年增产 400 万 t，在全国草原牧区都实现翻一番目标，这将为解决全国 770 万 t 牛羊肉缺口作出巨大贡献。

参 考 文 献

达林太, 娜仁高娃. 2010. 对内蒙古草原畜牧业过牧理论和制度的反思. 北方经济, (11): 32-35.

达林太, 郑易生. 2012. 真过牧与假过牧——内蒙古草地过牧问题分析. 中国农村经济, (5): 4-18.

董传河. 2005. 畜牧业发展与粮食安全. 山东农业科学, 增刊: 28-33.

董庆平. 2002. 畜产品中毒害物质残留与公共卫生. 辽宁畜牧兽医, (5): 31-32.

杜青林. 2006. 草业重大工程战略//杜青林. 中国草业可持续发展战略. 北京: 中国农业出版社.

宫德吉, 李彰俊. 2001. 内蒙古暴雪灾害的成因与对策. 气候与环境研究, 6(1): 132-138.

侯向阳, 尹燕亭, 运向军, 等. 2013. 北方草原牧户心理载畜率与草畜平衡模式转移研究. 中国草地学报, (1): 1-11.

侯向阳. 2013. 中国草原科学. 北京: 科学出版社.

黄涛, 李维薇, 张英俊. 2010. 草原生态保护与牧民持续增收之辩. 草业科学, (9): 1-4.

李昌凌. 2009. 内蒙古锡林郭勒盟草原生态系统非平衡性的模型验证. 北京: 北京大学硕士学位论文.

李光辉. 2008. 环境放射性核素污染对家畜健康的危害及防制. 中国畜牧兽医, 35(10): 8-11.

李光辉. 2012. 环境污染物对家畜健康的危害及其对策. 安徽科技学院学报, 26(5): 5-10.

李金亚. 2014. 中国草原肉羊产业可持续发展政策研究. 北京: 中国农业大学博士学位论文.

李文范, 刘宗平, 马卓, 等. 1995. 重金属环境污染对羊健康的影响. 中国兽医科技, 25(10): 15-17.

李文军, 张倩. 2009. 解读草原困境——对于干旱半干旱草原利用和管理若干问题的认识. 北京: 经济科学出版社.

李艳, 周玉香, 李如冲, 等. 2010. 羊肉风味植物以及影响羊肉风味的营养因素. 中国草食动物, (4): 67-70.

李艳波, 李文军. 2012. 草畜平衡制度为何难以实现"草畜平衡". 中国农业大学学报(社会科学版), 29(1): 124-131.

刘敬先, 李廷, 徐丽佳, 等. 2011. 浅谈"二噁英". 黑龙江医药科学, 34(3): 47-48.

刘圈炜, 王成章, 严学兵, 等. 2010. 苜蓿青饲对波尔山羊屠宰性状及肉品质的影响. 草业学报, 19(1): 158-165.

刘璇, 任秋斌, 李海鹏, 等. 2011. 浅谈我国肉牛屠宰加工过程中存在的安全问题及解决办法. 肉类工业, (6): 4-5.

刘燕, 王静慧. 2003. 我国畜产品污染与有机畜牧业. 中国兽药杂志, 37(9): 45-47.

刘占杰, 王惠霖. 1992. 动物性食品卫生学. 北京: 中国农业出版社.

刘宗平, 马卓, 魏明理, 等. 1994. 白银矿区环境污染对动物健康影响的流行病学研究. 甘肃农业大学学报, (2): 162-168.

刘宗平. 2005. 环境铅镉污染对动物健康影响的研究. 中国农业科学, 38(1): 185-190.

罗建学, 苏波. 2010. 中国畜产品安全问题与对策. 肉类研究, (2): 42-45.

梅方权. 2006. 食品安全的问题与对策. 农产品加工, (2): 4-5.

孟凡东. 2012. 我国畜牧业生态经济发展的系统分析. 青岛: 青岛大学博士学位论文.

潘春玲. 2004. 我国畜产品质量安全的现状及原因分析. 农业经济, 2004(9): 46-47.

彭梅仙, 黄裕. 2005. 肉联厂屠宰过程中肉品的致病性细菌污染分析及关键控制点. 肉品卫生, (8): 25-26.

任继周, 林惠龙. 2004. 发展草地农业确保中国食物安全. 中国牧业通讯, 40(3): 614-621.

申高菊, 蒋吉昌. 2012. 畜产品安全隐患分析及对策. 贵州畜牧兽医, 36(5): 60-61.

沈立杰. 2009. 大力加强草原保护. 现代农业, (5): 64-65.

施云刚, 李秀富, 万洁好, 等. 2014. 汞矿周围环境与动植物汞污染情况的调查. 动物医学进展, 35(3): 134-136.

史建君. 2011. 放射性核素对生态环境的影响. 核农学报, 25(2): 397-403.

塔娜, 桂荣, 魏日华, 等. 2009. 放牧对家畜及畜产品的影响. 畜牧与饲料科学, 30(2): 33-35.

汪植三, 吴银宝. 2001. 论生态环境与畜禽健康——环境污染对畜禽健康的影响. 家畜生态, 22(3): 5-8.

魏凤仙, 李绍钰, 胡骁飞. 2004. 安全畜产品生产存在的问题及对策. 饲料研究, (9): 6-8.

温涛. 2004. 农户信用评估系统的设计与运用研究. 运筹与管理, 13(4): 82-87.

吴宗权. 2000. 畜产品卫生及其入世后对畜牧业的影响. 四川畜牧兽医, 27(8): 1-9.

肖安东, 匡光伟. 2011. 重金属对畜产品安全的危害与对策. 中国兽药杂志, 45(4): 49-51.

修长柏. 2002. 试论牧区草原畜牧业可持续发展——以内蒙古自治区为例. 农业经济问题, (7): 31-35.

颜景辰. 2007. 中国生态畜牧业发展战略研究. 武汉: 华中农业大学博士学位论文.

晏荣, 李志强, 韩建国, 等. 2006. 苜蓿青贮对牛奶中共轭亚油酸含量的影响. 饲料研究, (10): 44-47.

姚嵩旦. 1989. 浅谈家畜疾病生态学. 中国兽医科技, (10): 028.

尹燕亭, 侯向阳, 运向军. 2011. 气候变化对内蒙古草原生态系统影响的研究进展. 草业科学, (6): 1132-1139.

尹燕亭. 2013. 内蒙古草原区牧户草畜平衡决策行为的研究. 兰州: 兰州大学博士学位论文.

于维军. 2005. 动物疫病对我国畜产品贸易的影响及对策之一——我国畜产品出口形势依然严峻. 中国动物保健, (10): 18-20.

袁春梅. 2002. 我国草地畜牧业发展问题研究. 重庆: 西南农业大学博士学位论文.

袁建敏, 马红兵. 2002. 畜产品安全与标准化. 中国农业科技导报, 4(5): 28-31.

苑荣. 2012. 黔西北铜污染草地施肥对贵州半细毛羊铜代谢的影响. 兰州: 兰州大学博士学位论文.

赵方齐. 2012. 浅谈污染环境与畜牧生产. 中国畜牧兽医文摘, (1): 008.

赵凤霞, 王正平, 宋学立, 等. 2014. 我国与欧盟主要农产品的重金属限量标准比较. 贵州农业科学, 42(3): 161-166.

郑风田, 程郁. 2005. 从农业产业化到农业产业区——竞争型农业产业化发展的可行性分析. 管理世界, (7): 64-93.

周圣坤. 2008. 草场资源: 牧民视角的利用和管理——对内蒙一纯牧区嘎查(村)的个案研究. 农业经济, (07): 42-45.

朱德修. 2007. 牲畜屠宰加工中微生物的污染与控制. 肉类工业, (5): 4-6.

Scoones I. 1994. Living with Uncertainty: New Directions in Pastoral Development in Africa. London: Intermediate Technology Publications Ltd.

第五章　我国草食性动物源食物结构分析

第一节　历史现状及趋势

一、草食性动物源食物与我国食物结构变化

　　草食性动物源食物是指食草动物所提供的人类消费动物性食品。草食性动物源食物包括各种肉类、奶类、蛋类等，是居民膳食中动物源性食物的主要组成。

　　根据联合国粮食及农业组织（FAO）提出的划分人民生活水平的标准，我国在 1984 年进入温饱阶段，居民家庭收入中大于 59% 的部分用于食物消费，且饮食来源多以植物源性食物为主。人均谷物消费量是反映一个国家和地区谷物消费水平的重要指标。人均消费量高说明食物供给充足，人均消费量低则说明食物相对缺乏。与发达国家相比，我国由于缺乏先进的生产设备和生产技术，粮食生产能力相对较弱，增产速度相对缓慢。此外，从 1949～1980 年，我国人口自 54 167 万增至 98 705 万，增长了 82.23%，是新中国成立以来人口增长的最高峰（图 5-1），如此急剧的人口增长速度使得我国人均粮食占有量也一直相对较低。可见，以粮食为主的植物源性食物是居民膳食的主要来源：人均粮食占有量为 316.6kg。这虽然与新中国成立初期的人均占有量不到 200kg 相比有了很大提升，但是较发达国家的水平（1961 年，发达国家人均粮食消费已达 486kg）仍有很大距离。

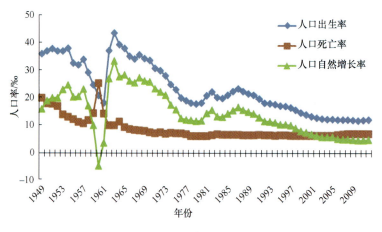

图 5-1　人口自然增长图

数据来源于国家统计局

　　低水平的谷物产量使得其绝大部分被直接用于食物消费，饲用比例相对很小。据估算，在摄取同等数量能量的条件下，居民通过动物源性食物获取要比直接摄食谷物多花费6倍的粮食。所以，在低水平的粮食产量下，人们选择畜牧产品的消费可能性较小，饮食结构可称为植物型。

　　1984年以后，我国进入温饱期，人民经济收入和生活水平有大步提升，膳食来源也发生较大改变，动物源性食品比例大幅上升，由"吃得饱"向"吃得好"转变，总体植物源性食物消费逐渐减少，动物源性食物消费呈现上升趋势。

　　在谷物消费方面表现为人均消费量的减少和消费结构不断优化。在温饱型向小康型社会转变过程中，在食物消费支出不断增长的同时，虽然谷物总产量和人均占有量均逐渐增加，但是人口的增长速度大于粮食的增长速度，人均谷物消费呈现不断下降趋势（图5-2）。农村居民家庭平均每人谷物年消费量在1984年为266.5kg，进入小康后降为238.6kg；肉类食物消费由人均11.5kg增加到17.4kg，上升比例约51.30%。同期，城市居民谷物人均消费从142.1kg下降到79.7kg，下降43.91%；肉类食物消费由22.8kg增至26.5kg。谷物消费量的减少、肉食消费量的增加，说明随着收入的增加，居民膳食正向价值高、营养高的方向转变。

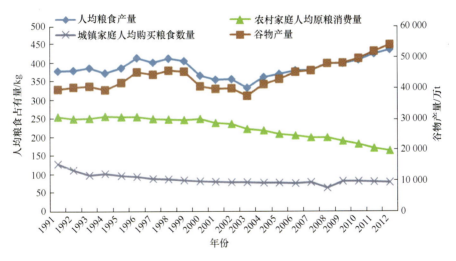

图 5-2　粮食产量和城乡消费情况图
数据来源于国家统计局

　　20世纪90年代以来，谷物等植物源性食物在居民膳食中提供能量的比例整体下滑，动物源性食物比例不断增加。如图5-3所示，植物源性食物仍是发展中国家居民膳食能量的主要来源，发达国家中植物源性食物供能仅占总能量的1/3左右，剩余由动物源性食物提供。发达国家以其丰富的饲用量资源满足更多动物饲养的要求，居民饮食中动物源性食物占很大比例。2005 年，美国居民日常饮食中动物性蛋白占总蛋白来源的 70%以上，植物性食品功能不足总能量的 20%（方一平和刘淑珍，1999）。

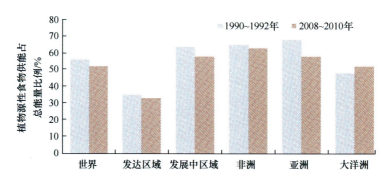

图 5-3　从谷物等中获取的膳食能量供给量比例图
引自联合国粮食及农业组织 2013 年出版的《世界粮食不安全状况》

1990 年，我国各类肉类总产 2857.0 万 t，仅比美国当年肉类产量少 14.3 万 t；21 世纪后我国畜牧业发展迅速，肉品总产达 8074.8 万 t，几乎是美国肉品总产的 2 倍（2010 年），其中牛肉产量增至 20 世纪 80 年代的 20 倍左右，羊肉产量也增至 6 倍，但猪肉同比增长仅约 3 倍（表 5-1，表 5-2）。

表 5-1　发达国家和发展中国家人均肉制品消费状况　　　　（单位：kg）

区域	2002 年	2006 年	2008 年	2010 年	2013 年
世界	39.8	41.6	42.1	42.5	43.1
发达国家	81.7	81.1	82.9	79.2	78.8
发展中国家	28.4	30.7	31.1	32.4	33.5

注：数据来源于美国国家农业局（USDA）

表 5-2　部分国家和地区人均肉类占有量　　　　（单位：kg）

	中国	美国	日本	欧盟	巴西	世界
肉类	**60.4**	**136.5**	**25.4**	**87.7**	**109.9**	**42.7**
猪肉	38.7	73.8	10.2	20.0	15.9	15.9
禽肉	12.7	63.4	11.1	23.4	57.4	14.3
牛肉	4.9	39.0	4.1	16.0	55.9	9.6
羊肉	2.9	0.2	0.0	2.0	0.6	2.0

注：数据来源于经济合作与发展组织和联合国粮食及农业组织（2013）

近些年来，发展中国家奶类消费有所提升（图 5-4）。我国城镇居民鲜奶类购买量从 4.1kg/a 增加至 14.0kg/a，增加近 2.5 倍；农村居民则相应增加 5.8 倍。1980 年，我国人均牛奶占有量 1.2kg，2012 年达 27.7kg，年均增长率 10.31%。

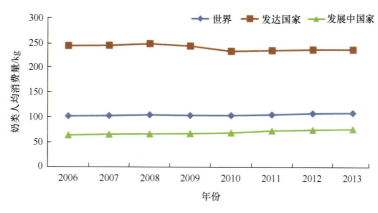

图 5-4　发达国家与发展中国家奶类人均消费量图

图 5-5 所示为 2010 年我国与部分发达国家的人均奶类食品占有量情况。我国居民的人均奶类食品消费从 30 多年前的不足 5kg/a 增长到目前的 28.7kg/a（2007 年），虽然增长数倍，但仅占美国、欧盟等发达国家和地区的 1/6 左右，占世界平均水平的 1/3 左右，仍处于较低消费水平。

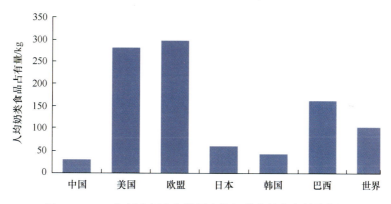

图 5-5　2010 年部分国家和地区人均奶类食品占有量比较图

总体来说，我国居民的膳食结构还不尽完善：植物源性食物在膳食中的比例较大，有学者预测 2020 年植物源性食物的供能仍会大于总供能的一半（国世平，1985b）；动物源性食物摄入量虽然有了很大提升，但主要是油脂和畜肉，奶类、豆制品等优质蛋白摄入量尚且偏低，居民膳食结构仍被认为属于植物型。所以，未来食物结构的发展方向应在保证必要植物源性食物消费的同时，提高动物源性食物的数量和质量，使居民饮食结构更加合理化、科学化。

二、草食性动物源食物在我国食物结构中的地位

动物源性食物营养丰富，易于消化吸收，在人们的日常膳食中占有越来越重要的位置。草食性动物源食物肉、奶、蛋是我国"菜篮子工程"的主要内容，也

是衡量人民生活水平的重要标志。主要表现在以下几个方面。

（一）在农业产值中比例不断加大

改革开放以来，我国畜牧业发展迅猛，在我国农业总产值中的比例由 15.0% 增加到 31.2%。畜牧业的快速发展创造了更多的肉食产品，不仅丰富了居民的餐桌内容，带动食物结构向动物型转变，而且畜牧业在农业经济结构中的比例不断增加，也加快了我国经济结构转变步伐。

（二）产量和消费量不断上升

随着我国畜牧业生产水平的极大提高，肉、蛋、奶类产量逐渐增加，为城乡居民提供了更多的动物源性食物。如表 5-3 所示，30 多年来，我国主要畜产品产量快速增长。据 FAO 统计，2010 年我国肉、蛋类产量分别占世界肉、蛋类产量的 27.6% 和 40.6%，均居世界第一位，且肉类自 1990 年、蛋类自 1985 年以来也一直保持在世界首位；奶类产量占世界产量的 5.7%，居世界第三位（经济合作与发展组织和联合国粮食及农业组织，2013）。畜牧产品消费的快速增长，使得我国以植物型食物结构为主逐渐向动植物型并重的结构转变。

表 5-3　我国草食性动物源食物产量和地位　（单位：万 t）

项目	肉类					蛋类	奶类
	合计	猪肉	禽肉	牛肉	羊肉		
1980 年产量	1 733.3	1 134.1	527.8	26.9	44.5	256.6	136.7
2010 年产量	18 265.3	5 071.2	12 142.1	653.1	398.9	2 762.7	3 748.0
年均增长率/%	8.2	5.1	11.0	11.2	7.6	8.2	11.7
2010 年产量国际地位	1	1	2	3	1	1	3

注：数据根据文献（经济合作与发展组织和联合国粮食及农业组织，2013）与联合国粮食及农业组织数据库整理而来

（三）结构不断优化

动物性产品发展的另外一个特点就是结构不断优化：猪肉产量和消费增长速度逐渐减缓，牛羊肉和蛋奶类消费比例不断上升（表 5-4）。食物消费结构的改变，也进一步体现了人们的饮食结构合理化、营养多元化趋势。

表 5-4　动物源性食物产量比较

年份	肉类总产量/万 t	猪肉比例/%	禽蛋产量/万 t	牛奶产量/万 t
1978 年	865	94.08	281	88
2000 年	6125	65.95	2243	827
2005 年	6938	65.65	2438	2753
2010 年	7925	63.98	2763	3576

注：数据来源于国家统计局

综上，我国畜牧业生产逐渐摆脱了过去依赖自然条件、自给自足的家庭式经营方式，生产技术不断发展和完善，肉蛋奶等畜产品的产量大幅增加，居世界产量前列，为我国居民提供了更多的动物源性食物资源。牛羊肉、奶及奶制品和禽蛋等草食性动物源食物不仅丰富和改善了居民饮食生活，使居民的日常饮食向来源多样化、营养多元化转变，还成为了我国主要的出口产品，成为居民增加经济收入的重要渠道，使畜牧业在我国农业经济中的地位日益升高。

第二节　食物结构变化对草原生产的影响

一、食物结构变化对畜种结构的影响

食物结构是指食物生产、食物消费与膳食过程中各种食物的数量与构成比例。食物结构的形成与经济发展水平、科技发展水平、文化传统及自然环境资源禀赋等密切相关。不同历史时期、不同国家或地区的食物结构有着较大差异。随着影响因素的逐渐变化，食物结构也处在动态发展中。为此，准确分析我国目前食物结构发展目标，牢牢把握食物结构的发展方向，对实现我国经济发展和食物安全意义重大。

改革开放以来，随着农业生产的高度发展和人民生活水平的提高，我国城镇居民生活消费结构发生巨大变化。1989 年以前属于供给式消费向温饱型消费发展的模式，1989 年以后则是由温饱型消费向小康型消费的转变过程。国家统计局数据显示，城乡居民日常食物消费质量提高、品种丰富，恩格尔系数逐年下降。城乡居民食品消费水平由过去简单的吃饱吃好，转变为品种更加丰富、营养更加全面。然而，由于食品消费品种的日益丰富，以及在外饮食的增加，粮食消费比例减小，购买量大幅度下降。2011 年城镇居民人均购买粮食 78.8kg，比 1980 年下降 45.81%；购买猪肉 21.2kg，增长 25.44%；购买牛羊肉 3.7kg，增长 117.64%；购买家禽 10.8kg，增长 468.42%；购买蛋类 10.5kg，增长 1 倍；购买鲜奶 14.9kg，增长 263.41%；购买干鲜瓜果 56.1kg，比 1980 年增长 164.42%（图 5-6）。

我国农村居民家庭人均肉禽及制品消费量也逐年增加，从 1980 年的 8.4kg/人，1990 年的 12.6kg/人，2000 年的 18.3kg/人增长至 2012 年的 23.5kg/人；我国农村居民家庭人均蛋、奶制品消费量也从 1980 年的 1.2kg/人，1990 年的 3.5kg/人，2000 年的 5.9kg/人大幅增长至 2012 年的 11.2kg/人；而农村居民家庭人均粮食（原粮）消费量则从 1980 年的 257.2kg/人，1990 年的 262.1kg/人，2000 年的 250.2kg/人总体降低至 2012 年的 164.3kg/人。这意味着我国城乡居民的食物结构已由以单一原粮为主逐步转变为以原粮为主，肉、蛋、奶为辅的均衡发展模式。

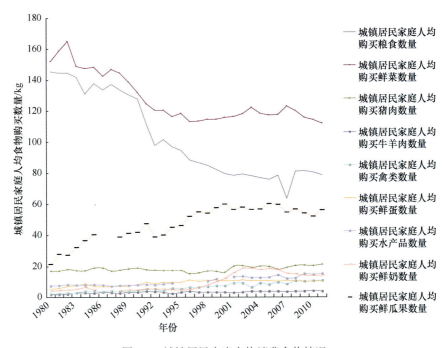

图 5-6　城镇居民家庭人均消费食物情况
数据来源于国家统计局

1. 畜种结构变化

　　畜种结构是指不同种类畜禽数量在畜禽总数中所占的比例。我国畜种分类主要有猪、牛、羊、马、驴等。由于不同历史时期国家经济和社会发展阶段不一致，人们的生产生活需要不同，所形成的畜种结构也不同。20 世纪 50 年代初期，为了尽快恢复和发展农业生产，我国形成了以猪、牛为中心的发展格局，猪、牛在牲畜中所占比例分别达到 36.07% 和 27.44%。随着经济发展，城乡居民生活逐渐改善，对肉类的需求增加，养猪业迅速发展，1980 年猪总头数为 30 543.1 万头，在牲畜中的比例达到 55.13%。同期牛所占比例呈直线下降趋势，1965 年、1970年、1980 年所占比例分别为 17.16%、16.44% 和 12.19%。1980 年后由于农业实行承包经营责任制，役力需求增加，牛所占比例呈回升趋势，从 1980 年的 12.19%，上升至 1987 年的 15.02%，1994 年升至最高的 15.31%。与此同时，猪在牲畜中的比例经过短暂下降后也逐步上升，由 1980 年的 51.95% 上升至 1985 年的 55.13%。1985 年以后，禽类由于饲料转化率高、生长周期短等优势在生产中日益受到重视，养禽业迅速发展，猪在生产中的比例逐渐下降，1990 年猪所占比例降到 51.58%，2000 年为 49.43%，而牛、羊由于产奶和产肉的需要，在牲畜中所占比例均有所增长，其中牛 1990 年所占比例为 14.64%，2000 年为 14.67%，羊 1990 年所占比例为 29.89%，2000 年为 33.18%。进入 21 世纪后，猪、牛、羊牲畜数量均有所增长，猪由于饲养基数大，仍在牲畜中占较大比例，但增长比例逐年下降（图 5-7）。与此同时，猪、牛、羊肉及牛奶产量也相应变化，其中 1980 年猪肉产量为 1134.07 万 t，2000 年为 3965.99 万 t，2013 年增长至 5493.03 万 t，牛奶从 1980 年的 114.1 万 t 增长至 2000 年的 827.43 万 t，2013 年增至 3531.42 万 t，牛羊肉产量也逐年提升（图 5-8）。

图 5-7　猪、牛、羊在牲畜中所占比例
数据来源于国家统计局

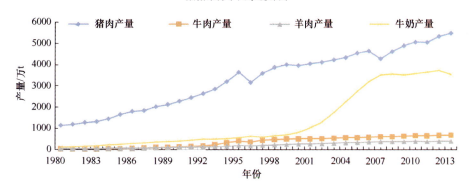

图 5-8　猪、牛、羊肉及牛奶产量
数据来源于国家统计局

从今后一段时期来看，随着人口增长、居民收入水平提高和城镇化步伐加快，牛羊肉消费总体上仍将继续增长，但增速会有所放缓。综合考虑我国居民膳食结构、肉类消费变化、牛羊肉价格等因素，按照 2015 年全国 13.9 亿人口测算，2015 年全国人均牛肉、羊肉消费量为 5.19kg 和 3.23kg，分别比 2010 年增加 0.32kg 和 0.22kg，年均增长 1.28%和 1.42%。牛肉消费需求总量由 2010 年的 653 万 t 增为 721 万 t，增加 68 万 t；羊肉消费需求总量由 2010 年的 403 万 t 增为 450 万 t，增加 47 万 t。预计 2020 年全国人均牛肉、羊肉消费量为 5.49kg

和 3.46kg，分别比 2015 年增加 0.3kg 和 0.23kg，年均增长 1.13%和 1.39%。按照 2020 年全国 14.5 亿人口测算，牛肉消费需求总量由 2015 年的 721 万 t 增为 796 万 t，增加 75 万 t；羊肉消费需求总量由 2015 年的 450 万 t 增为 502 万 t，增加 52 万 t（表 5-5）。

表 5-5　2020 年牛羊肉消费需求预测表

消费量	2000 年	2005 年	2010 年	2015 年	2020 年	2010~2015 年年均增长率/%	2015~2020 年年均增长率/%
牛肉消费量/万 t	513	567	653	721	796	2.00	2.00
人均牛肉消费量/g	4.04	4.33	4.87	5.19	5.49	1.28	1.13
羊肉消费量/万 t	265	352	403	450	502	2.23	2.21
人均羊肉消费量/g	2.09	2.69	3.01	3.23	3.46	1.42	1.39

总体来讲，我国城镇居民食物结构变化对畜种结构变化特征的影响可概括为，猪在牲畜中所占比例逐渐下降，牛、羊比例提升，但猪仍是我国最主要的牲畜种类，牛、羊所占比例相对较低。但从长远来看，随着饲养规模、存栏头数大幅上升，以及人们对牛羊肉及其奶制品需求的提升，牛、羊的市场潜力巨大。

2. 品种结构影响

品种结构是指同一畜种中不同品种之间的比例或不同性能的牲畜占该类牲畜总量的比例。例如，牛按种类分有黄牛、水牛、牦牛，按饲养目的分有役用牛、奶用牛、肉用牛、兼用牛，羊有绵羊、山羊，鸡有蛋鸡、肉鸡等。

我国的养牛业一直以黄牛为主，占 75%左右，其次是水牛，占 20%左右，主要用于耕田，食用的比例很小。由于牛妊娠时间较长，一胎仅一犊，母牛占的比例较高，在 40%左右。随着农业机械化水平的提高，役畜逐渐转化为役产兼用畜和产畜，役畜比例逐年降低，2006 年役畜在牲畜中的比例降低到 39.48%，黄牛役用数量减少而食用比例不断提高，2006 年黄牛存栏比例仍在 70%左右。水牛仍以役用为主，目前占牛总存栏量的 15%（国世平，1985a）。奶牛在我国的发展速度很慢，自 20 世纪 80 年代开始，由于人们对奶类消费的快速增长，奶牛饲养在我国逐渐受到重视，1980 年，我国奶牛存栏量为 6.41×10^5 头，占牛总存栏量的 0.89%，1985 年达到 1.87%，随后逐年增加。羊主要有绵羊、山羊两类，同牛一样，一年仅一胎，母羊所占比例在 50%左右（国世平，1985a）。羊用途广泛，可产肉、产毛、产奶、产绒和产皮。随着毛纺工业的发展，绵羊发展速度加快，20 世纪 90 年代以前，绵羊所占比例在 60%以上，山羊占 40%。近 15 年来，人们对肉类需求日益增加，羊肉由于肉质鲜美、味道独特而受到消费者的青睐，在肉类消费中的比例逐渐上升，以产肉为主的山羊发展较快。

1995 年山羊数量超过绵羊，在羊总量中所占比例为 54.03%，到目前为止，山羊比例一直稳定在 53%左右。

二、食物结构变化对草原利用方式的影响

党的十八届三中全会通过了《中共中央关于全面深化改革若干重大问题的决定》，提出要加快生态文明制度建设，建立系统完整的生态文明制度体系，实行最严格的源头保护制度、损害赔偿制度、责任追究制度，完善环境治理和生态修复制度，用制度保护生态环境。建设生态文明制度，改革生态环境保护管理机制，实现美丽中国的建设目标，为草原生态保护建设指明了方向，提出了新的更高的要求。

我国虽然有较辽阔的天然草地资源，但由于草原被大量地开垦种田，受鼠害、虫害等影响而遭到了严重毁坏（表 5-6）。另外，牲畜头数在无计划增长，天然草地长期过度放牧，超载严重，同时对草原的建设重视不够，各类天然草地产草量下降 30%～50%。草地沙化面积约 1.3×10^{10} hm^2，近 30 年来平均每年以 13.0 万 hm^2 的沙化速度在不断增加。草地资源遭受严重破坏，单位面积草地产肉量仅为世界平均水平的 1/3。草原生态环境日益恶化，不仅威胁着人类生存的生态环境，而且是我国北方近年来连续遭受沙尘暴袭击和黄河多次出现断流的重要原因之一。环境的日益恶化，继续无休止无节制的放牧已经不现实。因此，必须大力发展草地农业，这对于建设现代农业，增加农民收入，保障食物安全，建设资源节约型、环境友好型社会，维护国家生态安全，实现经济社会全面协调可持续发展具有重大的战略意义。

表 5-6　2009～2011 年我国草地发生病虫害情况　（单位：×10^{3}hm^2）

草原建设利用	2009 年	2010 年	2011 年
草原总面积	392 832.7	392 832.7	392 832.7
可利用草原面积	330 995.4	330 995.4	330 995.4
种草保留面积	21 349.97	19 510.97	19 812.61
当年新增种草面积	7 502.29	7 439.91	6 945.12
草原鼠害危害面积	38 678	38 724	36 914.88
草原虫害危害面积	18 066.62	17 659.6	17 396.25

注：数据来源于国家统计局

草地农业是以土地—植物—动物—动植物产品生产为主干的农业系统，是生态农业的一种形式，其产品包括自然景观、草产品和动物产品。草地农业对国土资源利用、生态环境保护和食物生产具有重要作用，符合节约资源、高效产出、

生态和生产兼顾、可持续发展的现代农业特征。

我国草学资深院士任继周先生从学术的角度,将草地农业生态系统划分为前植物、植物、动物和后生物 4 个生产层。前植物生产层是以景观效益为主要社会产品的生产部分,如自然保护区、水土保持区、草原生态旅游、草坪绿地等,其贡献主要是生态效益。植物生产层是生态系统的主体,也是农业生产的主体。植物生产层在草地农业生态系统中潜力巨大,如以全国近 3.3 亿 hm² 可利用草原的 8%建立丰产栽培草地,其增加的能量和物质产出相当于新增 200 多万 hm² 农田,同时还可以提高草原整体生产水平近 1 倍。动物生产层是以家畜、家禽和野生动物及其产品为主要生产目标,将植物产品转化为动物产品的过程,农业生态系统一半以上的生产力靠这个生产层来完成。后生物生产层是指对草畜产品的加工、流通和分配的全过程,可使产品增值、效益增高,充分发挥草地农业生态系统的功能,其生产效益可能超过其他生物生产层若干倍。因此,草地农业有利于拓宽食物生产系统的范围,扩大国土资源的利用,延长农业产业链,增加产品附加值,对解决"三农"问题具有战略意义和积极作用(韩陆奇,1991)。

我国的基本国情是人多地少,土地、水、森林、草地等自然资源匮乏。随着经济的发展和人民生活水平的提高,必将有越来越多的种植业产品用于养殖业的饲料需要。如何保障饲料的稳定供应是畜牧业持续发展的关键所在。因此,在合理配置口粮、种子用粮、工业用粮及各种经济作物的同时,必须统筹兼顾饲用粮食作物的生产,扩大高产饲用作物玉米、大豆及饲草的种植面积,使种植业由传统的"粮食-经济作物"为主的二元种植结构向"粮食-饲料-经济作物"的三元种植结构转变。依据不同区域的气候和土地资源特点,以及全国的人口数量和耕地面积现状,将我国的草地农业划分为如下 7 个区域(李瑾,2008)。

1. 西部、北部纯牧区

该区极度干旱缺水,年降水量不足 300mm,热量不足,风多且大;土壤沙性、砾性强,沙源丰富;生物量小,环境脆弱;地势高亢,为江河之源头;位处上风向,乃风沙起处。因此,该区极不适宜耕作,应施行较为纯粹的天然草地畜牧业。

2. 北方农牧交错带

该区干旱缺水,年降水量仅 300~450mm,且年内分布极不均衡,70%以上降水集中于 7~9 月,旱灾重而频繁,谷物等籽实体产量低而不稳;冬春季节多大风,且风旱同季,加之土壤多沙质,谷物等一年生作物类耕地风蚀强烈,土壤沙化、粗化和贫瘠化严重,且易引发沙尘暴。因此,该区种植业应以多年生牧草生产为主,一年生饲草生产为辅;而依托于种植业的养殖业显然应以草食家畜生产为绝对主体。

3. 黄土高原地区

该区土壤以黄土为主,土质疏松、多孔隙、垂直节理发育、遇水易于崩解;加之降水集中,且多暴雨,水土流失十分严重。水土流失不仅损失了宝贵的降水和养分丰富的表层土壤,而且抬高河床、淤积水库甚至酿成洪水灾害。因此,该区种植业应以多年生牧草生产为主,谷物生产为辅,粮、草轮作,带状相间种植;养殖业应以草食家畜生产为主体。

4. 西北绿洲农区

该区光热资源丰富,具备灌溉条件,但土壤有机质含量低;部分地区亚表层土壤含盐量较高,因土壤水分蒸发强烈而易致次生盐碱化。因此,该区种植业应以谷物和经济作物生产为主,积极开展草田轮作,多年生牧草种植面积以占全部耕地25%左右为宜;养殖业应依托于栽培草地和谷物秸秆而大力发展草食家畜生产。

5. 东北、华北平原农区

该区水热资源较为丰沛,土地平坦开阔,适宜以小麦和玉米为主的谷物生产,也是我国传统的粮食主产区。因此,该区种植业应以谷物生产为主,注意选择种植秸秆营养价值较高的作物品种;养殖业应以猪和禽为主,同时利用丰富的谷物秸秆资源,大力发展秸秆养牛、养羊。

6. 南方亚热带农区

该区水热资源十分丰沛,适宜开展以水稻为主的谷物生产。该区也是我国传统的粮食主产区。但农田冬季闲置期长达3～5个月,气候与土地资源浪费较为严重。因此,该区种植业应以谷物生产为主,积极利用冬闲田种植一年生牧草;养殖业应以草食性的畜、禽和鱼为主,非草食性的猪和禽为辅。

7. 南方亚热带草山草坡区

该区水热资源十分丰沛,但地面坡度大,降水量大,极易发生水土流失。因此,该区的最佳开发利用方式为建植多年生混播草地,放牧养殖草食家畜。

目前,猪肉仍是我国居民肉类消费的主要来源,生猪生产关系到农民增收、市场供应及畜牧经济和社会的稳定。因此,生猪生产在近期乃至今后相当长时期内仍然是我国畜牧生产的主导产业(李瑾,2008)。稳定生猪生产是畜牧业结构调整的前提,而发展节粮型草食牲畜生产是畜牧业结构调整的重点。世界发达国家畜牧业生产的经验证明,随着动物蛋白消费的增加,农业在一定程度上被迫向谷物—草地—牲畜的模式发展(李群,2003)。我国饲料粮面临长期短缺的形势,与此同时,我国的草原资源丰富,提高草食家畜在畜牧业生产中的比例能充分发挥畜牧生产的资源优势,是提高畜牧业生态效益的集中体现。目前,我国草食型家畜以牛、羊为主,养牛业特别是奶牛业发展滞后,而在所有牲畜生产中,奶牛的饲料转化率最高,平均可达到1:1,优质青粗饲料是草食牲畜的主要饲料来源。我国秸秆年产量丰富,但加工利用方式落后,利用率低,秸秆养畜还有很大的发展潜力。因此,充分利用和开发我国现有的饲料资源,促进畜牧业生产结构由食粮型向食草型转化是未来我国畜牧业发展的趋势所在(明锐,2007;李志兰,2003)。

三、食物结构变化对社会经济的影响

(一)食物结构变化对牧区经济的影响

草地农业效益巨大,据统计,全球的草原面积约为 32 亿 hm^2,占除格陵兰岛和南极洲以外陆地总面积的50%左右,是世界最大的生态系统(潘耀国,1995)。草地的资源属性早期只是用作野生动物的栖息地,当进入畜牧社会以后,人们认识到草地还是放牧家畜的放牧地,其就有了农业属性,由此发展为狩猎场和各种类型的畜牧场。任何农业行为的最重要目的都是满足人们对食物的需求,草地农业也不例外(秦廷楷和游敏,1996)。中国传统的耕地农业,只重视谷物生产,在精耕细作的基础上,成就辉煌。但谷物这些籽实,只占到植物总生物量的1/4,人类难以直接利用其余的有机物质。而这部分物质经过草食性动物的转化,可产生肉类、蛋白质、奶类等农产品,其经济效益不在谷物之下。

草地农业相对于其他农业系统,在植物生产的基础上,增加了前植物生产、动物生产与后生物生产 3 个层次,这当中产生了巨大的效益差异(秦中春,2013)。前植物生产层中大部分是难以市场化的,与农民直接收入无关,暂不计入,只统计有市场机制的草坪绿地产业。假如我国草坪绿地产业达到发达国家的1/2,那么我国草坪业可提供 400 万个就业岗位,以人均产值 2 万元计,合 $8.0×10^{10}$ 亿元。植物生产层新增农田当量 $7.89×10^7 hm^2$,每公顷收益以 3000 元计,可新增收益 $2.37×10^{11}$ 元。动物生产层,2011 年全国农业总产值 $8.1×10^{12}$ 元,畜牧业产值占农业产值的 31.70%。现代化农业与畜牧业比值应不低于50%,如由31.70%增加到 50% 计,可新增收益 $1.48×10^{12}$ 元。后生物生产层,农业初始产品产值与后生物生产层产值之比由目前的 100:43,增加到 100:130(达到目前我国台湾的水平），将新增 $7.04×10^{12}$ 元。以上 4 项收入共计 $8.85×10^{12}$ 元，仅新增部分的收益就是目前农业总产值的 1.09 倍。其中还不包括不同生产层和不同地区间系统耦合所创造的巨大价值，据估测，系统耦合效益不低于初始产值的 2～3 倍，故最终可达 $1.4×10^{13}$～$2.1×10^{13}$ 元。发展草地农业，届时我国农民的人均收入将达每年 3 万元左右。草地是构建自然生态系统的重要元素，具有重要的生态保障功能。在人类活动对地球影响日益深入的今天，草地还发挥着重要的生产与人文功能。草地农业系统的建立与健康维持是草地各项功能发挥的基本前提（曲春红和司智陟，2014；任继周，2004）。

2013 年，由于草原生态保护补助奖励政策实施力度的加大，畜牧业生产方式的加快转变，以及牛羊肉价格的持续上涨，牧民收入继续保持快速增长。2012年，全国 268 个牧区半牧区县牧民人均纯收入达到 5924 元，较 2010 年增加 1430元，增幅为 31.8%，高于全国城镇居民收入增幅 3.6 个百分点；其中，牧民人均草原生态保护补助奖励等政策性收入达到 700 元，占牧民人均纯收入的 11.8%。累计定居游牧民户数达到 35 万户，占游牧民总户数的 80%，牧民群众的生产生活水平大幅提高。例如，内蒙古、新疆和西藏牧民人均纯收入增加最为明显，分别为 8595.7 元、6119.1 元和 6578.2 元，比 2004 年分别增加 229.81%、262.29%和 253.47%，说明草地畜牧业给牧区农民带来了极大的经济效益（图 5-9）。

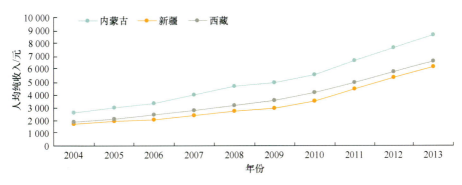

图 5-9　内蒙古、新疆和西藏牧民人均纯收入情况

数据来源于国家统计局

（二）食物结构变化对劳动力结构的影响

放牧孕育了丰富的草原文化，放牧对草原文化的贡献是无可取代的。人类从森林进入草原，发明了畜牧业，草原文化是人类文明的第一缕曙光。草原文化是草地、家畜和人类长期相互作用而创造的相对稳定、具有草原特色的物质产品和精神产品的总和。由土地—牧草—家畜—人这一物流和能流主干构成的草地农业系统是生产草原文化的源头，也是传播草原文化的载体（任继周等，2005；任继

周，2004）。

牧区是相对于农业区而给定的一个区域概念。因此，生存在这一区域内的人口就属于牧区居民。自新中国成立以来，我国牧区人口主要表现为自然增长和机械增长。自然增长主要受到"人畜两旺"和计划控制人口的政策影响，机械增长主要受到 20 世纪 50 年代牧区劳动力短缺和"牧民不吃亏心粮"的政策影响，80 年代以后，由于国家对人口增长宏观控制，牧区人口增加趋势逐渐达到平稳（图 5-10）。

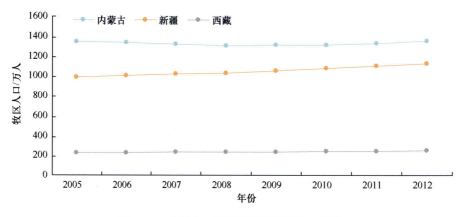

图 5-10　内蒙古、新疆和西藏牧区人口情况
数据来源于国家统计局

我国改革开放已经 30 多年，农业科技水平发展迅速，大量农村剩余劳动力转移到城镇，城镇就业人员逐年增加，而乡村就业人员却呈下降趋势，这与国家宏观政策调控相吻合，体现了我国城镇化建设具有成效（图 5-11）。然而，牧区与农区有一定的区别，牧区是一个相对落后传统的地区，教育水平不发达，牧民文化素质普遍低下，也不具备其他专业技能，使得牧区劳动力转移空间狭小，大部分牧民只能从事一些原始、简单的体力劳动，因此牧区大部分人员还在从事与畜牧业相关的工作（图 5-11）。2004 年内蒙古牧区从业人员 675.78 万人，2012 年从业人员 742.32 万人，增加了 9.85%，其中农林牧渔从业人员从 2004 年的 523.78 万人增加到了 2012 年的 552.85 万人，增加了 5.55%。与内蒙古变化相类似，新疆和西藏牧区从业人员分别增加了 33.41% 和 20.95%，其中农林牧渔从业人员分别增加了 23.61% 和 8.24%（图 5-12，图 5-13）。

四、畜种结构变化对草地质量的影响

我国是草原大国，近 4 亿 hm² 的草原约占国土面积的 2/5。2013 年，全国天然鲜草产量达到 10.6 亿 t，人工种草 2.8 亿亩。然而，相对于在我国农业产业结

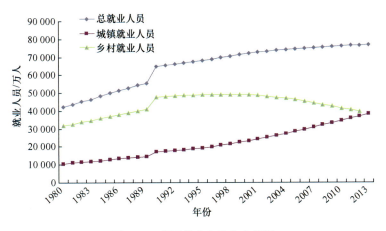

图 5-11　我国就业人员分布情况
数据来源于国家统计局

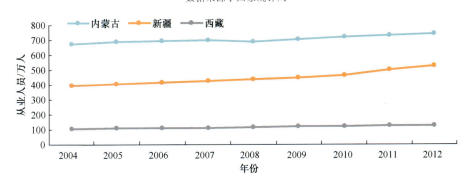

图 5-12　内蒙古、新疆和西藏牧区从业人员情况
数据来源于国家统计局

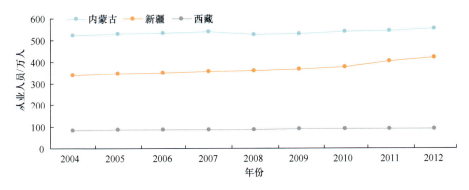

图 5-13　内蒙古、新疆和西藏牧区农林牧渔从业人员情况
数据来源于国家统计局

构中占较大比例的畜牧业，饲草业仍是畜牧业发展中较薄弱的一环。中国工程院院士任继周提出，虽然我国饲草业起步较晚，但我国拥有更丰富的天然草地资源和种植经验，充分发挥这些优势，饲草产业前景广阔。

国家牧草产业技术体系专家张英俊教授分析提出，我国农业产业结构不合理是饲草业薄弱的原因之一。虽然我国在 20 世纪 80 年代就提出了"粮-经-饲"的三元发展结构，但更多情况下"饲"这一结构往往被忽略；而在发达国家的种植业中，饲草业占 1/3，有合理的"粮-经-饲"三元结构。此外，发达国家畜牧业中，牛、羊等反刍家畜的比例最高达 80%以上，而我国仅为 25%左右。可见，这样的产业结构是不可持续的。他表示，如果把饲草业耦合到农业产业结构中，不仅能促进农田质量的提高，还能为畜牧业结构调整提供契机，促进饲草产业发展。

我国已初步形成了饲草业发展的国家支持系统，从政策、资金、技术等方面鼓励和支持饲草业的发展。《全国节粮型畜牧业发展规划（2011—2020 年）》、奶牛苜蓿工程等一系列相关政策和实施工程的出台，让饲草业得到了政策保障。全国初步形成了以东北羊草产业区、西北及华北苜蓿产业带和南方饲草产业区为主的"一带两区"产业布局。截至 2013 年年底，全国保留种草面积 2086.7 万 hm²，全国商品草生产面积达 317.8 万 hm²。相关专家提出，发展饲草业不能光从技术和规模上下功夫，必须要置身于草地农业生态系统之中，因为任何技术都是在系统里发挥最大作用的。目前，我国已经开始在农区推广草田轮作模式，未来要在充分利用占国土面积 41%的草原基础上，大力发展草地农业。任继周院士认为，草业的发展要从"草地农业系统"出发，而不单单是"耕地农业系统"。随着我国经济的发展，社会对草地、牧业有很大的需求，希望草业能够与牛肉、羊肉产业有机结合、系统发展，使得整个草地农业系统得到改善，这对我国草地的发展和保障食物安全是非常关键的。

食物安全问题，不能离开食物系统，食物系统又作用于农业生态系统整体，因此，病态的食物系统必然导致病态的生态系统。随着我国人民膳食结构的变化，我国农业急需要从"传统农业"向"现代农业"转变。草地农业系统是一个能满足现代人的食物结构，并使得生态和生产两者兼顾而能持续发展的现代农业系统。以"2+5"的食物当量为目标（人用 2 亿 t，畜用 5 亿 t），在保证生产质优量足人用口粮的前提下，还要生产超过口粮 2 倍以上的饲料，传统农业系统将无能为力（李毓堂，2009）。如果按人畜分粮的原则，用牧草代粮，施行草地农业，充分发挥中国 4 倍于农田的草地资源和农区草田轮作的潜力，将"人畜共粮"改变为"人畜分粮"，将"籽粒型农业"改变为"籽粒-营养体型"农业，加大草食家畜比例，采用非粮型饲料代替籽粒（粮食），由耗粮型农业转变为草地农业，从而改变人畜共粮的传统，发挥草地农业系统多方面节约资源、提高效率和效益的长处，把粮食和饲料生产分开安排，对于提高粮食和饲料数量及质量均有帮助，是确保中国食物安全、农民增收、根本解决中国粮食安全的出路（李志兰，2003）。

用"草地农业"取代"粮猪农业"，可以充分利用国土资源，使 4 倍于耕地的其他土地发挥作用，使中国紧缺的水资源得到显著节约。草地农业还将使水土得到保持，比农田减少水土流失 70%以上；此外，还可减少化肥农药使用等，使资源投入大为节约，农业综合生产能力得到显著提高。黄土高原的试验研究表明，实行草地农业系统，可使光能利用率、土地利用率、水利用率分别提高 28%、33%和 14%～29%，生物产量增加 36%。据估算，1996 年全国 18 亿亩耕地的 30%实施粮草轮作、间作或套种，按每亩增产食物单位 10%计算，可增加粮食产量172 亿 kg（秦廷楷和游敏，1996）。

党中央、国务院高度重视草原保护建设工作。改革开放以来，特别是近年来，草原法制建设、政策完善、承包制落实、项目建设、防灾减灾、草业发展等方面都取得了明显成效。国家对天然草原的保护力度不断加大，提高了天然草原的生产力，增加了载畜量。截至 2013 年年底，全国天然草原鲜草总产量 105 581.21 万 t，较上年增加 0.59%；折合干草约 32 542.92 万 t，载畜能力约为 25 579.2 万羊单位，均较上年增加 0.48%。栽培草地建设面积也在逐年增加，有力地推动了草地农业的可持续发展，牧区牧民种草和改良草原的积极性明显提高，种草和改良草原面积不断扩大。截至 2012 年年底，牧区保留种草面积 1051.8 万 hm²，较上年增加 6.7%，占全国种草面积的 53.1%。其中，人工种草 500.9 万 hm²，较上年增加 4.4%。

第三节　草食性动物源食物发展的趋势与潜力

一、我国食物结构变化趋势

经济的发展与居民食物选择关系紧密，直接影响人均食物消费水平和食物消费总量，进而影响食物结构变化。过去 30 年，我国经济以每年 8%～12%的速度高速增长，经济合作与发展组织（OECD）预测，在未来 10 年，我国国民经济总值仍将以每年 6%的速度增长，人均收入将比现在翻一番（李毓堂，2009），国民经济收入的进一步提高将促使消费更多的动物源性食物。

另外，OECD 还指出，到 2022 年我国城镇人口将比 2012 年增加 1.38 亿人，人口总数将达到 14.6 亿人。人口增长必然导致所有食品消费需求都增长，农产品消费规模不断扩张；而人口结构的变化，城镇化水平的提高，又将驱使居民饮食向消费更多肉禽、奶蛋等动物源性食物的方向转变。

（一）谷物

2022 年，我国粮食总需求将达到 69 708 万 t，人均需求量超过 400kg。如表 5-7 和图 5-14、图 5-15 所示，粮食消费的比例发生较大变化，食物用粮部分减少了很多，工业用粮、饲料用粮和种子用粮均有增加；减少的食物用粮主要用于工业用途，饲用部分仅占所减少部分的 1/10 左右。

表 5-7 **2022 年粮食需求量预测**

粮食需求	2009 年		2022 年	
	数量/×10⁶t	比例/%	数量/×10⁶t	比例/%
粮食总需求量	549.00	100	697.08	100
食用用粮	264.60	48.2	249.45	35.8
饲料用粮	194.80	35.4	254.57	36.5
工业用粮	82.10	15.0	180.55	25.9
种子用粮	7.50	1.4	12.51	1.8

注：数据根据文献（李毓堂，2009）和联合国粮食及农业组织数据库综合整理得出

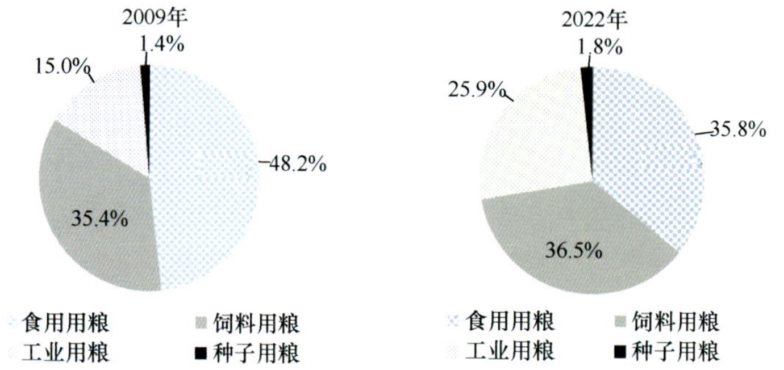

图 5-14 粮食消费去向对比图

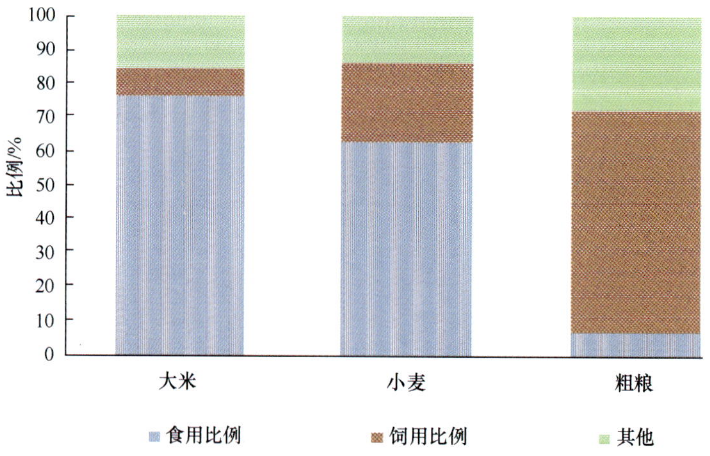

图 5-15 各种谷物消费比例图

数据来源于文献（李毓堂，2009）

（二）肉类

随着居民生活水平的提高，世界主要发达国家和发展中国家的肉类消费总量在未来十几年仍将呈现不断增长的趋势，但增速会有所减慢，发达国家各种肉类消费将增长约 829 万 t，年均增长 0.71%，比过去 10 年的年均增长率下降近 0.16%，发展中国家和世界肉类消费年均增长率也同样比过去 10 年有所下降。到 2022 年，

我国居民肉类的总消费量将达到 9425.3 万 t，年均增长 1.66% 左右（图 5-16），略低于过去 10 年的增长速度（李毓堂，2009）；人均肉类消费量达到 54.2kg（猪肉 34.1kg，禽肉 12.5kg，牛肉 4.9kg，羊肉 2.7kg），高于世界平均水平（35.8kg），但仍低于发达国家水平（67.8kg）（图 5-16，图 5-17）。

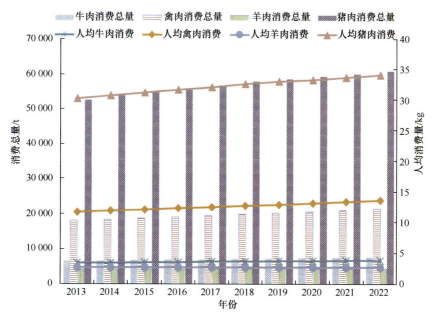

图 5-16　各种肉类消费预测图

数据来源于 OECD-FAO 数据库

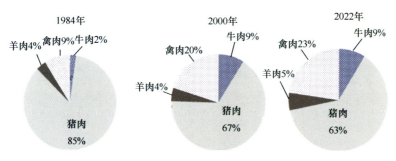

图 5-17　不同时期各肉类消费量比例比较图

数据来源于 OECD-FAO 数据库

（三）奶及奶制品

据 OECD 预测，未来 10 年我国奶及奶制品的总产量年均增长 2.4%，较过去的增速（6.9%）明显放缓。到 2022 年，预计总产量将达到 5800 万 t，人均需求量约 36kg（李毓堂，2009），其中黄油、奶酪、全脂奶粉和脱脂奶粉的消费量分别比 2013 年增加 2.15 万 t、12.95 万 t、31.05 万 t 和 8.26 万 t。

（四）营养改善状况

近 30 年来，我国居民食物消费结构发生明显变化，主要表现为人均谷物消费量下降，蔬菜、水果及动物性食物消费量增加，但目前大部分食物消费与平衡膳食宝塔推荐量仍存在一定差距，预计到 2022 年各项食物消费（除奶类外）将达到或超过推荐摄入量（表 5-8）。

表 5-8　人均食物消费量与平衡膳食宝塔推荐摄入量比较　　（单位：kg）

食物结构组成	2009 年人均摄入量	2022 年人均摄入量	平衡膳食宝塔推荐摄入量
粮谷	151.4	150（原粮）	135
食用油	12	26	12
蔬菜	108	140	140
水果	153（占有量）	60	60
畜禽肉	28.8	54.4	29
奶类	19.3	36	45
鱼虾类	11	42.5（占有量）	18

注：数据根据文献（李毓堂，2009；李志兰，2003）整理而来

总体来说，随着居民收入的增加和生活水平的提高，我国居民的饮食结构日益丰富化，从以主食和谷物为主的消费转向消费更多的高蛋白食物。未来人们直接消费的口粮和蔬菜数量会略有减少，但是质量在逐渐增加，畜产品和水产品的消费增长快速；膳食质量有了很大改善，但优质蛋白摄入尚达不到发达国家水平，膳食中脂肪能量来源的食物还需要减少，蛋白质来源的食物要继续增加。

二、我国草食性动物源食物发展潜力

草食性动物源食物是我国居民膳食中动物性食物的重要组成部分，是草原畜牧业的主要产品，其发展状况直接关系到居民的"菜篮子"是否充实，餐桌是否更丰盛；同时，草食性动物源食物的生产过程吸纳了部分劳动力，转化了大量粮食和农副产品，是农民收入的重要来源。

据 OECD-FAO 数据库推测，未来 10 年，我国人均肉类消费量平均每年增加 7kg，年均增长 1.6%，到 2022 年将增至 54.2kg；奶及奶制品消费年均增长 2.4%，人均需求量 36kg。同时，由表 5-9 和图 5-18 可以看出，30 多年来我国人均肉、奶消费有了很大的增长，进入 21 世纪以前肉类食品的消费量增长迅速，在食物中的比例从温饱初期的 6% 增长到 2000 年的 17%，预测未来消费仍会继续增加，只是速度有所减缓；而奶类食物则是在进入 21 世纪以后快速增长，到 2022 年将占到所有食物（不含果蔬和水产品）的 1/10。

表 5-9　不同时期各种食物人均消费量比较　　　　　　（单位：kg）

年份	肉类				奶类					谷物			植物油	糖
	猪肉	牛肉	羊肉	禽肉	鲜奶	黄油	奶酪	脱脂奶粉	全脂奶粉	粗粮	大米	小麦		
1984	10.6	0.26	0.46	1.24	3.59	0.05	0.11	0.01	0	25.6	92.14	73.7	0	5.8
2000	24.6	2.9	1.89	8.34	5.61	0.07	0.16	0.17	0.44	9.9	82.11	71.8	11.1	6.8
2022	34.1	3.8	2.70	13.60	25.4	0.1	0.40	0.20	1.40	11.8	76.08	59.8	28.3	14.4

注：数据来源于 OECD-FAO 数据库

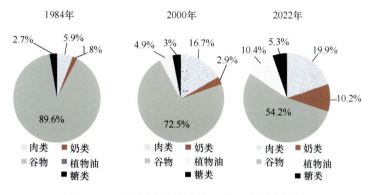

图 5-18　不同时期各种食物人均消费量比例图

　　此外，与发达国家肉蛋奶的消费水平相比，我国畜产品的消费较低。2010年，我国肉类总产 8074.8 万 t，是美国肉类总产的近 2 倍，但是人均消费仅为其一半，人均猪肉、羊肉消费分别为世界平均水平的 2.4 倍、1.5 倍；禽肉、牛肉仅为世界水平的 0.9 倍、0.5 倍；奶及奶制品消费人均占有量不到 40kg，不足美国的 1/6（表 5-10）。与发达国家消费水平存在差距也说明我国牛羊肉和奶类消费尚待提高，有很大发展潜力。

表 5-10　2010 年部分国家和地区肉蛋奶人均消费量　　　　（单位：kg）

食物	中国	美国	欧盟	日本	印度	巴西	世界
肉类	**60.4**	136.5	87.7	25.4	5.2	109.9	42.7
奶类	**30.7**	283.0	299.0	61.0	96.2	163.9	105.1
蛋类	**20.9**	17.5	13.3	19.9	2.8	10.8	10.0

注：数据来源于文献（经济合作与发展组织和联合国粮食及农业组织，2013）

　　我国人口众多，是世界上羊肉消费大国，在世界总羊肉消费量中的比例逐年升高，2013 年我国羊肉消费总量 440.7 万 t，占世界羊肉消费总量的 32.15%，约为 1995 年占比（16.82%）的 2 倍；而相应的，我国羊肉出口量仅 0.37 万 t，较之国内消费，数量甚微。

参 考 文 献

程立生. 1998. 美国人食物结构的变化. 世界热带农业信息, 7: 13-14.

范轶欧, 刘爱玲. 2012. 中国成年居民营养素摄入状况的评价. 营养学报, 34(1): 15-19.

方一平, 刘淑珍. 1999. 草地退化系统预测与畜种结构调整分析: 以西藏聂荣县为例. 山地学报, 17(4): 375-379.

国世平. 1985a. 发达国家食物结构的现状及利弊分析. 世界经济, (4): 46-50.

国世平. 1985b. 试论建立适合我国国情的食物结构. 中州学刊, (4): 22-39.

韩俊, 谢扬, 徐小青, 等. 2005. 统筹城乡发展全面繁荣农村经济. 中国发展评论, (2): 20-25.

韩陆奇. 1991. 我国食物结构与肉食需求. 肉类研究, 4: 10-11.

侯扶江, 杨中艺. 2006. 放牧对草地的作用. 生态学报, 26(1): 244-264.

经济合作与发展组织, 联合国粮食及农业组织. 2013. 经合组织-粮农组织 2013~2022 年农业展望. 许世卫译. 北京: 中国农业科学技术出版社.

李瑾. 2008. 基于畜产品消费的畜牧业生产结构调整研究. 北京: 中国农业科学院博士学位论文.

李群. 2003. 中国近代畜牧业发展研究. 南京: 南京农业大学博士学位论文.

李毓堂. 2009. 确保我国粮食安全的战略途径——发展牧草绿色蛋白质饲料, 减少饲料用粮. 草业科学, 26(2): 1-4.

李志兰. 2003. 河南省饲料资源开发与利用的途径. 郑州牧业工程高等专科学校学报, 23(1): 98-100.

明锐. 2007. 大力推进农村牧区文化工作. 实践(思想理论版), (9): 41-42.

潘耀国. 1995. 我国畜牧业发展态势及潜力分析. 中国农村经济, (5): 26-30.

秦廷楷, 游敏. 1996. 我国居民食物结构与营养变化. 预防医学情报杂志, 3(12): 180-184.

秦中春. 2013. 中国未来十年农产品消费增长预测. 农业工程技术(农产品加工业), (7): 40-43.

覃盟琳, 周道玮. 2006. 畜群结构管理研究进展. 家畜生态学报, 26(6): 6-8.

邱大钧, 邱兴飙. 2000. 畜牧业在县域经济中的地位、作用和发展思路与对策. 中国畜牧杂志, 36(1): 49-50.

曲春红, 司智陟. 2014. 2013 年牛羊肉市场形势分析. 中国畜牧业, 10: 46-47.

任继周. 2004. 草地农业生态系统通论. 合肥: 安徽教育出版社: 36-43.

任继周, 常生华. 2009. 以草地农业系统确保粮食安全. 中国草地学报, 31(5): 3-6.

任继周, 林惠龙, 侯向阳. 2007a. 发展草地农业 确保中国食物安全. 中国农业科学, 40(3): 614-621.

任继周, 南志标, 林慧龙. 2005. 以食物系统保证食物(含粮食)安全——实行草地农业, 全面发展食物系统生产潜力. 草业学报, 14(3): 1-10.

任继周, 南志标, 林慧龙, 等. 2007b. 建立新的食物系统观. 中国农业科技导报, (4): 17-21.

史登峰. 2004. 从国外食物消费的发展进程看中国小康社会的食物消费. 资源科学, 26(3): 135-142.

史光华, 孙振钧, 高吉喜. 2004. 畜牧业可持续发展的综合评价. 应用生态学报, 15(5): 909-912.

宋民冬. 2006. 河南省畜牧业发展潜力研究. 郑州: 河南农业大学硕士学位论文.

孙洪仁, 吴瑞鑫, 李品红, 等. 2008. 草地农业及中国草地农业区划和发展战略. 黑龙江畜牧兽医, 5: 5-7.

谭斌, 谭洪卓, 刘明, 等. 2009. 全谷物食品的国内外发展现状与趋势. 中国食物与营养, 9: 4-7.

王根林. 2006. 养牛学. 北京: 中国农业出版社.

王萌. 2008. 农村牧区文化阵地必须要用先进的文化去占领. 松州, 4: 008.

许世卫. 2009. 我国全面小康时期食物结构目标分析. 中国食物与营养, (1): 10-14.

许世卫. 2011. 中国 2020 年食物与营养发展目标战略分析. 中国食物与营养, 17(9): 5-13.

杨柏萱. 1999. 新世纪的肉类产销. 中国畜牧通讯, 12: 10.

张宝文. 2006. 全面落实科学发展观大力发展草地农业//中国草业发展论坛论文集: 9-12.

张立中. 2004. 中国牧区肉羊业发展分析. 农业技术经济, 6: 63-66.

张尚德. 1986. 论畜群结构的调控. 草业科学, 3(3): 9-12.

赵萌莉, 许志信. 2000. 内蒙古草地资源合理利用与草地畜牧业持续发展. 资源科学, 22(1): 73-76.

赵云换, 赵聘, 程丰. 2008. 我国畜牧业的地位、现状与发展趋势. 信阳农业高等专科学校学报, 18(1): 127-129.

中国农业科学院农业经济研究所居民营养与食物结构研究所课题组. 1990. 居民营养与食物结构研究. 农业经济问题, 8: 29-33.

周津春, 秦富. 2006. 发达国家与发展中国家食物消费的对比及对我国的启示. 调研世界, (8): 41-43.

邹怡, 王宝维. 2013. 我国禽产品发展现状与展望. 家禽科学, 7: 3-7.

Kastner T, Nonhebel S. 2010. Changes in land requirements for food in the Philippines: a historical analysis. Land Use Policy, 27: 853-863.

Penning de Vries F W T, van Keulen H, Rabbinge R. 1995. Natural resources and limits of food production in 2040. *In*: Bouma J. Eco-regional Approaches for Sustainable Land Use and Food Production. The Netherlands: Kluwer Academic Publishers: 65-87.

第六章　我国草原生产力提升与食物安全保障的战略构想

第一节　我国草原保障国家食物安全的前景分析

一、草地各层次生产力收益及分析

草原与耕地、森林、海洋等自然资源一样，是我国重要的战略资源，肩负着重要的历史使命。我国是一个草原大国，拥有包括荒草地在内的各类天然草原近4亿hm^2，居世界第二位，占全球草原面积的13%，占国土面积的41.7%，大约是耕地面积的3.2倍，森林面积的2.5倍。草原作为"地球的衣被"，具有防风固沙、涵养水源、保持水土、净化空气及维护生物多样性等重要生态功能。我国天然草原大多位于大江、大河的源头和上中游地区，面积大，分布广，对减少地表水土冲刷和江河泥沙淤积、降低水灾隐患具有不可替代的作用。草原也是畜牧业发展的重要物质基础和牧区农牧民赖以生存的基本生产资料。严格保护、科学利用、合理开发草原资源，对维护国家生态安全和食物安全、保护人类生存环境、构建社会主义和谐社会、促进我国经济社会全面协调可持续发展具有十分重要的战略意义。

（一）草业的多层次生产

以天然草原和栽培草地的诸多用途和功能为基础的草业生产，是一个特殊的生产系统，即多层次的生产系统，从生产属性来说，它包括4个生产层次：前植物（初级）生产层（环境生产层）、植物（初级）生产层、动物（次级）生产层和后生物生产层（加工贸易层）。

如以全国2.67亿hm^2可用草地的8%建立丰产栽培草地，其生产水平可提高3～5倍。我国如改变畜牧业结构，压缩养猪数量的1/3，将耗粮型家畜代之以草食家畜，可节约0.67亿t谷物，相当于0.15亿hm^2农田当量，粮食压力将大为缓解。从草原上输出1kg畜产品，相当于输出5～10kg干草。

（二）各生产层收益

据 Costanza（1997）估计，草地年生态服务价值约为 232 美元/hm²，其中大部分是难以市场化的。

4 个生产层年毛收入共计 3.43 万亿元，仅新增部分的收益就是目前农业总产值的 1.15 倍。草地农业系统为农民带来可观的收入，其中还不包括不同生产层和不同地区间系统耦合所创造的巨大价值，据估测，系统耦合效益不低于初始产值的 2~3 倍。

二、前景分析

在中国，粮食安全问题既是一个经济问题，也是一个社会问题和政治问题，保障粮食安全是实现社会稳定与经济发展，保障国家经济、社会可持续发展的重要基础。2013 年，我国粮食产量为 6 亿 t。据分析，仅有 30%粮食用于口粮，20%作为工业粮，5%为种子粮，5%在过程中损失掉，40%用于饲料粮。以往我们用增产的方式来解决粮食安全问题，但在农业技术高度发达的今天，粮食增产极其困难。随着城镇化、工业化及铁路、高速公路等基础建设，我国耕地面积不断减少是一个不可逆转的趋势，使得粮食增产难以抵消良田面积减少，采用增产提升粮食安全并不现实。但是我国可以用作草食家畜饲养的饲料资源和土地资源还有很大的空间。

2013 年，全国天然草原鲜草总产量 105 581.21 万 t，折合干草约 32 542.92 万 t，载畜能力约为 25 579.2 万羊单位。目前，18 亿亩农田每亩投入至少 500~600 元，多则上千元；而 60 亿亩草地，每亩投入不过 2~3 元，且基本没有施肥，如果采用现代农业措施，其草产量将会倍增。采用草产品生产牛羊肉，替代饲料粮，将会大大减少饲料粮消耗。

（一）节粮前景分析

如果实行草地农业系统，可生产 8.35 亿 t 食物当量（27.83×0.3=8.349），而口粮只需要 1.93 亿 t，除去饲料消费 4.92 亿 t，不但基本满足全国粮食与饲料的总需求，还有 1.5 亿 t 的机动食物当量。我国养猪过多，实际上形成了众所周知的"粮-猪农业系统"，猪食挤占了人食，谷物生产自然不堪重负。如果以草地农业取代"粮-猪农业系统"，发展非人用食物当量，那么我国草食家畜与非草食家畜的比例完全有可能达到欧美国家的水平。

我国口粮需要量不是传统概念的"刚性增长"，而是逐年下降的。但饲料需要量却是刚性急剧上升。如果我国的农业结构不作出重大调整，照此发展下去，到 2020 年饲料需要量将达到相当 8 亿～9 亿 t 粮食的食物当量，超过口粮需要量的几倍。在这里"粮食安全"已经转化为"饲料安全"。只有"粮食安全"与"饲料安全"一并解决，才能满足我国未来 15 亿人口的"食物安全"。

从植物生产到动物生产，一般先进、合理而经济的转化率，应该达到 50%～60%，甚至 70%、80%，而我国现在的转化率只有 30%左右。

我国的草地资源以农田当量计，全国共可折合 8947 万 hm² 新增稻田。

（二）畜产品安全前景分析

随着人民生活水平的不断提高，人们对肉、蛋、奶等主要畜产品的消费需求不断增长，畜产品的质量安全问题时有发生。牧区受到的现代工业污染较少，广阔优质的草原，清新洁净的空气，无污染的土壤、水源，原生态的环境使之成为发展有机畜产品生产的最佳地区。

随着我国畜牧业的发展，草食性动物生产出现了迅猛发展的势头。在草食畜牧业产品需求日益旺盛的今天，草地畜牧业将会迎来新一轮的发展。

草原是我国面积最大的绿色生态屏障，也是边疆少数民族农牧民赖以生存的基本生产资料。

第二节　提高我国草原生产力的战略构想与措施

一、我国草地畜牧业现代化转型的战略构想

现代化农业是指广泛应用现代科学技术、现代工业提供的生产资料和科学管理方法的社会化农业。而草地畜牧业现代化转型是指像农业现代化一样，逐步广泛应用现代科学技术，现代工业提供的生产资料、科学管理方法，实现草地畜牧业的社会化。其特征如下。

1）使草地畜牧业生产技术由经验转向科学，如在植物学、动物学、遗传学、物理学、化学等科学发展的基础上，育种、栽培、饲养、土壤改良、植保、畜保等农业科学技术迅速提高和广泛应用。

2）现代机械体系的形成和广泛应用，如技术经济性能优良的拖拉机、耕耘机、收割机、汽车、飞机及生产过程中的各种机械，成为主要生产工具。投入草地的能源显著增加，电子、原子能、激光、遥感技术及人造卫星等也开始应用。

3）良好的、高效能的生态系统逐步形成。

4）草业生产的社会化程度有很大提高，如草业企业规模的扩大，草业生产

的地区分工、企业分工日益发达，"小而全"的自给自足生产被高度专业化、商品化的生产所代替，草业生产过程同加工、销售及生产资料的制造和供应紧密结合，形成了农工商一体化。

5）经济数学方法、电子计算机等现代科学技术在现代草业企业管理和宏观管理中应用越来越广，管理方法显著改进。

（一）我国草地畜牧业现代化转型的战略目标

逐步实现现代化后，我国草地牧草产量提高 1～2 倍以上，合理进行畜种配置，提高载畜量 1 倍以上，并节约劳动力 50%以上。

2020 年实施草地农业系统可以增加农田当量 0.79 亿 hm²。农田当量与实体农田之和为 1.86 亿 hm²。未来 15 年内单产逐步提高，由目前的每公顷大约 4332kg 提高到 4500kg，可生产 8.35 亿 t 食物当量，而口粮只需要 1.93 亿 t，除去间接粮食消费 4.92 亿 t，不但基本满足 21 世纪 20 年代全国粮食与饲料的总需求，还有 1.5 亿 t 的机动食物当量，相当于全球谷物贸易量的 60%（全球粮食贸易量约为 2.5 亿 t）参与国际粮食贸易。

（二）重点与布局

以我国新疆甘肃草原牧区、内蒙古及毗邻草原牧区（含山西、陕西）、青藏高原草原牧区（含四川）为重点实施区，每个区建立 5 个示范区，每个示范区面积在 5000～10 000km²。

实施区：实施区将建立合理的畜种结构，对草地进行划区轮牧，实行草畜平衡，建立一定量的人工饲草料地，并应用大型机械进行施肥、灌溉、补播等措施及信息化管理，全面推行现代农业技术，将生产力提高 1 倍以上。

二、我国草地畜牧业现代化转型的战略措施与保障体系

（一）沃土工程

沃土工程是指通过实施耕地培肥措施和配套基础设施建设，对土、水、肥 3 个资源的优化配置，综合开发利用，实现农用土壤肥力的精培，水、肥调控的精准，从而提升耕地土壤基础地力，使农业投入和产出达到最佳效果，增强耕地持续高产稳产能力的项目，包括土壤肥力的培育、水资源的合理利用及肥料的科学使用等相关技术手段。沃土工程的实施方法：测土配方施肥、保护性耕作等。新西兰的牧草生产，因地制宜地采取飞机播种或机械化全垦种植，施磷肥维持土壤肥力，用石灰调节土壤 pH，提高磷的有效性，200 多年来逐渐形

成了低投入、高效率的现代草地农业系统；欧洲在牧草种植中大量施用化肥，特别是氮肥。

（二）良田种草与草田轮作

全国 112 亿 hm^2 耕地的 30%实施粮草轮作、间作或套种，按每亩增产食物单位 10%计算，可增加粮食产量 172 亿 kg。要鼓励农区种草，实施草田轮作，同时要建设和利用好北方草原、南方草山草坡、青藏高原的高山草地、东部沿海滩涂等天然草地，在保证生态不恶化、环境向好的方向转变的基础上，通过划区轮牧、农牧耦合提升生态生产力。其次，耕地要种草。北方农田要拿出一部分耕地种高产优质牧草，放弃高肥、高水、高农药条件下的连作、单作，进行高科技含量的草田轮作；南方要充分利用冬闲种草，林（果）下种草。

（三）牧区特色畜产品

天然草地饲草污染源极少，饲草中天然有毒有害物质及生物和非生物污染都处于最低水平，天然草地生产的畜产品食品安全系数高，利用这些优势，建立健全家畜标准化生产管理体系，可发展地域特色的畜产品，提高牧民收入。

（四）建议草业生产纳入国民经济评价指标体系

作为猪鸡饲料的玉米、大豆等粮食作物，均在国民经济统计指标体系中有所体现，但作为与种植业、林业可媲美的草业，在国民经济统计指标中［《国民经济行业分类》标准（GB/T4754—2002）］，甚至是农业、畜牧业、饲料加工等指标中，均未涵盖。而作为牛、羊主要饲草的禾本科、豆科牧草等处于与作物同等的地位，却未出现在国民经济统计指标体系中。美国以干草作为指标，下设苜蓿草地、三叶草草地、禾本科草地、混合草地等，并包含了牧草种子生产。

我国传统的粮食农业，或"以粮为纲"的农业导致了严重的后果。我们以全世界 7% 的耕地养活了全世界 22%的人口，足以自豪。但是，我国占全球 31.86%的农业人口，才支撑全球 11.78%的非农人口，我国农业人口构成中，农村人口占到了 63.3%，世界平均水平为 37.91%，而美国只用 1.66%的人口养活了其98.34%的非农业人口，且粮食有大量出口。草原生产对我国农业生产效率提高潜力很大，草原生产不纳入国民经济统计指标之中，不符合我国当前发展现状，也与发达国家统计不一致。

（五）建立草原草产品战略储备与交易平台、物流体系

我国粮食具有粮仓储备的功能，1990 年，国家建立了粮食专项储备制度，并成立了专门的管理机构——国家粮食储备局。

粮食关系着人民口粮的安全，而牧草则关系着食物的供给，故应效仿粮食储备制度，在主要牧区及农牧交错区，建立牧草储备制度，由国家主要投资，依靠公司集中建立数个牧草战略储备库（草库），进行草产品储备与调度、销售等，并定期更新，保障牧区在灾害（雪灾、蝗灾等）来临时，降低损失，进一步保障畜产品供应。

牧区面积大，信息化程度低，供需信息无法得到及时沟通，导致牧民无法买到草，使牛羊忍饥挨饿。作者在新疆南部考察发现，南疆饲草极度匮乏且种草效益低，农民又有饲养牛羊的习惯，买草成为其牛羊生产的必然。由于缺乏草产品信息平台，牧民只能买高价草（4000 元/t），甚至让牛羊少吃。如果建立政府或行业联盟控制的草产品供求服务平台，设立全国、省、市、县、镇等供求网络并设专人管理，建立物流体系，则可大大缓解饲草匮乏问题。

（六）建立幼畜繁育基地与交易平台

农作物繁殖效率高，而家畜的繁殖效率低，周期长，且无法进行加代，极大地限制了牛羊种群的扩大。羊的第一次配种在一年后，怀孕周期为 5 个月，且每胎只有 1～2 羔。而牛初配时间在一年半以后，怀孕周期为 10 个月，只产 1 羔。若增加牛羊产品产量，势必增加种群数量，牛羊的繁殖周期长、繁殖率低，造成了扩大牛羊饲养而无羔可买的无奈。故应建立幼畜繁殖基地，并建立政府或行业联盟控制的供求信息平台（网站），使农户及企业有羔可卖，有羔可买，形成流畅的产业链。

参 考 文 献

陈敏, 宝音陶格涛, 孟慧君, 等. 2000. 人工草地施肥试验研究. 中国草地, (1): 22-25.

陈幼春. 2010. 畜牧业的强势低碳经济特征. 江西畜牧兽医杂志, (5): 1-7.

任继周. 2004. 任继周文集 第一卷 草原合理利用与草原类型. 北京: 中国农业出版社: 10.

任继周. 2005. 节粮型草地畜牧业大有可为. 草业科学, 22(7): 44-48.

任继周. 2013. 草业科学的历史使命. 草地学报, 21(1): 1-2.

任继周, 常生华. 2009. 以草地农业系统确保粮食安全. 中国草地学报, 31(5): 3-6.

任继周, 侯扶江. 1999a. 我国山区发展营养体农业是持续发展和脱贫致富的重要途径. 大自然探索, (01): 49-53.

任继周, 侯扶江. 1999b. 改变传统粮食观, 试行食物当量. 草业学报, 8: 55-75.

任继周, 侯扶江. 2002. 要正确对待西部种草. 草业科学, 19(2): 1-6.

任继周, 林惠龙, 侯向阳. 2007. 发展草地农业确保中国食物安全. 中国农业科学, (03): 614-621.

任继周, 南志标, 林慧龙. 2005. 以食物系统保证食物(含粮食)安全——实行草地农业, 全面发展食物系统生产潜力. 草业学报, 14(3): 1-10.

任继周, 南志标, 林慧龙, 等. 2007. 建立新的食物系统观. 中国农业科技导报, 9(4): 17-21.

苏大学. 2005. 西藏草地畜牧业发展战略的调整. 草地学报, (z1): 44-47.

泽柏, 但其名, 李昌平, 等. 2008. 川西北牧区草地畜牧业可持续发展对策研究. 草业与畜牧, (8): 1-7.

赵德云. 2004. 新疆草地畜牧业的地位、面临的问题及其对策. 草食家畜, (4): 1-5.

Costanza R. 1997. The Development of Ecological Economics. E. Elgar Pub. Co.

索　引